全国测绘地理信息职业教育教学指导委员会"十四五"推荐教材

数字测图技术

主　编　武玉斌
副主编　沈映政　钱学飞　和万荣

武汉理工大学出版社
·武　汉·

内 容 提 要

本书是为适应高等职业教育发展，满足测绘工程技术专业数字测图技术课程建设的需要，结合测绘工程技术专业教学标准编写的。主要内容包括数字测图原理认知，数字测图技术设计书、技术总结编写，图根控制测量，数字测图野外数据采集，大比例尺地形图内业成图，地形图扫描矢量化，数字地形图的应用等。

本书适合作为高职高专测绘地理信息类专业学生的教材，也可供测绘工程技术从业人员、地形图测绘员、土木及交通工程技术人员参考使用。

图书在版编目（CIP）数据

数字测图技术/武玉斌主编．—武汉：武汉理工大学出版社，2022.8
ISBN 978-7-5629-6626-5

Ⅰ．①数…　Ⅱ．①武…　Ⅲ．①数字化测图　Ⅳ．①P231.5

中国版本图书馆 CIP 数据核字（2022）第 112749 号

项目负责人：汪浪涛　　**责任编辑：**黄玲玲
责任校对：张明华　　**版面设计：**芳华时代
出版发行：武汉理工大学出版社
社　　址：武汉市洪山区珞狮路 122 号
邮　　编：430070
网　　址：http：//www.wutp.com.cn
经　　销：各地新华书店
印　　刷：荆州市精彩印刷有限公司
开　　本：787mm×1092mm　1/16
印　　张：12
字　　数：307 千字
版　　次：2022 年 8 月第 1 版
印　　次：2022 年 8 月第 1 次印刷
印　　数：3000 册
定　　价：36.00 元

全国测绘地理信息职业教育教学指导委员会
“十四五”推荐教材

编审委员会

出版说明

教材建设是教育教学工作的重要组成部分，高质量的教材是培养高质量人才的基本保证，高职高专教材作为体现高职教育特色的知识载体和教学的基本条件，是教学的基本依据，是学校课程最具体的形式，直接关系到高职教育能否为一线岗位培养符合要求的高技术应用型人才。

伴随着国家建设的大力推进，高职高专测绘类专业近几年呈现出旺盛的发展势头，开办学校越来越多，毕业生就业率也在高职高专各专业中名列前茅。然而，由于测绘类专业是近些年才发展壮大的，也由于开办这个专业需要很多的人力和设备资金投入，因此很多学校的办学实力和办学条件尚需提高，专业的教材建设问题尤为突出，主要表现在：缺少符合高职特色的“对口”教材；教材内容存在不足；教材内容陈旧，不适应知识经济和现代高新技术发展需要；教学新形式、新技术、新方法研究运用不够；专业教材配套的实践教材严重不足；各门课程所使用的教材自成体系，缺乏联系与衔接；教材内容与职业资格证书制度缺乏衔接等。

武汉理工大学出版社在全国测绘地理信息职业教育教学指导委员会的指导和支持下，对全国二十多所开办测绘类专业的高职院校和多个测绘类企事业单位进行了调研，组织了近二十所开办测绘类专业的高职院校的骨干教师对高职测绘类专业的教材体系进行了深入系统的研究，编写出了一套既符合现代测绘专业发展方向，又适应高职教育能力目标培养的专业教材，以满足高职应用型高级技术人才的培养需求。

这套测绘类教材既是我社“十四五”重点规划教材，也是全国测绘地理信息职业教育教学指导委员会“十四五”推荐教材，希望本套教材的出版能对该类专业的发展做出一点贡献。

武汉理工大学出版社

2020.1

前　言

“数字测图技术”是高等职业技术学校测绘地理信息类专业的核心技能专业课程。课程教学面向的工作岗位是地形测量员和数字测图员。本书编写本着“基于工作过程系统化”的教学理念，突出“工学结合”，从数字测图概述及原理、图根控制测量、数字测图外业等典型工作任务入手，采用项目与工作任务的方式组织内容，主要包括：地形图测量员工作岗位分析、数字测图原理等。通过本课程的学习，学生既能掌握数字测图的基本理论与方法，又能使用数字测图技术进行数字化地形图、地籍图测绘与地理空间数据的采集工作。

“数字测图技术”课程是在传统测量技术基础上开设的一门应用现代测绘技术的课程，具有很强的专业性和实践性。由于数字化地形图的应用面较为广泛，测绘方式具有自动化程度高、数字化、高精度的特点，可以利用现代测绘仪器 GNSS-RTK 进行外业数据采集，也可以使用传统全站仪进行数字测图，灵活多样的碎部点数据采集方式给数字测图技术带来了更为广阔的发展空间，数字化地形图在工程中的应用面也较为广泛，在勘测设计、城市规划、勘测定界、地形地籍等方面均为国家基础工程建设提供了不可缺少的基础数据，因此数字测图技术也就成为高职高专测绘工程技术专业、工程测量技术专业、土地管理与地籍测绘专业的一门具有实践性课程体系的专业课程。由于数字化地形图制图的规范性，具有地图学的普遍特征，因此大比例尺地形图的测绘往往也是测绘地理信息技术专业学生的一门必修课。

本书在编写的过程中突出了理论和实践一体化的课程体系，利用市场广泛使用的南方 CASS 多用途数字地形地籍测绘软件，从数字化地形图测绘的原理认知、技术设计书的编写和技术总结的编写开始，到具体实施测绘的图根控制测量、野外数据采集的方式方法和内业图形编绘的要点作了详细的介绍，另外还对地形图扫描矢量化作了介绍，结合南方 CASS 工程应用方案对数字化地形图的应用领域作了详细的介绍，突出了工学结合、理实一体的特点。

本书在编写过程中得到了武汉理工大学出版社的大力支持，由云南国土资源职业学院国土空间信息学院武玉斌副教授负责编写了项目 3、项目 5 中的任务 5.3 及附录，高级工程师钱学飞负责编写了项目 4 和项目 5 中的任务 5.1、任务 5.2，和万荣副教授负责编写了项目 2 和项目 6，沈映政副教授负责编写了项目 1 和项目 7。本书在编写过程中参阅了大量文献，引用了南方测绘等公司产品的使用手册和说明书的部分内容，在此，谨向有关作者和单位表示感谢。由于编者水平、时间及经验有限，书中难免存在疏漏之处，热忱欢迎广大读者批评指正。

编　者

2022 年 5 月

目　录

项目1　数字测图原理认知

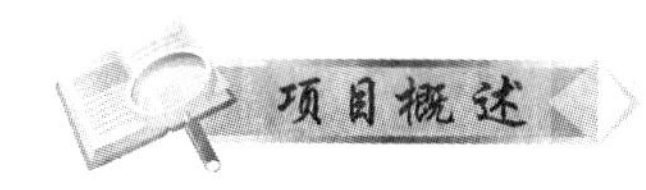

随着电子技术和计算机技术日新月异的发展及其在测绘领域的广泛应用，20世纪80年代产生了电子速测仪、电子数据终端，并逐步构成了野外数据采集系统，将其与内业机助制图系统结合，形成了一套从野外数据采集到内业制图全过程实现数字化和自动化的测量制图系统，通常称作数字化测图（简称数字测图）或机助成图。本项目主要介绍了数字测图的概念、特点、原理、作业模式，数字测图系统的组成、发展与展望。

学习目标

1. 掌握数字化测图的概念、原理；
2. 掌握数字化测图系统的组成、数字测图的优势；
3. 掌握数字化测图的作业模式；
4. 了解数字化测图的发展。

任务1.1　职业岗位分析

1. 课程面向的岗位描述

“数字测图技术”是高等职业技术学校测绘地理信息类专业的核心技能专业课程。课程教学面向的工作岗位是地形测量员和数字测图员。本书编写本着“基于工作过程系统化”的教学理念，突出“工学结合”，从数字测图概述及原理、图根控制测量、数字测图外业等典型工作任务入手，采用项目与工作任务的方式组织内容，主要包括：地形图测量员工作岗位分析、数字测图原理等。通过本课程的学习，学生既能掌握数字测图的基本理论与方法，又能使用数字测图技术进行数字化地形图、地籍图测绘与地理空间数据的采集工作。

2. 课程设置及教学实施

课程共设置数字测图原理认知，数字测图技术设计书、技术总结编写，图根控制测量，数字测图野外数据采集，大比例尺地形图内业成图，地形图扫描矢量化，数字地形图的应用七个项目。

每个项目都采用“项目概述”→“学习目标”→“教学任务（正文）”→“职业能力训练”→“项目小结”→“练习与思考题”的形式。“项目概述”使学生打开书本即知道本项目所要讲授的内容；“学习目标”的描述能让学生知道本项目到底要掌握什么知识及技能；“职业能力训练”提供了本项目所涉及的主要职业能力的实践与训练要求、目标及相应的实训操作训练；“项目小结”针对项目的学习与教学要求进行简要总结，帮助学生进一步梳理学习和教学内容；“练习与思考题”则针对主要的知识点和职业能力编写相应练习题，进一步加深和强化学生的学习成效。

任务 1.2　数字测图概述

1.2.1　数字测图概念

数字测图是指以计算机为核心，在外连输入、输出设备及配套硬件、软件的支持下，通过计算机对地形空间数据进行处理，得到数字地图，需要时也可用数控绘图仪绘制所需的地形图或各种专题地图。

1. 地形图与数字地形图

(1)地形图概念

地形图是利用测量仪器将地球表面局部区域内各种地物、地貌的空间位置和几何形状，按一定的比例尺，用规定的图式符号绘制成的正射投影图。

地物是指地面天然或人工形成的各种固体物质，如河流、森林、房屋、道路、农田等，在地形图中是用图式符号加注记表示的。

地貌是指地表面高低起伏的形态，如高山、丘陵、平原、洼地等，在地形图中一般是用等高线表示的。地形是地物和地貌的总称。

传统的地形测量是以图解形式按图式符号和比例尺将地形测绘到白纸(绘图纸或聚酯膜)上，所以又称白纸测图或模拟法测图。

(2)数字地形图概念

数字地形图是用数字形式存储全部地形图信息的地图，是用数字形式描述地形图要素的属性、定位和关系信息的数据集合，是存储在具有直接存取性能的介质(磁盘、硬盘和光盘)上的关联数据文件。

数字地形图在计算机屏幕上是以“电子地图”的形式显示的。电子地图是数字地形图符号化处理后的数据集合，是显示在屏幕上的地形图，也称屏幕地图。数字地形图是电子地图的基础。

2. 数字地形图与传统地形图的差异

数字地形图与传统地形图的差异主要体现在以下几个方面：

①数字地形图的载体不是纸张，而是适合于计算机存储的软盘、硬盘和光盘等。

②传统地形图以线画、颜色、符号、注记来表示地物类别和地形，数字地形图是以可识别的数字代码反映地表各类地理属性特征。

③数字地形图是以数字形式储存的 1∶1 的地形图，没有比例尺的限定和固定的图幅大小。

④数字地形图以数字形式表示地形图的内容。地形图的内容由地形图图形和文字注记两部分组成，地形图图形可以分解为点、线、面三种图形元素，而点是最基本的图形元素。数字地形图以数字坐标表示地物和地貌的空间位置，以数字代码表示地形符号、说明注记和地理名称注记。

⑤数字地形图具有更新地形图的优势，只要将地形图变更的部分输入计算机，通过数据处理即可对原有的数字图和有关的信息作相应的更新，使地形图有良好的适时性。

⑥由于数字地形图是以数字形式储存的 1∶1 的地形图，所以，根据用户的需要，在一定比

例尺范围内可以输出不同比例尺和不同图幅大小的地形图,输出各种分层叠合的专用地图。

⑦数字地形图的精度高。传统地形图的精度,图上地物点相对于邻近图根点的点位中误差为图上±0.5mm。数字测图,在野外采用全站仪测量,地物点相对于邻近控制点的位置,精度达到±5cm是不困难的。

⑧为了建立城市地理信息系统,必须以数字地形图为基础。数字地形图是城市地理信息系统的主要数据源。

1.2.2 数字测图的特点

数字化测图技术与传统测图技术相比较,具有以下几方面的优势:

(1)精度高

当采用草图法数字测记模式作业时,全部碎部点均用全站仪测量,控制层次也相对减少,精度损失相对小。另外,由于数字地形图不存在图纸变形的问题,因此,成图精度比传统成图方法要高许多。

(2)自动化程度高、劳动强度较小

在传统测图中,大量的测绘工作集中在外业,地形原图在野外手工绘制,劳动强度大,自动化程度低。

而数字化测图将工作转到室内,在计算机上以人机交互的方式绘制地形图,提高了测图效率。

(3)更新方便、快捷

数字化测图工作得到的是数字地形图——以某种格式存放的地形图数据文件。其调用、显示都十分方便。利用“图形编辑”功能进行原有数字化地形图的修、补、测是十分方便的。

(4)便于保存与管理

数字地形图产品以数字形式存储于计算机的存储介质上,仅占很少的空间。另外,数字地形图产品也没有纸质地形图产品保存过程中的霉烂、变形等问题。数字地形图产品不仅便于保存,而且管理也十分方便。

(5)便于应用

目前,随着计算机应用的日益普及,工程设计与规划部门大都采用了计算机辅助设计系统,这些系统都要求采用数字化地形图作为规划设计的工作底图。目前各个行业与地理有关的信息管理,正在迅速发展和使用GIS技术,数字地形图产品可以是GIS的一种理想的数据源。

(6)易于发布和实现远程传输

对于传统地形图来说,实时发布和远程传输是难以实现的。然而,对于数字地形图产品,随着网络技术和通信技术的不断发展以及网上地形图发布系统的逐步完善,通过计算机网络实现地形图产品的实时发布和远程传输已经成为可能。

1.2.3 数字测图的发展与展望

1.数字化测图技术的发展历史与现状

无论是大比例尺地形图的测绘,还是小比例尺地形图的编绘,传统的作业方式都是手工作业和模拟法成图。计算机技术的迅速发展和信息革命浪潮的冲击,使测绘必然由模拟法向自动化、数字化、信息化方向发展。

计算机图形学理论及计算机图形系统软、硬件设备的不断发展和测绘仪器电子化以及制图生产的迫切需要，极大地刺激了数字化测图技术的发展。从20世纪50年代起，国际数字化测图领域经历了理论探索、装备测试、系统形成、系统成熟、推广普及等阶段。至今，数字化测图技术不仅在理论上和系统配置上已经相当成熟，在应用方面也达到了十分普及的程度。数字化测图技术已广泛地应用在各种不同比例尺的地形图、通用地图和专题地图的制图实践中。

我国对数字化测图技术的研究开始于20世纪80年代初期。当时我国测绘行业的一些科研单位和生产部门即开始从国外引进一些比较成熟的数字测图系统，并进行了消化吸收。20世纪80年代末、90年代初，我国测绘工作者在引进、吸收的基础上对数字化测图技术进行了较为系统和深入的研究，开发了一些适合我国国情的数字测图系统。然而，由于客观条件的限制，这些系统还不是十分成熟，使用不很方便，加之商品化程度较低，这些系统都没有得到广泛的应用。

20世纪90年代，我国数字化测图技术无论在理论上还是在实用系统的开发上都得到了迅速的发展。我国测绘工作者结合我国的实际情况和数字化测图技术本身的特点，对有关问题进行了深入细致的研究，取得了丰硕的成果。这一时期正好也是我国经济建设高速发展的时期。经济建设规模的增大、人们对国土资源的日益重视刺激了数字化测图技术的发展和人们对实用数字测图系统的需求，数字测图系统的开发受到了大家的重视。在这种形式下，测绘科技工作者对实用数字测图系统进行了较深入的研究和开发。目前，我国自行开发和研制的数字测图系统无论在其实用性、可靠性还是商品化程度等方面都已达到了较高的水平，数字化成图市场也极其活跃。

诞生于20世纪60年代的地理信息系统(GIS)对数字化测图技术的发展也产生了积极的推动作用。一般认为，GIS是关于地理信息的图形系统、信息系统和空间分析系统的综合和集成。因此，数字测图系统作为GIS理想的前端采集工具，与GIS有着密切的关系。GIS的发展和推广应用对数字测图系统提出了新的要求，它要求数字地形图不仅是描述地形图实体的空间位置的载体，还必须能有效地描述地形图实体的地理属性。我国的GIS事业起步较晚，但这几年进展较快，已经有不少城市和行业成功地进行了应用。随着GIS在我国的进一步普及，它必将更进一步地推动数字化测图技术的发展。

纵观国际、国内地面数字测图技术，其发展的进程大体经历了以下两个模式：

(1)数字测记模式

数字测记模式是野外测记室内成图。

第一阶段：用全站仪测量，电子手簿记录，同时配画标注测点点号的人工草图，到室内将测量数据直接由记录器传输到计算机，再由人工按草图编辑图形文件，并键入计算机自动成图，由绘图仪绘制地形图。

使用的电子手簿，也可以是PC-E500改装的电子手簿。因后者价格低廉，采用汉字菜单，操纵简便，更符合国情，所以国内主要使用这类记录器。

这虽是数字测图发展的初级阶段，但达到了野外测量直接测制数字地形图和绘制图解地形图的目标，使人们看到了数字测图自动成图的美好前景。

这一阶段外业电子记录仍模拟白纸测图的单点测量记录；要求野外人工绘草图的技术高，又很费事；要人工编辑图形文件，人工键入，整体工作量比白纸测图还要大，再加上事后返工就更难办了，因此还必须进一步改进。

第二阶段：测记的模式不变，但成图软件有实质性的发展。

①开发了智能化的外业采集软件，它不仅作点位记录，而且记录成图所需的全部信息，并且有一些记录项可由软件自动默认，使作业人员键入的数据大大减少。

②电子手簿的测量数据被传输到计算机后，由计算机自动检索编辑图形文件，出图无须人工键入图形文件。从理论上讲，不需要草图，但实际上对一些地形复杂的地方，还需画草图，以便参考。

③外业采集软件（电子手簿内置的）具备自动检索图形文件的功能，并可实时计算出点位坐标。如果为采集系统配置一个袖珍绘图仪（如PP400C）或A3/A4小型绘图仪，现场就可按坐标实时展点绘草图。此草图与人工描画的草图是不同的，展点草图是按计算的测点坐标展绘，且具有一定的精度，从而可以检查测量数据的正确性，即可在现场及时发现和纠正错测、漏测之处。

较完善的测记法测图软件使数字测图走向实用化。数字测记法具有电子手簿携带轻、操作方便的优点。

(2)电子平板测绘模式

电子平板测绘模式的优点是内外业一体化，所显即所测，实时成图。

白纸测图也有优点，即现场成图。即使采用经纬仪测记法，多数也要带图板，在仪器旁随测随展点，发现错误，及时修正，从而保证测量成果的正确性。

要使数字测图任务（尤其在复杂地区）进行得顺畅，外业也需要有成图这一步。仅有电子手簿记录是远远不够的，用户将记录器比喻为黑匣子，不知记录得对或不对，等到室内计算机处理成图后才发现错误，再去返工就比较麻烦了，所以数字测记法更适合地形简单的地区使用。电子平板测绘模式也是数字测图发展的第三阶段：将笔记本电脑作为电子平板，现场测绘，实时成图。

笔记本电脑的出现给发展数字测图提供了机遇，产生了电子平板测绘模式：全站仪＋便携机＋相应测图软件，实施外业测图的模式，并将安装了测图软件的笔记本电脑命名为电子平板。电子平板测图软件既有与全站仪通信和数据记录的功能，又在测量方法、解算建模、现场实时成图和图形编辑、修正等方面超越了传统平板测图的功能，从硬件意义上讲，完全替代了图板、图纸、铅笔、橡皮、三角板、比例尺等绘图工具。高分辨率的显示屏作图面，图面上所显即所测。数字测图真正实现了内外业一体化，外业工作完成，图就出来了。测量出现错误，现场可以方便、及时地纠正，从而使数字测图的质量与效率全面超过了白纸测图。它直接提供的高精度数字地形空间信息，则是传统测图方法所不及的，是理想的数字测图模式。

随着笔记本电脑价格的下降，电子平板将发展成为地面数字测图的主流。由于笔记本电脑需要用于野外作业，所以应选用保证质量的正牌产品。笔记本电脑除内置电池外，还应配外接电池备用。

日本杰科还推出了测站（全站仪）和棱镜站（简称镜站）之间建立无线数据传输的功能，可将测站（全站仪）的测量数据传输到棱镜站的笔记本电脑接收、记录、成图。这种方法由作图的人亲自识别测点的地物属性（类别），比较方便，不易出错。

2.数字化测图技术的展望

展望未来，随着科技的进一步发展，新产品的价格不断下降，可以采取更加自动化的模式。

(1)全站仪自动跟踪测量模式

测站为自动跟踪式全站仪，可以无人操作。镜站有跑镜员和电子平板操作员，电子平板操作员兼任司镜员。全站仪自动跟踪照准立在测点上的棱镜，测量的数据由测站自动传输给棱镜站的电子平板记录、成图。日本拓普康(Topcon)等推出的自动跟踪全站仪的单人测量系统再加上电子平板即可实现此模式。徕卡(Leica)推出的 TCA 自动跟踪型全站仪+RCS 控制器(遥控器)，实现了遥控测量，使自动跟踪测量模式更趋于现实。测站无人操作，而人员在镜站遥控开机测量，全站仪自动跟踪，自动照准，自动记录，及时获取观测成果，还可在镜站遥控进行检查与编码。TCA 遥控测量系统与电子平板连接，则可实现自动跟踪模式的电子平板数字测图。目前采用此种模式价格昂贵，适用于特定的应用场合。

(2)GPS 测量模式

GPS 定位方法精度高，方便灵活。GPS 定位技术在测绘中的应用和普及是测绘科技的一个重大的突破性进展。随着 GPS 接收站的全面建成和发展，GPS 技术在普通测量与工程测量中的应用将成为现实。

近年来推出的载波相位差分技术，又称 RTK(Real Time Kinematic，实时动态)定位技术，能够实时提供测点(用户站)在指定坐标系的三维坐标成果，在测程 20km 以内可达厘米级精度。

RTK 模式下，参考站(基准站)的 GPS 接收机，通过数据链将其观测值及站坐标信息一起发给流动站的 GPS 接收机(用户站)，流动站不仅有来自参考站的数据，还直接接收 GPS 卫星发射的数据，观测数据组成相位差分观测值，进行实时处理，实时给出厘米级定位结果。

RTK 作业模式测程(基准点与流动站的距离)可以达到 10～20km，若与电子平板测图系统连接，实现一步数字测图，这将显著地提高开阔区域野外测图的可靠性和生产效率。

任务 1.3　数字测图基本原理

1.3.1　数字测图基本思想

传统的地形测图(白纸测图)实质上是将测得的观测值(数值)用图解的方法转化为图形。这一转化过程几乎都是在野外实现的，即使是原图的室内整饰一般也要在测区驻地完成，因此劳动强度较大；再则，这个转化过程将使测得的数据所达到的精度大幅度降低。特别是在信息剧增、建设日新月异的今天，一纸之图已难载诸多图形信息，变更、修改也极不方便，实在难以适应当前经济建设的需要。

数字测图就是要实现丰富的地形信息和地理信息数字化和作业过程的自动化或半自动化，尽可能缩短野外测图时间，减轻野外劳动强度，而将大部分作业内容安排到室内去完成。与此同时，将大量手工作业转化为电子计算机控制下的机械操作，这样不仅能减轻劳动强度，而且不会降低观测精度。

数字测图的基本思想是将地面上的地形和地理要素(或称模拟量)转换为数字量，然后由电子计算机对其进行处理，得到内容丰富的电子地图，需要时由图形输出设备(如显示器、绘图仪)输出地形图或各种专题图形。将模拟量转换为数字这一过程通常称为数据采集。目前数据采集方法主要有野外地面数据采集法、航片数据采集法、原图数字化法。数字测图系统流程示意图如图1-1所示。数字测图就是通过采集有关的绘图信息并及时记录在数据终端(或直接传输给便携机),然后在室内通过数据接口将采集的数据传输给电子计算机,并由计算机对数据进行处理,再经过人机交互的屏幕编辑,形成绘图数据文件。最后由计算机控制绘图仪自动绘制所需的地形图,最终由磁盘、磁带等储存介质进行存储。

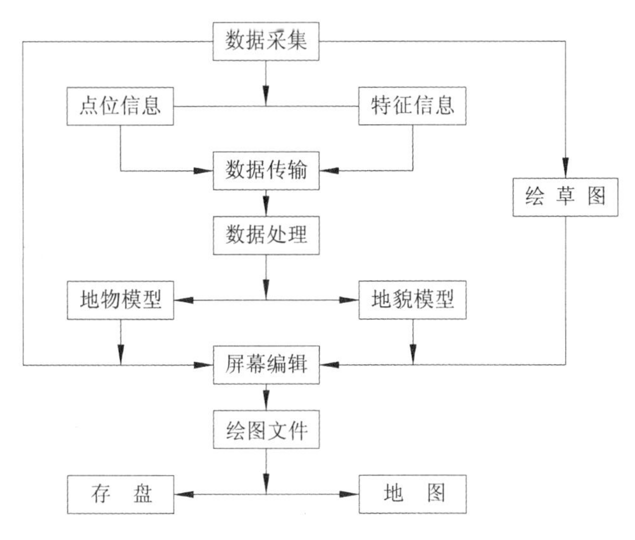

图1-1 数字测图系统流程示意图

1.3.2 数字测图的图形描述

一切地图图形都可以分解为点、线、面三种图形要素,其中点是最基本的图形要素。这是因为一组有序的点可连成线,而线可以围成面。但要准确地表示地图图形上点、线、面的具体内容,还要借助一些特殊符号、注记来表示。独立地物可以由定位点及其符号表示,线状地物、面状地物由各种线画、符号或注记表示,等高线由高程值表达其意义。

测量的基本工作是测定点位。传统方法是用仪器测得点的三维坐标,或者测量水平角、竖直角及距离来确定点位,然后绘图员按坐标(或角度与距离)将点展绘到图纸上。跑尺员根据实际地形向绘图员报告测的是什么点(如房角点),这个房角点应该与哪个房角点连接等,绘图员则当场依据展绘的点位按图式符号将地物(房屋)描绘出来。就这样一点一点地测和绘,一幅地形图就生成了。

数字测图是经过计算机软件自动处理(自动计算、自动识别、自动连接、自动调用图式符号等),自动绘出所测的地形图。因此,数字测图时必须采集绘图信息,它包括点的定位信息、连接信息和属性信息。

定位信息亦称点位信息,是用仪器在外业测量中测得的,最终以x、y、$z(H)$表示的三维坐标。点号在测图系统中是唯一的,根据它可以提取点位坐标。连接信息是指测点的连接关系,它包括连接点号和连接线型,据此可将相关的点连接成一个地物。上述两种信息统称为图形信息,又称为几何信息。以此可以绘制房屋、道路、河流、地类界等图形。

属性信息又称为非几何信息,包括定性信息和定量信息。属性的定性信息用来描述地图图形要素的分类或对地图图形要素进行标名,一般用拟定的特征码(或称地形编码)和文字表示。有了特征码就知道它是什么点、对应的图式是什么。属性的定量信息是说明地图要素的性质、特征或强度的，例如面积、楼层、人口、产量等，一般用数字表示。进行数字测图时不仅要测定地形点的位置（坐标），还要知道是什么点，是道路还是房屋，当场记下该测点的编码和连接信息，显示成图时，利用测图系统中的图式符号库，只要知道编码，就可以从库中调出与该编码对应的图式符号成图。

1.3.3　数字测图的数据格式

地图图形要素按照数据获取和成图方法的不同，可区分为矢量数据和栅格数据两种数据格式。矢量数据是图形的离散点坐标(x,y)的有序集合；栅格数据是图形像元值按矩阵形式的集合。野外采集的数据、通过解析测图仪获得的数据和手扶跟踪数字化仪采集的数据是矢量数据；通过扫描仪和遥感获得的数据是栅格数据。据估计，一幅1∶1000的一般密度的平面图只有几千个点的坐标对，一幅1∶1000的地形图矢量数据多则可达几十万甚至上百万个的坐标对。矢量数据量与比例尺、地物密度有关。而一幅地形图（50cm×50cm）的栅格数据，随栅格单元（像元）边长的不同而不同，通常达上亿个像元点。故一幅地图图形的栅格数据量一般情况下比矢量数据量大得多。矢量数据结构是人们最熟悉的图形表达形式，从测定地形特征点位置到线画地形图中各类地物的表示也都是利用矢量数据和矢量算法。因此数字测图通常采用矢量数据结构画矢量图。若采集的数据是栅格数据，必须将其转换为矢量数据。由计算机控制输出的矢量图形不仅美观，而且更新方便，应用非常广泛。

1.3.4　数字测图解决的问题

归纳起来，数字测图要解决以下问题：

①使采集的图形信息和属性信息可被计算机识别。

②由计算机按照一定的要求对这些信息进行一系列的处理。

③将经过处理的数据和文字信息转换成图形，由屏幕输出或绘图仪输出各种所需的图形。

④按照一定的要求自动实现图形数据的应用。能自动地绘制地图图形是数字测图的首要任务，但这只是最基本的任务。数字测图还解决电子地图应用问题，尤其要使数字测图成果满足地理信息系统（GIS）的需要。数字测图的最终目的是实现测图与设计和管理一体化、自动化。

任务1.4　数字测图系统

1.4.1　数字测图系统组成

数字测图系统是以计算机为核心，在输入、输出硬件设备和软件的支持下，对地形空间数据进行采集、输入、成图、处理、绘图、输出、管理的测绘系统。数字测图系统主要由数据输入、数据处理和数据输出三部分组成，如图1-2所示。

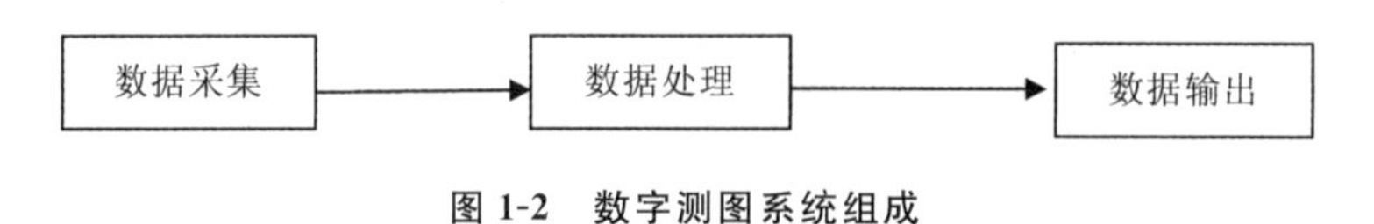

图1-2　数字测图系统组成

围绕这三部分，由于硬件配置、工作方式、数据输入方法、输出成果内容的不同，可产生多种数字测图系统。数字测图系统按输入方法可分为:原图数字化数字成图系统,航测数字成图系统,野外数字测图系统,综合采样(集)数字测图系统;按硬件配置可分为:全站仪配合电子手簿测图系统,电子平板测图系统等;按输出成果内容可分为:大比例尺数字测图系统,地形地籍测图系统,地下管线测图系统,房地产测量管理系统,城市规划成图管理系统等。不同的时期,不同的应用部门,如水利、物探、石油等科研院校,也研制了众多的自动成图系统。

目前,大多数数字化测图系统内容丰富,提供多种数据采集方法,具有多种功能,应用范围广泛,能输出多种图形和数据资料。数字测图系统由一系列硬件和软件组成。用于野外采集数据的硬件设备有全站式或半站式电子速测仪;用于室内输入的设备有数字化仪、扫描仪、解析测图仪等;电子手簿、PC卡用于记录数据;用于室内输出的设备主要有磁盘、显示器、打印机和数控绘图仪等;便携机或微机是数字测图系统的硬件控制设备,既用于数据处理,又用于数据采集和成果输出。最基本的软件设备有系统软件和应用软件。应用软件主要包括控制测量计算软件、数据采集和传输软件、数据处理软件、图形编辑软件、等高线自动绘制软件、绘图软件及信息应用软件等。

1.4.2 数字测图系统硬件

数字测图系统的硬件主要有两大类:测绘类硬件和计算机类硬件。前者主要指用于外业数据采集的各种测绘仪器,如全站仪;后者包括用于内业处理的计算机及其标准外设,如显示器、打印机、数字化仪、扫描仪和绘图仪等。

(1)计算机

计算机是数字测图系统中不可替代的主体设备。它的主要作用是运行数字化成图软件,连接数字测图系统中的各种输入输出设备。

(2)全站仪

全站仪是由测距仪、电子经纬仪和微处理器组成的一个智能化测量仪器。全站仪的基本功能是在仪器照准目标后,通过微处理器的控制自动完成距离、水平方向和天顶距的观测、显示与存储。除这些基本功能外,不同类型的全站仪一般还具有一些各自独特的功能,如平距、高差和目标点坐标的计算等。

(3)数字化仪

数字化仪是数字测图系统中的一种图形录入设备。它的主要功能是将图形转化为数据,所以,有时它又被称为图数转换设备。

在数字化成图工作中,对于已经用传统方法施测过地形图的地区,只要已有地形图的精度和比例尺能满足要求,就可以利用数字化仪将已有的地形图输入到计算机中,经编辑、修补后生成相应的数字地形图。

(4)扫描仪

扫描仪是以“栅格方式”实现图数转换的设备。所谓栅格方式,就是以一个虚拟的格网对图形进行划分,然后对每个格网内的图形按一定的规则进行量化。每一个格网叫作一个“像元”或“像素”。所以栅格方式数字化实际上就是先将图形分解为像元(图1-3),然后对应得栅格矩阵(图1-4)。

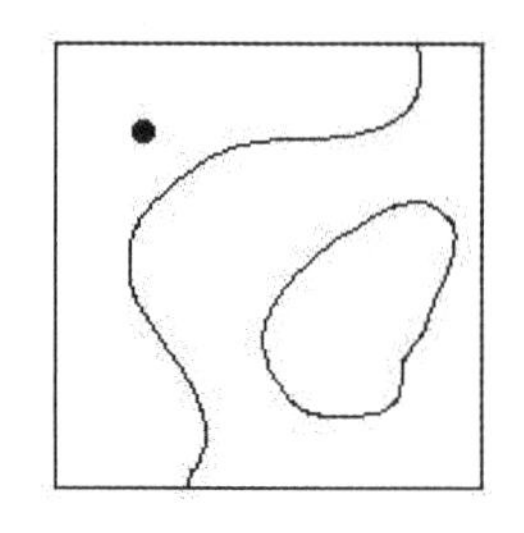

图 1-3 图形分解为像元

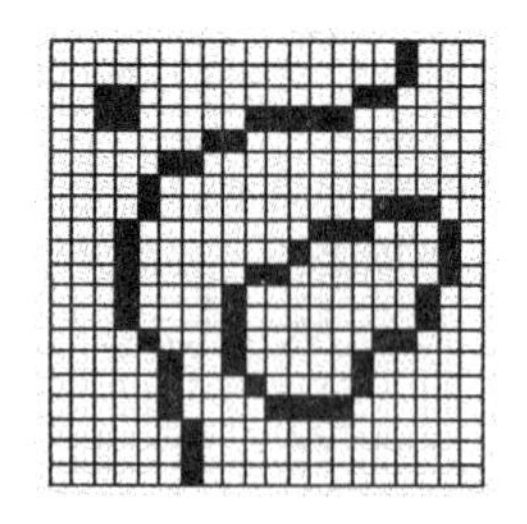

图 1-4 栅格矩阵

(5)绘图仪

绘图仪是数字测图系统中一种重要的图形输出设备。在测图系统中,尽管能得到数字地形图,且数字地形图具有很多优良的特性,但纸质地形图仍然是不可替代的。因此,在数字地形图编辑好以后,一般都要在绘图仪上输出纸质地形图。

(6)GPS 接收机

GPS 是全球定位系统(Global Position System)的英文缩写。该系统是美国国防部自 20 世纪 70 年代开始研制的新一代导航和定位系统。该系统能连续向地面发射信号,供地面或海陆空各种固定或移动接收机(天线)接收,从而实现任何地方、任何时刻的自动定位。

(7)电子手簿

电子手簿是数字测图系统中连接外业工作和内业工作的一道桥梁,它的主要作用是:在外业与全站仪之间建立连接,记录观测数据并作必要的处理;在内业与计算机之间建立连接,将记录数据传入计算机,供进一步处理。电子手簿的功能直接影响到数字化成图的作业效率。

1.4.3 数字测图系统软件

从一般意义上讲,数字测图系统的软件包括:

①系统软件(如操作系统 Windows)。

②支撑软件(如计算机辅助设计软件 AutoCAD)。

③应用软件或者叫专用软件(如南方测绘仪器公司的 CASS 成图软件)。

目前,市场上比较成熟的数字化成图软件主要有如下几种:

①南方测绘仪器公司的数字化地形地籍成图系统 CASS。

②清华山维新技术开发公司的 GIS 数据采集处理与管理系列软件。

③武汉瑞得测绘自动化公司的数字测图系统 RDMS。

④北京威远图公司的 CitoMap 地理信息数据采集。

⑤广州开恩测绘软件公司的 SCSGIS2000。

任务 1.5 数字测图的基本过程及作业模式

1.5.1 数字测图作业过程

数字测图的作业过程与使用的设备和软件、数据源及图形输出的目的有关。但不论是测绘地形图,还是制作种类繁多的专题图、行业管理用图,只要是测绘数字图,都必须包括数据采集、数据处理和图形输出三个基本阶段。

1. 数据采集

地形图、航空航天遥感像片、图形数据或影像数据、统计资料、野外测量数据或地理调查资料等，都可以作为数字测图的信息源、数据资料，可以通过键盘或转储的方法输入计算机；图形和图像资料一定要通过图数转换装置转换成计算机能够识别和处理的数据。

数据采集主要有如下几种方法：

①GPS 法，即通过 GPS 接收机采集野外碎部点的信息数据。

②航测法，即通过航空摄影测量和遥感手段采集地形点的信息数据。

③数字化仪法，即通过数字化仪在已有地图上采集信息数据。

④大地测量仪器法，即通过全站仪、测距仪、经纬仪等大地测量仪器实现碎部点野外数据采集。

(1)野外数据采集

野外常规数据采集是工程测量中，尤其是工程中大比例尺测图获取数据信息的主要方法。而采集数据的方法随着野外作业的方法和使用的仪器设备不同可以分为下面三种形式：

①普通地形图测图方法。使用普通的测量仪器，例如经纬仪、平板仪和水准仪等，将外业观测成果人工记录于手簿中，再进行内业数据的处理，然后输入到计算机。

②使用测距经纬仪和电子手簿方法。用测距经纬仪进行外业观测距离、水平方向和天顶距等，用电子手簿在野外进行观测数据的记录及必要的计算并储存成果。内业处理时再将电子手簿中的观测数据或经处理后的成果输入计算机中。

③野外使用全站仪方法。用全站仪进行外业观测，测量数据自动存入仪器的数据终端，然后将数据终端通过接口设备输入到计算机。采用这种方法则从外业观测到内业处理直至成果输出的整个流程实现了自动化。

大比例尺地面数字测图与传统白纸测图相比，有如下特点：

①白纸测图通常是在外业直接成图，除在 1∶500 的地形图上对主要建筑物轮廓点注记外，其余碎部点坐标是不保留的。外业工作除观测数据外，地形图的现场绘制、清绘占地形测量工作很重的比例。数字测图在外业是记录观测数据或计算的坐标。在记录中，点的编号和特征码是不可缺少的信息，特征码的记录可在该测站时输入记录器或在内业根据草图输入。数字测图对于数据记录要有一定的格式，这种格式应被数字测图软件所识别，能和数据库的建立统一起来。

②数字测图中，电子手簿应具有测站点坐标计算功能，可以自由设站。同时测距仪在几百米距离内测距精度较高，可达 1cm。因此，一般来说，地图图根点的密度相对于白纸测图的要求可减少。碎部测量时可较多采用自由设站的方法建立测站点。

③碎部测量时不受图幅边界的限制，外业不再分幅作业，内业图形生成时由软件根据图幅分幅表及坐标范围自动进行分幅和接边处理。

④白纸测图是在图根加密后进行碎部测量。数字测图的碎部测量可在图根控制加密后进行，也可和图根控制的观测同时进行，然后在内业计算图根点坐标后再进行碎部点坐标计算。

⑤数字测图由数控绘图机绘制地形图，所有的地形轮廓转点都要有坐标才能绘出地物的轮廓点来。对必须表示的细部地貌也要按实测地貌点才能绘出。因此数字测图直接测量地形点的数目比白纸测图要多。

(2)原图数字化采集

不论从哪种比例尺的地形图上采集 DEM 数据,最基本的问题都是对地形图要素如等高线进行数字化处理,如手扶跟踪数字化或者半自动扫描数字化,然后再用某种数据建模方法内插 DEM。而关于地形图要素的数字化处理,特别是半自动扫描数字化技术,已经很成熟并已成为地图数字化的主流。

①手扶跟踪数字化。将地图平放在数字化仪的台面上,用一个带十字丝的游标,手扶跟踪等高线或其他地物符号,按等时间间隔或等距离间隔的数据流模式记录平面坐标,或由人工按键控制平面坐标的记录,高程则需由人工通过键盘输入。这种方法的优点是所获取的向量形式的数据在计算机中比较容易处理;缺点是速度慢、劳动强度大。

②扫描数字化,或称屏幕数字化。利用平台式扫描仪或滚筒式扫描仪将地图扫描得到栅格形式的地图数据,即一组阵列式排列的灰度数据(数字影像)。将栅格数据转换成矢量数据可以充分利用图像处理的先进技术进行曲线自动跟踪和注记符号的自动识别等,因此效率很高。目前主要采用半自动化跟踪的方法,即先由计算机自动跟踪和识别,当出现错误或计算机无法完成的时候再进行人工干预,这样既可减轻劳动强度,又简单易实现。国内已有许多优秀的半自动矢量软件,如 GeoScan 等。数字化后的等高线数据通过一定的处理,如粗差的剔除、高程点的内插、高程特征的生成等,便可产生最终的 DEM 数据。

(3)航片数据采集

涉及 DEM 数据采集的摄影测量采样方法包括等高线法、规则格网法、选择采样法、渐进采样法、剖面法、混合采样法等,这些方法可以是人机交互的或自动化的。

①沿等高线采样。在地形复杂及陡峭地区,可采用沿等高线跟踪的方式进行数据采集,在平坦地区,则不宜采用此方式。沿等高线采样可按等距离间隔记录数据或按等时间间隔记录数据。采用等时间间隔记录数据时,由于等高线曲率大的地方跟踪的速度较慢,因而采集的点较密集,而在曲线较平直的地方跟踪速度较快,采集的点较稀疏,故只要选择恰当的时间间隔,所记录的数据就能很好地描述地形,且不会有太多的数据冗余。

②规则格网采样。确保采集的数据具有规则的格网形式。通过固定某一方向(如 X 方向),而在另一方向(如 Y 方向)以等间隔移动测标,同时对每一点测量其高程值,便可获得规则格网数据。在这种测量方法中,量测点在 X 或 Y 方向的移动由微处理器自动控制,不需要手工操作。这种方法非常适于自动或半自动的数据采集。

③剖面法。剖面法与规则格网法类似,唯一区别是,在规则格网法中,量测点在格网的两个方向上都是均匀采集;而在剖面法中,只是在一个方向即剖面方向上均匀采样。在剖面法中,通常情况下点以动态方式量测,而不像规则采样中以静态方式进行,因此从速度方面具有较高的效率,但其精度比以静态方式量测的规则格网点的精度低。另外,这种方法固有的缺点是,如果要保持较小而且重要的地形特征,那就必须保证采样数据有较高的冗余度。大多数情况下,剖面法并非主要为了采集 DEM 数据,而是与正射影像的生产联系到一起的,从这一方面来说,DEM 数据更像剖面法的副产品,而不是主要产品。

④渐进采样。为了使采样分布合理,即平坦地区的样点较少,地形复杂地区的样点较多,采用渐进采样方法。此方法中,小区域的格网间距逐渐改变,而采样也由粗到精地逐渐进行。优点是,渐进采样能解决规则格网采样方法所固有的数据冗余的问题。缺点是,地表突变邻近区域内的采样仍有较高的冗余度,有些相关特性在第一轮粗略采样中有可能丢失,并且不能在

其后的任一轮采样中恢复;跟踪路径太长,导致效率降低。

⑤选择性采样。为了准确反映地形,可根据地形特征进行选择性的采样,例如沿山脊线、山谷线、断裂线以及离散特征点进行采集。这种方法的突出优点在于,只需要少量的点便能使其所代表的地面具有足够的可信度。缺点是因为它需要受到专业训练的观测者对立体模型进行大量的内插,故并非高效的采样方法,实际上,没有一种自动采样程序是基于这种策略的,因此这种方法并不常用。

⑥混合采样。混合采样是一种将选择采样与规则格网采样相结合或者是选择采样与渐进采样相结合的采样方法。这种方法在地形突变处以选择采样的方式进行,然后这些特征线和另外一些特征点如山顶点、谷底点等,被加入规则格网数据中。实践证明,使用混合采样能解决很多在规则格网采样和渐进采样中遇到的问题。混合采样可建立附加地形特征的规则矩形格网 DEM,也可建立沿地形特征附加三角网混合形式的 DEM,但显然其数据的存储、管理与应用均较复杂。

⑦交互式采集。上述的①、③、⑤、⑥等方法适用于利用解析测图仪或机助测图仪进行半自动的交互式数据采集。特别是在数字摄影测量工作站中,混合采样的方法既能达到较高的作业效率,又可取得较好的数据质量。这种方法首先使用计算机自动生成粗格网 DEM,然后在立体模型上加测地形特征线,在此基础上内插细格网 DEM。

⑧自动采集。这也是数字摄影测量系统最主要的特征。自动采集方法按照像片上的规则格网利用影像进行数据采集,若利用高程直接求解的影像匹配方法,也可按模型上规则格网进行数据采集。全数字化摄影测量系统在市场上已有成熟的产品。这种方法的优点是,许多操作是自动化的,用户不需要进行太多的干预。缺点是,在自动相关生成 DEM 时仍需要采集地貌特征点线,才能保证 DEM 的高精确度。特别是在平坦地区、森林覆盖地区和房屋密集的城区,仍需要相当多的人工干预和编辑工作,否则,DEM 的精度将难以保证。

2. 数据处理

实际上,数字测图的全过程都是在进行数据处理,但这里讲的数据处理阶段是指在数据采集以后到图形输出之前对图形数据的各种处理。数据处理主要包括数据传输、数据预处理、数据转换、数据计算、图形生成、图形编辑与整饰、图形信息的管理与应用等。数据预处理包括坐标变换、各种数据资料的匹配、图形比例尺的统一、不同结构数据的转换等。数据转换内容很多,如将野外采集到的带简码的数据文件或无码数据文件转换为带绘图编码的数据文件,供自动绘图使用;将 AutoCAD 的图形数据文件转换为 GIS 的交换文件。

当数据输入到计算机后,为建立数字地面模型绘制等高线,需要进行插值模型建立、插值计算、等高线光滑处理三个过程的工作。在计算过程中,需要给计算机输入必要的数据,如插值等高距、光滑的拟合步距等。必要时需对插值模型进行修改,其余的工作都由计算机自动完成。数据计算还包括对房屋类呈直角拐弯的地物进行误差调整,消除非直角化误差等。

经过数据处理后,可产生平面图形数据文件和数字地面模型文件。要想得到一幅规范的地形图,还要对数据处理后生成的原始图形进行修改、编辑、整理;还需要加上汉字注记、高程注记,并填充各种面状地物符号;还要进行测区图形拼接、图形分幅和图廓整饰等。数据处理还包括对图形信息的全息保存、管理、使用等。

数据处理是数字测图的关键阶段。在处理数据时,既有对图形数据的交互处理,也有批处理。数字测图系统的优劣取决于数据处理的功能。

3. 图形输出

经过数据处理以后，即可得到数字地图，也就是形成一个图形文件，由磁盘或磁带作永久性保存；也可以将数字地图转换成地理信息系统所需要的图形格式，用于建立和更新 GIS 图形数据库。输出图形是数字测图的主要目的，通过对层的控制，可以编制和输出各种专题地图（包括平面图、地籍图、地形图、管网图、带状图、规划图等），以满足不同用户的需要。可采用矢量绘图仪、栅格绘图仪、图形显示器、缩微系统等绘制或显示地形图图形。为了使用方便，往往需要用绘图仪或打印机将图形或数据资料输出。在用绘图仪输出图形时，还可按层来控制线画的粗细或颜色，绘制美观、实用的图形。如果以输出原图为目的，可采用带有光学绘图头或刻针（刀）的矢量绘图仪，它们可以输出带有线画、符号、文字等的高质量的地图图形。

1.5.2 数字测图常见的作业模式

由于软件设计者思路不同，使用的设备不同，数字测图有不同的作业模式。一般而言，可分为两大作业模式，即数字测记模式（简称测记式）和电子平板测绘模式（简称电子平板）。数字测记模式就是用全站仪（或普通测量仪器）在野外测量地形特征点的点位，用电子手簿（或 PC 卡）记录测点的几何信息及其属性信息，或配合草图到室内将测量数据由电子手簿传输到计算机，经人机交互编辑成图。测记式外业设备轻便，操作方便，野外作业时间短。由于是“盲式”作业，对于较复杂的地形，通常要绘制草图。电子平板测绘模式就是全站仪＋便携机＋相应测图软件，实施外业测图的模式。这种模式将便携机的屏幕作为测板在野外直接测图，可及时发现并纠正测量错误，外业工作完成，图就出来了，实现了内外业一体化。

从实际作业来看，数字测图的作业模式是多种多样的。不同软件支配不同的作业模式，一种软件可支配多种测图模式。由于用户的设备不同、要求不同、作业习惯不同，目前我国数字测图作业模式大致可细分为如下几种：

（1）全站仪＋电子手簿测图模式

第一种作业模式是测记式，为绝大部分软件所支持。该模式使用电子手簿自动记录观测数据，作业自动化程度较高，可以较大地提高外业工作的效率。采用这种作业模式时的主要问题是地物属性和连接关系的采集。由于全站仪的采用，测站和镜站的距离可以拉得很远，因而测站上就很难看到所测点的属性和与其他点的连接关系。属性和连接关系输入不正确，会给后期的图形编辑工作带来极大的困难。解决的方法之一，是使用对讲机加强测站与立镜（尺）点之间的联系，以保证测点编码（简码）输入的正确性；也可以为采集系统配置一个袖珍绘图仪（A3/A4）现场按坐标实时展点绘草图；解决的方法之二，是将属性和连接关系的采集移到镜站用手工草图来完成，测站电子手簿只记录定位数据（坐标），在内业编辑时用“引导文件”导入属性和连接关系。这样既保证了数据的可靠性又大幅度地提高了外业工作的效率，可以说是一种较理想的作业模式。

（2）普通经纬仪＋电子手簿测图模式

第二种作业模式适合暂时还没有条件购买全站仪的用户，它采用手工键入观测数据到电子手簿，其他与第一种作业模式相同。由于用手工键入数据，其数据可靠性和工作效率显然都存在一定的问题。然而，由于它对仪器设备的要求较低，也有一些单位仍在采用。

（3）平板仪测图＋数字化仪数字化测图模式

第三种作业模式也几乎被所有的数字测图软件所支持。该模式的基本做法是先用平板测图方法测出白纸图，可不清绘，然后在室内用数字化仪将白纸图转为数字地图。就我国的基本国情和目前测绘行业的现状（设备条件、技术力量）而言，平板测图仍然被大部分测绘单位所钟爱，而某些工程项目却又需要数字地图（例如用计算机作城市规划等），这时可采用这种折中的作业模式。然而，这种作业模式所得到的数字地图的精度较低，特别是数字地图用于地籍管理等精度要求较高的工作时，精度问题就突出了。对于测绘数字地籍图，可以用第一种作业模式测量界址点，用平板仪测绘房屋、道路等平面图（不清绘），再用数字化仪将平面图数字化装绘到界址点展点图（数字图）上，即可得到实用的数字地籍图。

（4）旧图数字化成图模式

第四种作业模式是我国早期（20 世纪 80 年代末、90 年代初）的数字测图的主要作业模式。由于大多数城市都有精度较高、现势性较好的地形图，要制作多功能的数字地图，这些地形图是很好的数据源。1987—1997 年主要用手扶跟踪数字化仪数字化旧图。近年来，随着扫描矢量化软件的成熟，扫描仪逐渐取代数字化仪数字化旧图。先用扫描仪扫描得到栅格图形，再用扫描矢量化软件将栅格图形转换成矢量图形。这一扫描矢量化作业模式，不仅速度快，劳动强度小，而且精度几乎没有损失。

（5）测站电子平板测图模式

第五种作业模式即电子平板，它的基本思想是用计算机屏幕来模拟图板，用软件中内置的功能来模拟铅笔、直线笔、曲线笔，完成曲线光滑、符号绘制、线型生成等工作。具体作业时，将便携机移至野外，现测现画，且不需要作业人员记忆输入数据编码。这种模式的突出优点是现场完成绝大部分工作，因而不易漏测，在测图时观念上也不需大的改变。这种作业模式对设备要求较高，起码要求每个作业小组配备一台档次较高的便携机，但在作业环境较差（如有风沙）的情况下，便携机容易损坏。由于点位数据和连接关系都在测站采集，当测站、镜站距离较远时，属性和连接关系的录入比较困难。这种作业模式适合条件较好的测绘单位，用于房屋密集的城镇地区的测图工作。

（6）镜站遥控电子平板测图模式

第六种作业模式将现代化通信手段与电子平板结合起来，从根本上改变了传统的测图作业概念。该模式由持便携式电脑的作业员在跑点现场指挥立镜员跑点，并发出指令遥控驱动全站仪观测（自动跟踪或人工照准），将观测结果传输到便携机，并在屏幕上自动展点。作业员根据展点即测即绘，现场成图。由于由镜站指挥测站，能够“走到、看到、绘到”，不易漏测；能够同步地“测、量、绘、注”，以提高成图质量。镜站遥控电子平板作业模式可形成单人测图系统，只要一名测绘员在镜站立对中杆，遥控测站上带伺服马达的全站仪瞄准镜站反光镜，并将测站上测得的三维坐标传输至电子平板仪并展点和注记高程，绘图员迅速实时地把展点的空间关系在电子平板仪上描述（表示）出来。这种作业模式现已实现无编码作业，测绘准确，效率高，代表未来的野外测图发展方向。但该测图模式需要通信设备，需要高档便携机及带伺服马达的全站仪（非单人测图时可用一般的全站仪），设备较贵，投入成本较大。

（7）航测像片量测成图模式

第七种作业模式的基本方法是，用解析测图仪或经过改造的立体坐标量测仪量测像片点的坐标，并将量测结果传送到计算机，形成数字化测图软件能支持的数据文件。经验证明，这种作业模式能极大地减少外业工作量，对于平坦地区的数字化测图显然是一种可行的方法。然而，由于受航测方法本身的局限和精度方面的限制，这种作业模式对于大比例尺成图来说其应用范围会受到一定的限制。该作业模式会逐渐被全数字摄影测量所取代。

【职业能力训练】

通过本项目的学习,要求掌握数字化测图的概念、原理,掌握数字化测图系统的组成、数字测图的优势,掌握数字化测图的作业模式,了解数字化测图的发展。

【项目小结】

本项目主要介绍了数字测图的基本概念、原理、方法等,通过本项目的学习,应掌握数字测图的基本概念、原理、思想,数字测图系统的组成,数字测图的作业模式,数字测图的发展。

练习与思考题

一、填空题

1. 广义的数字化测图主要包括:__________、__________和__________。

2. 数字测图的基本思想是将地面上的__________要素转换为数字量,然后由电子计算机对其进行处理,得到内容丰富的__________。

3. 数字测图就是要实现丰富的__________、__________数字化和作业过程的自动化或半自动化。

4. 数字测图中描述地形点必须具备的三类信息为:__________、__________和__________。

5. 数字测图系统是以计算机为核心,在硬件和软件的支持下,对地形空间数据进行数据__________、__________、__________、__________、__________、__________、__________的测绘系统。它包括硬件和软件两个部分。

6. 在计算机外围设备中,鼠标、键盘、图形数字化仪和扫描仪,属于__________设备;显示器、投影仪、打印机和绘图仪等,属于__________设备。

7. 数字测图系统主要由__________、__________和__________三部分组成,其作业过程与使用的设备和软件、数据源及图形输出的目的有关。

8. 数字测图的基本过程包括:__________、__________、__________。

9. 目前我国主要采用__________、__________和__________采集数据。前两者主要是室内作业采集数据,后者是野外采集数据。

10. __________是测量的基本工作,__________是数字测图的关键阶段。

11. 数字化测图的特点为:__________、__________、__________、增强了地图的表现力、方便成果的深加工利用。

12. 数字测图作业模式可粗略分为__________和__________两大作业模式。

二、简答题

1. 简述数字测图的基本思想。

2. 简述数据采集的绘图信息类型及内涵。

3. 论述数据采集过程中所要采集的绘图信息。

4. 简述数字测图需解决的问题。

5. 简述数字化测图的主要作业过程及数据采集方法。

6. 简述数字测图中的作业模式(从实际作业划分)。

7. 简述地面数字测图的两大作业模式。

8. 地面数字测图外业采集数据包括哪些内容?

9. 结合对数字测图这门课程的学习,阐述数字化测图未来的发展。

项目2　数字测图技术设计书、技术总结编写

数字测图技术设计书、技术总结的编写是数字化地形图测绘工程项目中不可缺少的重要内容之一，本项目围绕技术设计书、技术总结编写的意义、编写要求展开，通过学习，学生可掌握数字测图技术设计书、技术总结的编写要求、编写内容以及注意事项，为今后走入生产单位，真正具备从事数字化地形图的生产能力打下基础，学生课后自学时可参考附录给出的技术设计书编写实例。

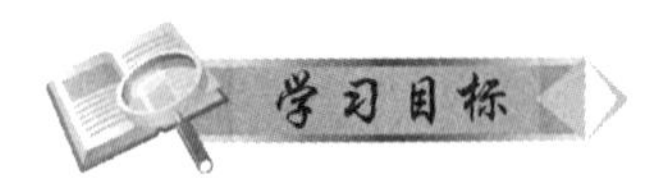

理解数字测图技术设计书及技术总结在测绘生产过程中的重要性，掌握数字测图技术设计书的编写要求及原则、技术总结的编写要求及依据，会编写数字测图技术设计书及技术总结。

任务2.1　数字测图技术设计书编写

2.1.1　数字测图技术设计书编写要求

测绘技术设计是将顾客或社会对测绘成果的要求转换成测绘成果（或产品）、测绘生产过程，或者测绘生产体系规定的特性或规范的一组过程。测绘技术设计的目的是制定切实可行的技术方案，保证测绘成果（或产品）符合技术标准和满足顾客要求，并获得最佳的社会效益和经济效益。技术设计书是测绘生产的主要技术依据，也是影响测绘成果能否满足顾客要求和技术标准的关键因素。为确保技术设计书能满足规定要求的适应性、充分性和有效性，测绘技术设计活动应按照策划、设计输入、设计输出、评审、验证（必要时）、审批的程序进行。测绘技术设计书是为测绘成果固有特性和生产过程成体系提供规范性依据的文件，主要包括相关项目设计书、专业技术设计书以及相应的技术设计更改文件。

数字测图项目是由一组有起止日期的、相互协调的测绘活动组成的独特过程，该过程要达到符合包括时间、成本和资源的约束条件在内的规定要求的目标，且其成果（或产品）可提供给社会直接使用和流通。测绘技术设计书分为数字测图项目设计书和数字测图专业技术设计书。项目设计书为综合性整体设计的文件，一般由承担项目的法人单位负责编写。专业技术设计书是对测绘专业活动的技术要求进行设计的文件，一般由具体承担相应测绘专业任务的法人单位负责编写。专业技术设计是在项目设计基础上，按照测绘活动内容进行的具体设计，是指导测绘生产的主要技术依据。对于工作量较小的项目，可根据需要将项目设计和专业技术设计合并为项目设计。

2.1.2 数字测图技术设计的依据及原则

1.数字测图技术设计的基本原则

数字测图技术设计书是根据测区的自然地理条件,本单位拥有的软件、硬件设备、技术力量及资金的情况,应用数字测图理论和方法制定合理的技术方案、作业方法并拟订作业计划,最后制定技术设计书的全过程。设计时应坚持的基本原则如下:

①技术设计应依据技术输入内容,充分考虑顾客的要求,引用适用的国家、行业或地方的相关标准,重视社会效益和经济效益。

②技术设计方案应先考虑整体而后局部,且顾及发展;要根据作业区实际情况,考虑作业单位的资源条件(如人员的技术能力和软、硬件配置情况等),挖掘潜力,选择最适用的方案。

③积极采用适用的新技术、新方法和新工艺。

④认真分析和充分利用已有的测绘成果(或产品)和资料,对于外业测量,必要时应进行实地勘察,并编写踏勘报告。

2.设计人员的基本要求

设计人员应满足以下基本要求:

①具备完成有关设计任务的能力,具有相关的专业理论知识和生产实践经验。

②明确各项设计输入内容,认真了解、分析作业区的实际情况,并积极收集类似设计内容执行的有关情况。

③了解、掌握本单位的资源条件(包括人员的技术能力,软、硬件装备情况)、生产能力、生产质量状况等基本情况。

④对其设计内容负责,并善于听取各方意见,发现问题应按有关程序及时处理。

3.数字测图技术设计书的主要内容

为了设计出最佳的数字测图技术设计书,设计人员必须明确任务的要求和特点、工作量和设计依据及原则,认真做好测区情况的踏勘、调查和资料的收集工作,在此基础上编写出切实可行的技术设计书。其内容包括以下几个方面:

(1)概述

说明项目名称、项目来源、内容和目标、作业区范围和行政隶属、完成期限、项目承担单位和成果接受单位等。

(2)作业区自然地理概况

根据测绘项目的具体内容和特点,根据需要说明与测绘作业有关的作业区自然地理概况,内容可包括:

①作业区的地形概况、地貌特征:居民地、道路、水系、植被等要素的分布与主要特征,地形类别、困难类别、海拔高度、相对高差等。

②作业区的气候情况:气候特征、风雨季节等。

③其他需要说明的作业区情况等。

(3)已有资料情况

说明已有资料的数量、形式、实测年代、采用的平面及高程基准、主要质量情况(包括已有资料的主要技术指标和规格等)和评价;说明已有资料利用的可能性和利用方案等。

(4)引用文件

说明项目设计书编写过程中所引用的标准、规范或其他技术文件。文件一经引用，便构成项目设计书设计内容的一部分。

(5)成果主要技术指标和规格

说明成果的种类及形式、坐标系统、高程基准，比例尺、分带、投影方法，成图方法、成图基本等高距、分幅编号及其空间单元，数据基本内容、数据格式、数据精度以及其他技术指标等。

(6)设计方案

设计方案是技术设计书的核心内容，方案内容要全面，针对工序衔接和工序质量控制制定具有可操作性的生产规定，以保证技术指导和进度指标的实现。具体如下：

①软件和硬件配置要求

规定测绘生产过程中的硬、软件配置要求，规定仪器的类型、数量、精度指标以及对仪器校准和检定的要求，规定作业所需的专业软件及其他配置。

A. 硬件：规定对生产过程所需的主要测绘仪器、数据处理设备、数据传输网络等设备的要求；其他硬件配置方面的要求(如对于外业测绘，可根据作业区的具体情况，规定对生产所需的主要交通工具、主要物资、通信联络设备以及其他必需的装备等的要求)。

B. 软件：规定对生产过程中主要应用软件的要求。

②技术路线及工艺流程

说明项目实施的主要生产过程和这些过程之间输入、输出的接口关系。必要时，应用流程图或其他形式清晰、准确地规定出生产作业的主要过程和接口关系。

A. 平面控制测量方案

平面控制测量方案应说明平面坐标系的确定、投影带和投影面的选择。原则上尽可能采用国家统一的坐标系统，当长度变形值大于 2.5cm/km 时，可选择其他坐标系统，对于小测区可采用独立坐标系统，然后阐述首级平面控制网的等级、起始数据、加密网及图形层次、点的密度、标石规格要求、使用的软件、硬件配置。

B. 高程控制测量方案

测图高程系统的选择，应尽量采用国家统一的 1985 国家高程基准。在远离国家水准点的新测区，可暂时建立或沿用地方高程系统，但条件成熟时应及时归算到国家统一的高程系统内。高程控制测量方案应说明首级高程控制网的等级、起算数据的精度、加密方案及布网的图形结构，确定路线的长度和高程控制点的密度、选用的标志类型及埋设方式，说明使用仪器和实测方案、平差方法、各项限差要求及应达到的精度。选定方案后应绘制测区高程测量路线图。

C. 数字测图方案

确定数字测图的测图比例尺、基本等高距、地形图采用的分幅与编号方法、图幅大小等，并绘制整个测区的地形图分幅编号图，然后进行数字化成图，主要包括数据采集、数据处理、图形处理和成果输出等工序。

a. 数据采集：常规数字测图的数据采集模式可分为数字测记模式和电子平板测绘模式。数字测记模式可根据作业单位的装备情况、测区地形情况和作业习惯，采用全站仪数字测记模式、有码作业或无码作业。若测图精度要求不是很高，又有可靠的旧地形图，可采用地形图数字化加外业补测的作业模式，以提高测图效率，降低测图成本。

b. 数据处理：是数字化成图的主要工序之一，其目的是将用不同方法采集的数据进行转换、分类、计算、编辑,为图形处理提供必要的基础数据。所以,要根据所使用的仪器类型、原始数据格式、选用的绘图软件等对数据进行必要的处理。

c.图形处理:是将数据处理成果转换成图形文件,用相应的绘图软件系统来完成,软件系统应具有图廓整饰、绘制符合国家规定图式的地形图符号、图幅裁剪等功能,其处理的成果文件格式要与国家标准统一,兼容性好;数据与图形文件保持对应关系并能相互转换;要方便显示、编辑及输出,成果能共享。

d.成果输出:就是将图形文件按照选定的分幅、编号方法和图幅大小,利用打印机、绘图仪等输出设备打印出来。所绘制的地形图要符合有关规范的要求。

(7)技术规定

主要内容包括:规定各项专业活动的主要过程、作业方法和技术、质量要求,特殊的技术要求,采用新技术、新方法、新工艺的依据和技术要求。

(8)上交和归档成果内容及其资料内容和要求

分别规定上交和归档的成果内容、要求和数量,以及有关文档资料的类型、数量等,主要包括:

①成果数据:规定数据内容、组织、格式,存储介质,包装形式和标志及其上交和归档的数量等。

②文档资料:规定需上交和归档的文档资料的类型(包括技术设计文件、技术总结、质量检查验收报告、必要的文档簿、作业过程中形成的重要记录等)和数量等。

(9)质量保证措施和要求

①组织管理措施:规定项目实施的组织管理和主要人员的职责和权限。

②资源保证措施:对人员的技术能力或培养的要求;对软、硬件装备的需求等。

③质量控制措施:规定生产过程中的质量控制环节和产品质量检查、验收的主要要求。

④数据安全措施:规定数据安全和备份方面的要求。

(10)进度安排

应对以下内容做出规定:

①划分作业区的困难类别。

②根据设计方案,分别计算统计各工序的工作量。

③根据统计的工作量和计划投入的生产实力,参照有关生产定额,分别列出年度计划和各工序的衔接计划。

(11)经费预算

经费预算是根据设计方案和进度安排,编制分年度(或分期)经费和总经费计划,并做出必要说明。

(12)附录

附录内容包括:需进一步说明的技术要求,有关的设计附图、附表。

任务2.2 数字测图技术总结编写

数字测图工作结束后,要编写技术总结,并按规定要求提交成果、图形资料,以便归档。编写技术总结要以技术设计书、检查验收材料及验收报告为依据。测绘技术总结分为项目总结和专业技术总结。项目总结是一个测绘项目在验收合格后，对整个项目所做的技术总结，由承担任务的生产管理部门负责编写。专业技术总结是指项目中各主要测绘专业所完成的测绘成果，在最终检查合格后，分别撰写的技术总结，由生产单位负责编写。工作量小的项目可将项目总结和专业技术总结合并，由承担任务的生产管理部门负责编写。

测绘技术总结是在测绘任务完成后，对测绘技术设计文件以及技术标准、规范等的执行情况，技术设计方案实施中出现的主要技术问题和处理方法，成果（或产品）质量，新技术的应用等进行分析研究、认真总结，并做出的客观描述和评价。测绘技术总结为用户对成果的合理使用提供方便，为测绘单位持续改进质量提供依据，同时也为测绘技术设计、有关技术标准及规定的制定提供资料。

测绘技术总结经单位主要负责人审核签字后，随测绘成果、技术设计书和验收（检查）报告一并上交和归档。

2.2.1　数字测图技术总结编写的主要依据

数字测图技术总结编写的主要依据包括：

①上级下达任务的文件或任务书、合同，市场需求或期望。

②测绘技术设计书、有关规范和技术标准。

③以往有关专业的技术总结，现有生产过程和产品的质量记录及有关数据。

④测绘产品的检查、验收报告。

⑤其他有关文件和材料。

2.2.2　数字测图技术总结编写的要求

数字测图技术总结编写的要求如下：

①内容要真实、完整、齐全。对技术方案、作业方法和成果质量应做出客观的分析和评价。对应用的新技术、新方法、新材料和生产的新品种要认真细致地加以总结。

②文字要简明扼要，公式、数据和图表应准确，名词、术语、符号、代号和计量单位等均应与有关规范和标准一致。

③项目名称应与相应的技术设计书及验收（检查）报告一致，幅面大小和封面格式、字体、字号要符合相关要求。

2.2.3　项目总结的主要内容

项目技术总结是一个测绘项目在其最终成果检查合格后，在各专业技术总结的基础上，对整个项目所做的技术总结，由概述、技术设计执行情况、测绘成果质量说明与评价、上交和归档的成果及其资料清单等四个部分组成。

（1）概述

应概要说明测绘任务总的情况，如任务来源、目标、工作量等，任务的安排与完成情况，以及作业区概况和已有资料利用情况等。

①项目来源、内容、目标、工作量，项目的组织与实施，专业测绘任务的划分、内容和相应任务的承担单位，产品交付与接收情况等。

②项目执行情况：说明该项目任务的安排与完成情况，统计有关的作业定额、作业率及经

费执行情况等。

③作业区概况和已有资料的利用情况。

(2)技术设计执行情况

主要说明、评价测绘技术设计文件和有关的技术标准、规范的执行情况。内容主要包括生产所依据的测绘技术设计文件和有关的技术标准、规范,设计书执行情况及执行过程中技术性的更改情况,生产过程中出现的主要技术问题和处理方法,特殊情况的处理及其达到的效果等,新技术、新方法、新材料等应用情况,经验、教训、遗留问题、改进意见和建议等。具体如下:

①说明生产所依据的技术性文件,包括:

a.项目设计书、项目所包括的全部专业技术设计书、技术设计更改文件;

b.有关的技术标准和规范。

②说明项目总结所依据的专业技术总结或相关依据。

③说明和评价项目实施过程中,项目技术书和有关的技术标准、规范的执行情况,并说明项目设计书的技术更改情况(包括技术设计更改的内容、原因的说明等)。

④重点描述项目实施过程中出现的主要技术问题及处理方法、特殊情况的处理及其达到的效果等。

⑤说明项目实施过程中的质量保障措施(包括组织管理措施、资源保证措施、质量控制措施及数据安全措施)的执行情况。

⑥当生产过程中采用新技术、新方法、新材料时,应详细描述和总结其应用情况。

⑦总结项目实施中的经验、教训(包括重大的缺陷和失败)和遗留问题,并对今后生产提出改进意见和建议。

(3)测绘成果质量说明与评价

简要说明、评价测绘成果的质量情况(包括必要的精度统计)、产品达到的技术质量指标,并说明其质量报告的名称及编号。

(4)上交和归档的成果及其资料清单

需分别说明上交和归档成果的形式、数量等,以及一并上交和归档的资料文档清单。

①测绘成果:说明其名称、数量、类型等,当上交成果的数量或范围有变化时需附上成果分布图。

②文档资料:包括项目设计书及其有关的设计更改文件、项目总结,以及质量检查报告;必要时也包括项目中的专业技术设计书及其有关的专业设计更改文件和专业技术总结、文档簿(图历簿)以及其他作业过程中形成的重要记录。

③其他需要上交和归档的资料。

2.2.4　数字测图技术总结具体编写

(1)概述

①任务来源、目的,测图比例尺,生产单位,作业起止日期,任务安排情况等。

②测区名称、范围、行政隶属、自然地理特征、交通情况,测绘内容,困难类别。

(2)已有资料及其应用情况

①资料来源、地理位置和利用情况。

②资料中存在的主要问题及其处理方法。

(3)作业依据、设备和软件

①作业技术依据及其执行情况,执行过程中的技术更改情况等。

②使用的仪器设备与工具的型号、规格与特性,仪器的检校情况,使用软件的基本情况介绍等。

③作业人员组成。

(4)坐标、高程系统

采用的坐标系统、高程系统,投影方法,图幅分幅及编号方法,地形图的等高距等。

(5)控制测量

①平面控制测量:已知控制点资料及其保存情况,首级控制网及加密控制网的等级、网形、密度、埋石情况、观测方法、技术参数,记录方法,控制测量成果等。

②高程控制测量:已知控制点资料及其保存情况,首级控制网及加密控制网的等级、网形、密度、埋石情况、观测方法、技术参数,视线长度及其距地面和障碍物的距离,记录方法,重测测段及其次数,控制测量成果等。

③内业计算软件的使用情况,平差计算方法及各项限差,控制测量数据的统计、比较,外业检测情况和精度分析等。

④生产过程中出现的主要技术问题及其处理方法,特殊情况的处理及其达到的效果,新技术、新方法、新设备等应用情况,经验教训、遗留问题、改进意见和建议等。

(6)地形图测绘

①测图方法,外业采集数据内容、密度、记录的特征,数据处理、图形处理所用软件和成果输出情况等。

②测图精度的统计、分析和评价,检查验收情况,存在的主要问题及其处理方法等。

③新技术、新方法、新设备的采用情况以及经验、教训等。

(7)测绘成果质量说明和评价

简要说明、评价测绘成果的质量情况,产品达到的技术质量指标,并说明其质量检查报告的名称及编号。

(8)安全环保措施

说明针对该工程采取了什么样的安全措施,以及该工程会对环境造成污染的程度,针对该污染采取了什么样的环保措施。

(9)提交成果

①技术设计书。

②测图控制点展点图、水准路线图、埋石点点之记等。

③控制测量平差报告、平差成果表。

④地形图元数据文件、地形图全图和分幅图数据文件等。

⑤输出的地形图。

⑥数字测图技术报告、检查报告、验收报告。

⑦其他需要提交的成果。

(10)其他需要说明的问题

除上述描述的内容外,该项目中还需要说明的其他问题,如控制点的保护及控制点的检查等。

【职业能力训练】

通过本项目的学习，要求掌握数字化地形图测绘技术设计书、技术总结的编写要求，并能根据给出的案例结合校区1∶500数字化地形图测绘项目进行技术设计书的编写，在测绘项目完成之后，结合测区实施1∶500地形图测绘的具体情况按要求编写技术总结。

【项目小结】

本项目主要介绍了大比例尺数字化地形图测绘技术设计书、技术总结的编写要求，并按照实际的生产要求给出了编写时应包含的主要内容和编写要求，学生在学习该部分内容时应结合自己校区内测绘1∶500大比例尺数字化地形图的项目情况进行设计书和技术总结的编写。

练习与思考题

一、简答题

1. 技术设计书应包含哪些内容？

2. 技术总结的编写应注意哪些事项？

二、练习题

1. 请参照附录中技术设计书编写实例，编写校区内1∶500数字化地形图测绘项目的技术设计书，编写要求满足实际数字化地形图测绘的要求。

2. 请阅读国家测绘技术编写规定和技术总结编写规定的规范要求，并摘抄其中关于编写技术设计书和技术总结的纲要，谈谈你对编写技术设计书和技术总结的看法。

项目3 图根控制测量

图根控制测量是碎部测量之前的一个重要步骤。在测区高等级控制点满足不了大比例尺数字测图需要时，按照规定的要求适当加密布设而成。图根控制测量，其主要任务是布设满足测图需要的测站点，因为只靠首级控制网点和加密的等级导线点或一、二、三级GNSS、RTK控制点是不能满足大比例尺测图对测站点的要求的。图根控制测量分为平面控制测量和高程控制测量，在生产中平面和高程一般采取同时布网和施测的方法进行，也可以分开施测。目前，图根平面控制测量主要采用电磁波光电测距导线（网）、电磁波测距极坐标法、卫星定位极坐标法等。在山区，通常采用布设全站仪三角高程导线（网）的方式或者采用GNSS、RTK的方式来测定图根点的坐标和高程。当在测区范围较小时，图根导线网可作为首级控制网。

通过本项目的学习，掌握图根点布设的基本理论和方法，能对实际测量区域进行图根控制网的布设、图根点的埋设、计算，掌握图根点加密的方法。

任务3.1 全站仪图根导线布设与施测

1. 图根导线的布设

全站仪图根导线测量与传统的导线测量布设形式完全相同，特点是受地形条件限制少、通视方向数少、布设灵活、观测方便；一般可以布设为单一图根附合导线（图3-1）、单一图根闭合导线（图3-2）、支导线（图3-3）和图根导线网（图3-4）的形式。图根导线的布设、观测，比一、二、三级导线的布设和观测灵活许多，测回数相对较少，可以同时测定测站上所有观测方向的距离和角度，也可以同时进行高差、坐标的测量，与等级导线相比极大地提高了工作效率。

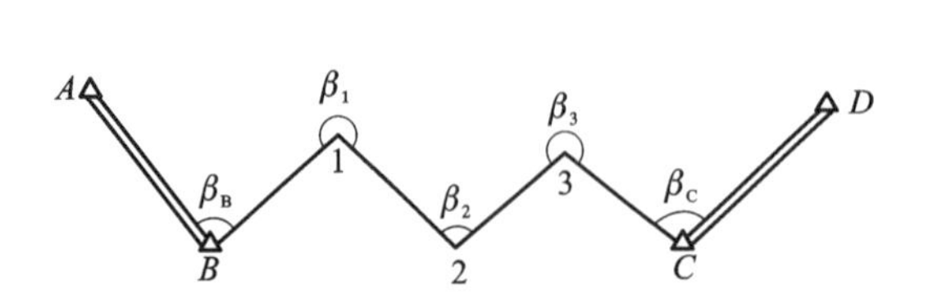

图3-1 单一图根附合导线

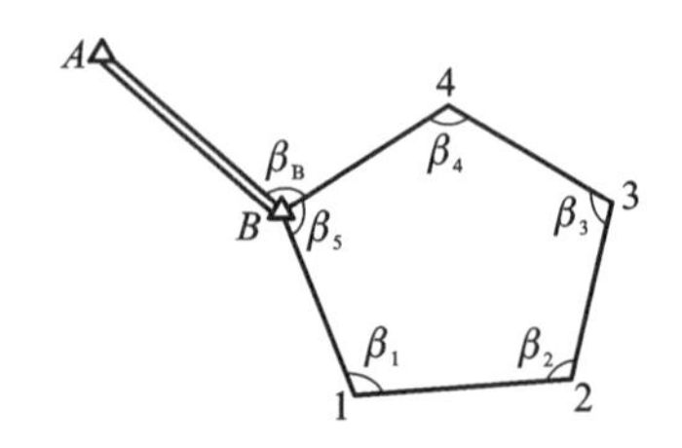

图3-2 单一图根闭合导线

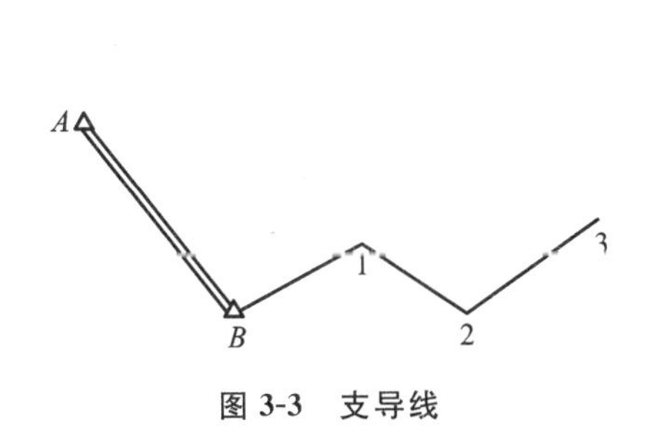

图3-3 支导线

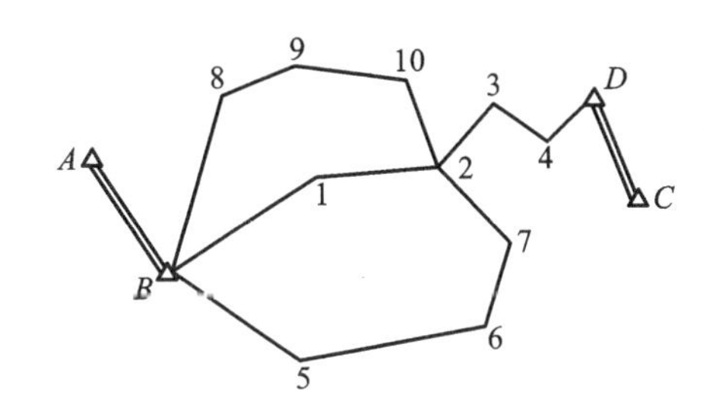

图3-4 图根导线网

图根点应视需要埋设一定数量的固定标志或单层标石。城市建设施工区域标石的埋设，根据需要满足地形图修补测的要求。图根点宜采用临时标志，也可根据需要采用油漆标志、水泥钉标志、水泥地刻画十字等形式，当测区内高等级控制点较为稀少时，应当适当埋设标石或测定永久性地物点坐标，埋石点应当选择在第一次附合的图根点上，应做到至少能与其他一个埋石点或地物点坐标通视，便于需要时检测或作为测图起算点。通常每标准图幅的地形图内没有高等级埋石控制点时，应埋设相互通视的一对控制点。城市建筑密集区或隐蔽地区，以满足测图比例尺需要和工程建设需要为原则，适当加大密度。

图根点布设的密度应根据测图和地形条件来确定，平坦开阔地区图根点密度宜符合表3-1的要求，对地形复杂、隐蔽地区及城市建筑区，图根点密度应满足测图需要，并结合具体情况加密。

表3-1 平坦开阔地区图根点密度（点/km^2）

测图比例尺	1∶500	1∶1000	1∶2000
模拟测图法图根点密度	≥150	≥50	≥15
数字测图法图根点密度	≥64	≥16	≥4

2.图根导线的技术指标

图根导线的布设，除了网形要求、密度要求、点位标志要求外，还需要满足表3-2的技术指标要求，且图根导线的附合不宜超过两次，在个别极困难地区，可附合三次。图3-4所示的图根导线网中高等级控制点为A、B、C、D，图中1、2、3、4为中间加密的图根点，5、6、7和8、9、10均为一次附合在上级图根导线点上的加密点，图根导线在布设时应尽量布设为附合图根导线或闭合图根导线，若因图根导线无法附合时，才可布设为支导线，但支导线不应多于4条边，长度也不应超过表3-2中规定长度的1/2，最大边长不应超过表3-2中平均边长的2倍。

表3-2 图根电磁波测距导线测量的技术指标

比例尺	附合导线长度/m	平均边长/m	导线相对闭合差	测回数DJ6	方位角闭合差/″	仪器类别	方法与测回数
1∶500	900	80	≤1/4000	1	$\pm 40\sqrt{n}$	Ⅱ级	单程观测1测回
1∶1000	1800	150					
1∶2000	3000	250					

注：表中n指的是图根导线的测站数。

图根点的点位中误差和高程中误差应满足表3-3规定的精度指标。

表 3-3　图根点点位中误差和高程中误差精度要求

中误差	相对于图根起算点	相对于邻近图根点	
点位中误差	≤图上 0.1mm	≤图上 0.3mm	
高程中误差/m	$\leqslant\frac{1}{10}H$	平地	$\leqslant\frac{1}{10}H$
		丘陵地	$\leqslant\frac{1}{8}H$
		山地、高山地	$\leqslant\frac{1}{6}H$

注：表中 H 表示基本等高距。

3. 图根高程控制测量

图根点的高程控制测量采用图根水准、图根电磁波测距三角高程或卫星定位测量方法测定。可沿图根点布设为附合路线、闭合环线或结点网的形式，布设时要满足下列要求：

①对于起闭于一个水准点的闭合环，应先检测该点高程的正确性。

②高级点间附合路线或闭合环线长度不应大于 8km，结点间路线长度不应大于 6km，支线长度不应大于 4km。

③路线闭合差应在 $\pm 40\sqrt{L}$mm 以内（其中 L 以 km 为单位）。图根水准计算时可简单配赋，高程取至厘米。

④图根高程导线测量应起闭于高等级控制点上，其边数不宜超过 12 条，当边数超过 12 条时，应布设为结点网。

⑤图根高程导线测量时，垂直角对向观测，仪器高和棱镜高应量至毫米，高差较差或高程较差在限差内时，取其中数。

⑥当边长大于 400m 时，应考虑地球曲率和大气折光的影响。计算三角高程时，角度应取至秒，高差应取至厘米。此外，技术指标还应满足表 3-4 的要求。

表 3-4　图根三角高程测量的技术指标

仪器类型	中丝法测回数		垂直角较差、指标差较差/″	对向观测高差、单向两次高差较差/m	各方向推算的高程较差/m	附合路线或环线闭合差	
	经纬仪三角高程测量	高程导线				经纬仪三角高程测量/m	高程导线/m
DJ6	1	对向 1 单向 2	≤25	$\leqslant 0.4\times S$	$\leqslant 0.2H$	$\pm 0.1H\sqrt{n_S}$	$\pm 40\sqrt{D}$

注：S 为边长（km）；H 为基本等高距（m）；n_S 为边数；D 为测距边长（km）。

4. 图根导线的施测

图根导线的边长采用测距仪单向施测 1 测回，1 测回要求进行二次读数，其读数较差应小于 20mm。测距边应加气象改正和加、乘常数改正。

通常图根三角高程导线的布设和图根平面导线的布设是同级布设、同时进行外业数据采集的，即在测站上既观测了水平角，也观测了各方向的垂直角，提高了外业工作效率。

在施测图根导线时也可以采用三联脚架法，减少测站对中次数，减少整平的工作量，每个测站仅进行 1 次整平对中操作，通过交换仪器和对中棱镜的位置，提高了数据采集的速度和观测质量。

5. 图根导线（网）的计算

图根导线（网）的计算可采用南方平差易 PA2005（图 3-5）或单位自主开发研制的平差程序进行计算，计算后对导线（网）进行导线全长相对闭合差、方位角闭合差和坐标闭合差等的精度评定。

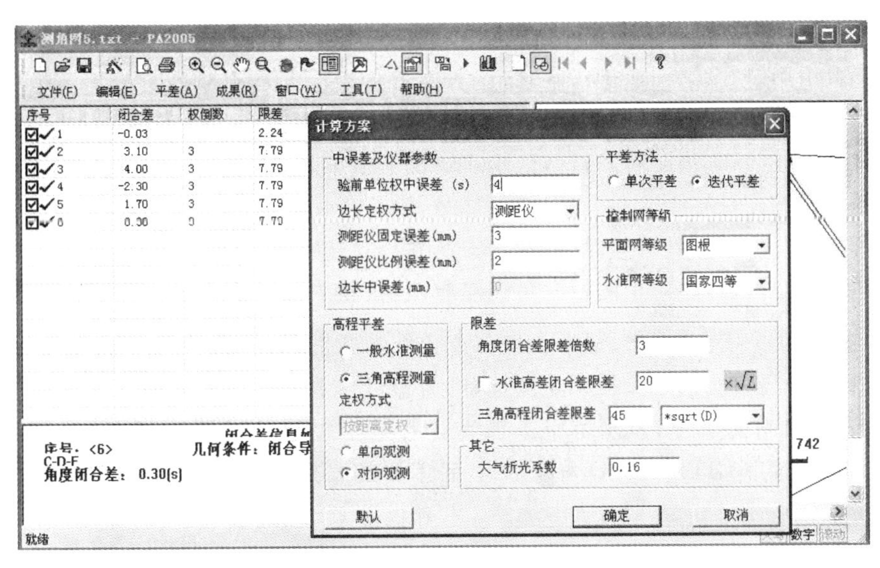

图 3-5　南方平差易 PA2005

南方平差易进行图根控制网的平差计算和等级导线相同，按照控制网数据录入→计算方案设置→坐标推算→选择是否概算→闭合差计算和条件检核→平差计算→生成平差报告和精度评定的流程进行。通常在布设全站仪三角高程图根导线时高程网和平面网是同级布设、同时观测的，在使用南方平差易进行数据处理时可以选择三角高程导线的选项进行观测数据的录入，录入完成之后按照平差流程进行平差计算。

观测数据录入分为两种：①按既定的文件格式（可以参照平差易安装完成的文件夹 DEMO 里提供的示例文件）组织数据文件后以文件形式读入观测数据。②按数据录入界面提示和需要录入观测数据：在测站信息区中录入已知点信息（点名，属性，坐标 X、Y、H）和测站信息（点名），然后在观测信息区中输入每个测站点的观测信息，如图 3-6 所示。

三角高程.txt - PA2005

文件(F)　编辑(E)　平差(A)　成果(R)　窗口(W)　工具(T)　帮助(H)

序号	点名	属性	X(m)	Y(m)	H(m)	仪器高	偏心距	偏心角
001	A	01	0.0000	0.0000	430.7400	1.3400	0.0000	0.000000
002	B	01	0.0000	0.0000	422.2300	1.2800	0.0000	0.000000
003	N1	00	0.0000	0.0000	404.7625	1.3000	0.0000	0.000000
004	N2	00	0.0000	0.0000	438.5219	1.3200	0.0000	0.000000
005								

测站信息区

测站点：A　　格式：(7)三角高程导线

序号	照准名	方向值	观测边长	高差	垂直角	觇标高	温度	气压
001	N1	0.000000	585.080000	-25.995008	-2.285400	2.000000	0.000	0.000
002								

观测信息区

图 3-6　南方平差易观测数据录入

其中，测站信息区中，序号指已输入测站点的个数，它会自动叠加。点名指已知点或测站点的名称。属性用以区别已知点和未知点信息的两个数字组成，00 表示该点的坐标 X、Y、H 为未知；10 表示该点的平面坐标 X、Y 已知，高程 H 为未知；01 表示该点的平面坐标未知，高程已知；11 表示该点平面坐标和高程为已知。

观测信息区中，照准名指照准点的名称；方向值指观测照准点时的方向观测值；观测边长指测站点与照准点之间的平距，在观测边长中只能输入平距；垂直角指水平方向为 0°时的仰角或俯角；温度和气压指测距时的视线两端点量测的温度和气压的平均值，只参与概算中对边长的气象改正计算。

观测信息和测站信息是相互对应的，当某测站点被选中时，观测信息区中就会显示当该点为测站时的所有观测数据，对于图根三角高程导线，按相应的录入区录入观测数据即可。在观测信息区域中如果观测了边长、垂直角，量测了仪高和标高，则相应的高差信息可以不用录入，在点击工具条“平差”→“坐标推算”之后即可推算出近似高程和高差信息，再进一步设置计算方案，按需要选择概算之后进行控制网平差计算即可。如图 3-7 和图 3-8 所示。

坐标推算→选择概算

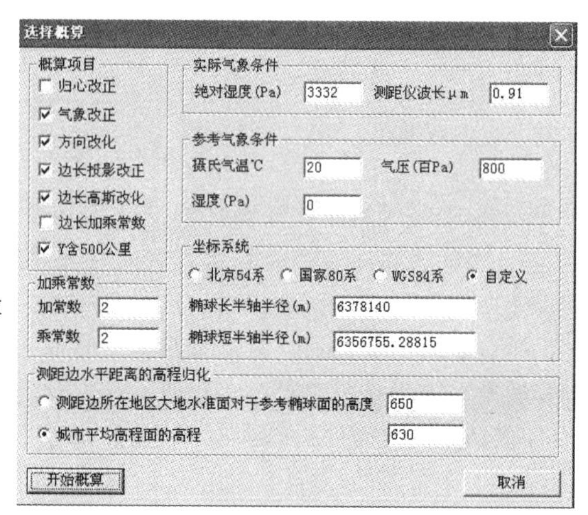

图 3-7　南方平差易概算过程

文件(F)　编辑(E)　格式(O)　查看(V)　帮助(H)

方向改正概算成果表

测站	照准	角度(dms)	改正数(s)	改正后角度(m)
A	A	0.000000	0.00	0.000000
B	B	0.000000	0.00	0.000000
N1	N1	0.000000	0.00	0.000000
N1	N1	213.092200	0.00	213.092200
N2	N2	0.000000	0.00	0.000000
N2	N2	89.091100	0.00	89.091100

边长改正概算成果表

测站	照准	边长(m)	改正数(m)	改正后边长(m)
A	N1	585.0800	1.8294	586.9094
B	N2	713.5000	2.2296	715.7296
N1	A	585.0800	1.8294	586.9094
N1	N2	466.1200	1.4572	467.5772
N2	B	713.5000	2.2296	715.7296
N2	N1	466.1200	1.4572	467.5772

边长气象改正成果表

测站	照准	边长(m)	改正数(m)	改正后边长(m)
A	N1	586.9094	0.0020	586.9115
B	N2	715.7296	0.0025	715.7320
N1	N2	467.5772	0.0016	467.5788
N1	A	586.9094	0.0023	586.9118
N2	B	715.7296	0.0029	715.7324
N2	N1	467.5772	0.0016	467.5788

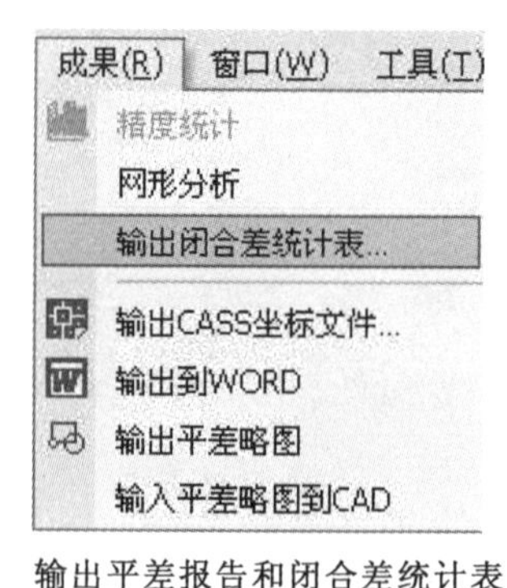

输出平差报告和闭合差统计表

图 3-8　图根三角高程导线概算成果

以上是两端为已知高程点的简单的三角高程导线的计算算例，更为复杂的导线网的计算亦同。最后输出平差精度统计表、平差报告和闭合差统计表。

单位自主研发程序案例如下：

①按既定的数据格式整理为 txt 文本文件，如图 3-9 所示。

```
L012 - 记事本
文件(F) 编辑(E) 格式(O) 查看(V) 帮助(H)
7 ,FH
M1, M2,09-19-2011
T323
T322    , 200.16060,  1.08350, 1.650, 1.658,  59.309, 690.0, 26.0,TC46
                     -1.08380, 1.658, 1.650,   0.000,   0.0,  0.0,TC46
T355    , 230.05081, -0.11090, 1.658, 1.560,  38.595, 690.0, 26.0,TC46
                      0.10440, 1.560, 1.658,   0.000,   0.0,  0.0,TC46
T356    , 282.24389, -3.40380, 1.560, 1.641,  51.231, 690.0, 26.0,TC46
                      3.40270, 1.641, 1.560,   0.000,   0.0,  0.0,TC46
T357    ,  85.56560, -0.11580, 1.641, 1.658,  48.745, 690.0, 26.0,TC46
                      0.11250, 1.658, 1.641,   0.000,   0.0,  0.0,TC46
T358    , 281.38189, -0.09240, 1.658, 1.640,  30.342, 690.0, 26.0,TC46
                      0.08520, 1.640, 1.658,   0.000,   0.0,  0.0,TC46
T359    , 155.33460,  0.13400, 1.640, 1.655,  68.765, 690.0, 26.0,TC46
                     -0.13570, 1.655, 1.640,   0.000,   0.0,  0.0,TC46
T325    , 305.57340
T324
```

图 3-9　按照程序既定格式整理的数据

②程序运行及生成成果界面如图 3-10、图 3-11 所示。

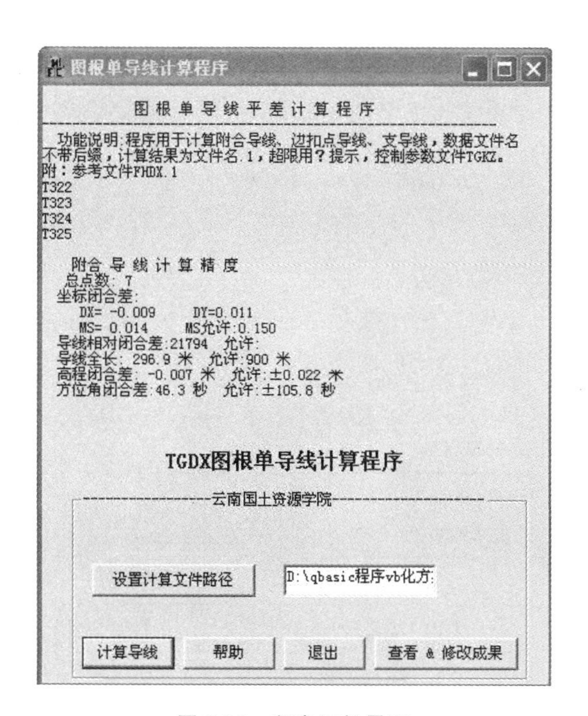

图 3-10　程序运行界面

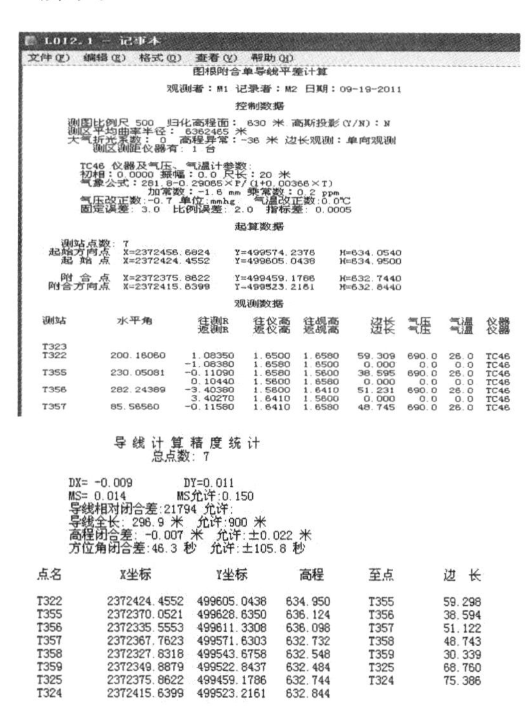

L012.1 - 记事本

文件(F) 编辑(E) 格式(O) 查看(V) 帮助(H)

图根附合单导线平差计算

观测者：M1 记录者：M2 日期：09-19-2011

控制数据

测图比例尺 500　归化高程面： 630 米 高斯投影(Y/N)：N
测区平均曲率半径： 6362465 米
大气折光系数： 0　高程异常：-36 米 边长观测：单向观测
测区测距仪器有： 1 台

TC46 仪器及气压、气温计参数:
初相：0.0000 振幅：0.0 尺长：20 米
气象公式：281.8-0.29065×P/(1+0.00366×T)
加常数：-1.6 mm 乘常数：0.2 ppm
气压改正数:-0.7 单位:mmhg　气温改正数:0.0℃
固定误差: 3.0　比例误差: 2.0　指标差: 0.0005

起算数据

测站点数: 7

	X	Y	H
起始方向点	X=2372456.6824	Y=499574.2376	H=634.0540
起 始 点	X=2372424.4552	Y=499605.0438	H=634.9500
附 合 点	X=2372375.8622	Y=499459.1786	H=632.7440
附合方向点	X=2372415.6399	Y-499523.2161	H=632.8440

观测数据

测站	水平角	往测R 返测R	往仪高 返仪高	往觇高 返觇高	边长 边长	气压 气压	气温 气温	仪器 仪器
T323								
T322	200.16060	1.08350	1.6500	1.6580	59.309	690.0	26.0	TC46
		-1.08380	1.6580	1.6500	0.000	0.0	0.0	TC46
T355	230.05081	-0.11090	1.6580	1.5600	38.595	690.0	26.0	TC46
		0.10440	1.5600	1.6580	0.000	0.0	0.0	TC46
T356	282.24389	-3.40380	1.5600	1.6410	51.231	690.0	26.0	TC46
		3.40270	1.6410	1.5600	0.000	0.0	0.0	TC46
T357	85.56560	-0.11580	1.6410	1.6580	48.745	690.0	26.0	TC46

导 线 计 算 精 度 统 计

总点数: 7

DX= -0.009　DY=0.011
MS= 0.014　MS允许:0.150
导线相对闭合差:21794 允许:
导线全长: 296.9 米　允许:900 米
高程闭合差: -0.007 米　允许:±0.022 米
方位角闭合差:46.3 秒　允许:±105.8 秒

点名	X坐标	Y坐标	高程	至点	边长
T322	2372424.4552	499605.0438	634.950	T355	59.298
T355	2372370.0521	499628.6350	636.124	T356	38.594
T356	2372335.5553	499611.3308	636.098	T357	51.122
T357	2372367.7623	499571.6303	632.732	T358	48.743
T358	2372327.8318	499543.6758	632.548	T359	30.339
T359	2372349.8879	499522.8437	632.484	T325	68.760
T325	2372375.8622	499459.1786	632.744	T324	75.386
T324	2372415.6399	499523.2161	632.844		

图 3-11　程序运行成果

测绘单位自主研发的程序有很多，大都围绕如何提高外业采集数据和内业数据处理的效率，以及测绘数据处理的自动化来进行。通过相应的小程序能使全站仪观测数据转换为内业计算所需的数据格式，以便进行数据的快速和批量处理，减少中间摘录数据和人工输入数据的烦琐环节,VB测绘程序、Excel测量程序等多方面的测量数据处理程序对提高作业效率起到了很大作用。

任务3.2 GNSS-RTK图根控制测量

目前在数字化测图中,GNSS-RTK图根控制测量已经成为较为常用的方法,其具有作业速度快、作业面积大、地形条件限制因素较少和传递累积误差等优点,控制点布设的密度和常规导线测量方式的要求相同。

RTK图根控制点通常采用木桩、铁桩或其他临时标志,必要时可埋设一定数量的标石。在进行RTK图根点测量时,地心坐标系与地方坐标系的转换关系获取可以自行求解,也可以直接利用静态GNSS测量求取的已知参数。当采用2000国家大地坐标系与参心坐标系(1954北京坐标系、1980西安坐标系或地方独立坐标系)求解参数时,应采用不少于3个点的高等级起算点的两套坐标系成果,且点位分布均匀,以能控制整个测区为宜。RTK控制点测量转换参数的求解,不能采用现场点校正的方法进行。在求解参数时还要对起算点的可靠性进行检验,采用合理的数学模型进行多种点组合方式分别计算和优选。

RTK图根点高程的测定,通过流动站测得的大地高减去流动站的高程异常获得。流动站高程异常的可以采用数学拟合的方法、似大地水准面精化模型内插等方法获取,也可以在测区现场通过点校正的方法获取。此外,RTK图根点的测量要按下列要求进行:

①RTK图根点测量流动站观测时应采用三脚架对中、整平,每次观测历元数应大于20个。

②RTK图根点测量平面坐标转换残差不应大于图上±0.07mm,RTK图根点测量高程拟合残差不应大于1/12基本等高距,例如对于1∶500数字化测图,RTK图根点平面坐标转换残差应不大于±3.5cm,高程不大于±4cm即可。

③RTK图根点测量平面测量各次测量点位较差不应大于图上0.1mm,高程测量各次测量高程较差不应大于1/10基本等高距,各次结果取中数作为最后成果。

④在实测RTK图根控制点时要求高程测量与基准站的记录≤5km,观测次数≥3次,经纬度记录精确至0.00001″,天线高量取精确至0.001m。采样间隔设置为2~5s。在进行平面控制测量时还应满足表3-5的要求。

表3-5 平面控制测量精度要求

等级	相邻点间平均边长/m	点位中误差/cm	边长相对中误差	与基准站的距离/km	观测次数	起算点等级
一级	500	≤±5	≤1/20000	≤5	≥4	四级及以上
二级	300	≤±5	≤1/10000	≤5	≥3	一级及以上
三级	200	≤±5	≤1/6000	≤5	≥2	二级及以上

注:①点位中误差指控制点相对于最近基准站的误差。

②采用单基准站RTK测量一级控制点需至少更换一次基准站进行观测,每站观测次数不少于2次。

③采用网络RTK测量各级平面控制点可不受流动站到基准站距离的限制,但应在网络有效服务范围内。

④相邻点间距离不宜少于该等级平均边长的1/2。参见《全球定位系统实时动态测量(RTK)技术规范》(CH/T 2009—2010)。

下面以南方 S82T RTK 为例说明基准站操作步骤。

1. 安置基准站

基准站的架设条件：一般要求架设在相对开阔的地方，以利于卫星信号的接收。再者，基准站应架在地势较高的地方，以利于电台信号的传输，发射天线的架设高度会对电台作用距离有比较大的影响。

基准站的架设位置，可以是已知点上，也可以是未知点上，为了方便野外工作，一般情况可以把基准站架设在未知点上。

基准站仪器架设如图 3-12 所示。当用外接电台模式时，首先要把基准站主机调成基准站外接状态，然后依次安装。

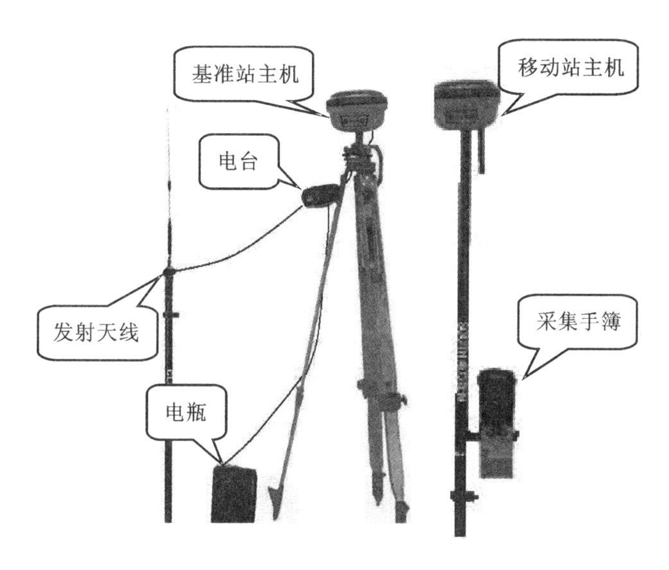

图 3-12　仪器架设

一些注意事项如下：

①插多用途电缆时要特别注意 lemon 头，在主机和发射电台上的插口处都有红点，用于和 lemon 头上的红点对应，不要用力插，防止损坏 lemon 头的插脚。

②电瓶的正、负极切勿接反，否则容易造成多用途电缆或是主机的毁坏。

③最好所有设备架设完之后再开机(包括主机和电台)，特别是电台，如果没有接发射天线，时间长了，由于电台天线接口的负载过大，会造成电台的烧毁。

④收仪器的时候，一定要注意电台的天线接口，特别是夏天，会非常烫手，所以最好避免阳光的暴晒。

⑤电台发射接口下面的开关是电台高频、低频的控制开关。H 代表高，电台用 25W 发射。L 代表低，电台用 15W 发射。当电台用低功率发射时，电台面板上的 APM PWR 灯会亮。

仪器架设好后开机，达到发射条件后主机就会自动发射，电台上的 TX 灯会 1s 闪一次。

2. 设置连接移动站

设置连接移动站主机为移动站电台模式，手簿搜索蓝牙，以 9900 手簿为例，步骤如下：

打开工程之星 3.0，打开路径为：Start→File Explorer→Storage Card→Egstar。

点击“配置”→“端口配置”，界面如图 3-13 所示，点击“搜索”，手簿会对附近的蓝牙进行搜索，搜索完毕后在显示框中点击自己的主机机身号，然后点“连接”。

连接完成后，状态栏有数据，测量视窗左下角的时间开始走动，说明蓝牙已经连通，此时 GPS 主机上的蓝牙灯也会变亮。

3. 新建工程

运行工程之星 3.0 应用软件，界面如图 3-14 所示。点击“工程”→“新建工程”，出现“新建工程”的界面，如图 3-15 所示。

图 3-13　搜索设备

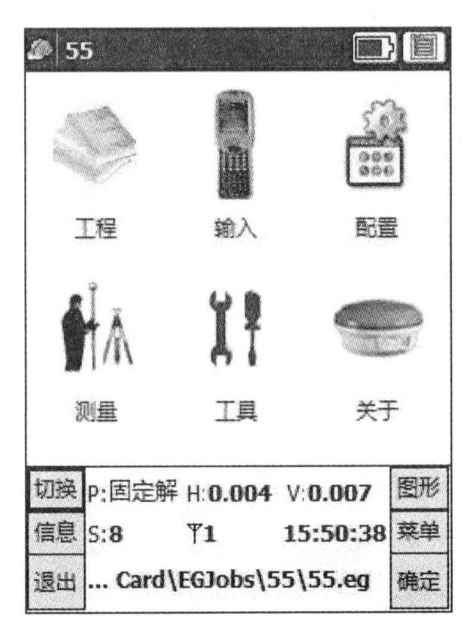

图 3-14　工程之星 3.0 主界面

首先在“工程名称”框输入所要建立工程的名称，新建的工程将保存在默认的作业路径 EGJobs 里面，然后单击“确定”，进入工程设置界面，如图 3-16 所示。

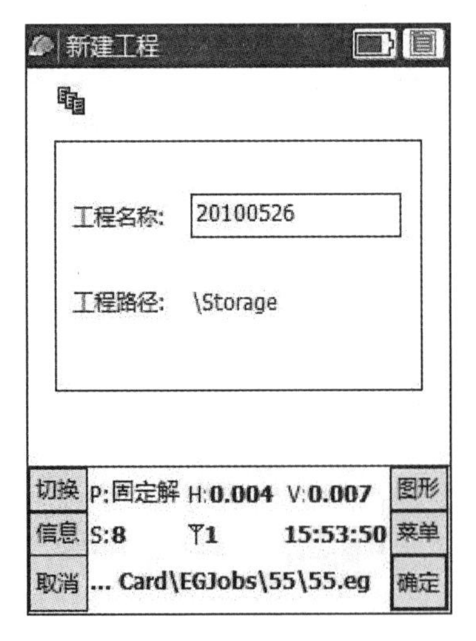

图 3-15　新建工程

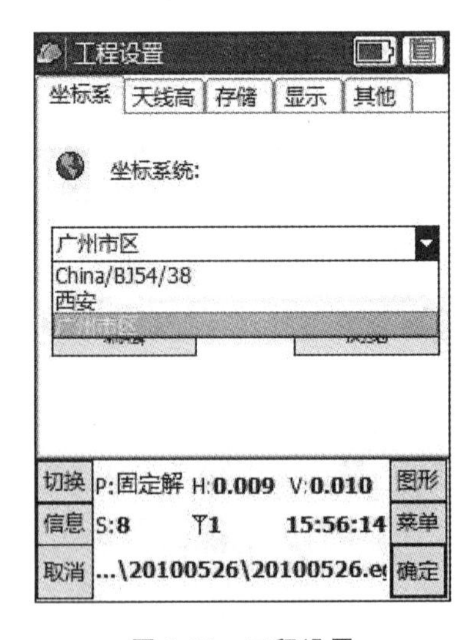

图 3-16　工程设置

坐标系统下有下拉选项框，可以在选项框中选择合适的坐标系统，也可以点击下边的“浏览”按钮，查看所选的坐标系统的各种参数。如果没有适合所建工程的坐标系统，可以新建或编辑坐标系统，单击“编辑”按钮，如图3-17所示。

单击“增加”或者“编辑”按钮，出现图3-18所示界面。

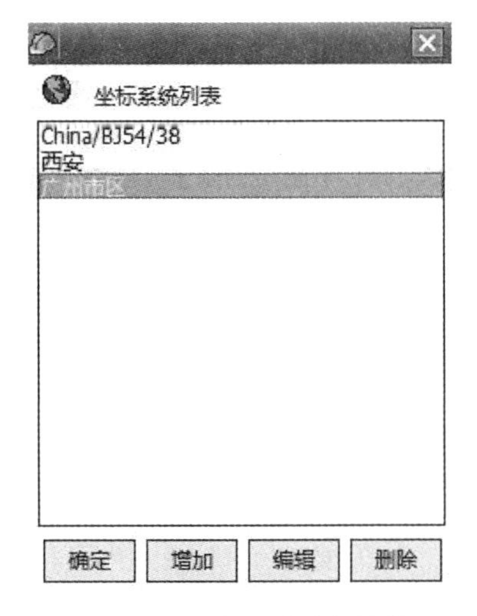

图3-17 坐标系统选择编辑

图3-18 坐标系统编辑

输入参数系统名，在“椭球名称”后面的下拉选项框中选择工程所用的椭球系统，输入中央子午线等投影参数。然后在顶部的选择菜单(水平、高程、七参、垂直)选择并输入所建工程的其他参数，并且点击“使用＊＊参数”前方框，方框里会出现“√”，表明新建的工程中会使用此参数。如果没有四参数、七参数和高程拟合参数，可以单击“ok”，则坐标系统已经建立完毕。单击“ok”进入坐标系统界面。

新建工程完毕。

点击“配置”→“电台设置”，在“切换通道号”后面下拉框选择通道号(即大电台发射时面板上显示的通道)，点击“切换”。

收到差分信号后，如图3-19所示，会有信号条闪，状态会从单点解→差分解→浮点解→固定解，出现“固定解”就可以工作了。

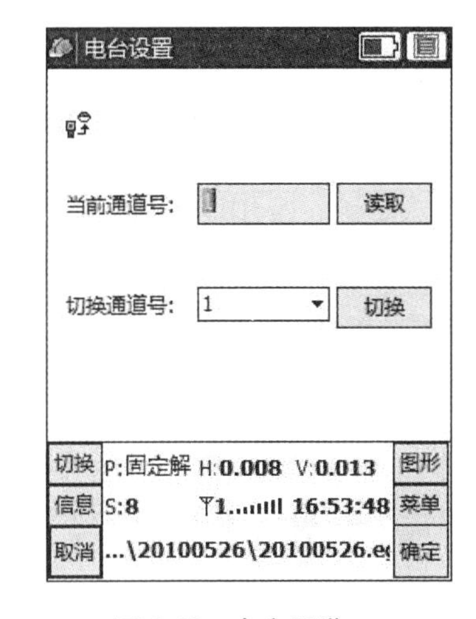

图3-19 电台通道

4.参数求取和点校正

GPS接收机的一个显著特点就是它的OEM板输出的坐标是GPS的WGS84椭球下的经纬度坐标。在实际工作中，GPS系统显示的坐标首先要通过相应的软件把GPS主板输出的坐标转换到当地施工坐标。这就需要加入参数，这里的参数主要有四参数、七参数、校正参数、高程拟合参数。实际应用中我们一般使用四参数＋校正参数的方式。

四参数是同一个椭球内不同坐标系之间进行转换的参数。在工程之星软件中的四参数指的是在投影设置下选定的椭球内GPS坐标系和施工测量坐标系之间的转换参数。需要特别注意的是，参与计算的控制点原则上至少要用两个或两个以上，控制点等级的高低和分布直接决定了四参数的控制范围。四参数理想的控制范围一般为5～7km。四参数的四个基本项分别是：X平移、Y平移、旋转角和比例。

校正参数是工程之星软件很特别的一个设计，它是结合国内的具体测量工作而设计的。校正参数实际上就是只用同一个公共控制点来计算两套坐标系的差异。根据坐标转换的理论，一个公共控制点计算两套坐标系误差是比较大的，除非两套坐标系之间不存在旋转或者控制的距离特别小。因此，校正参数的使用通常都是在已经使用了四参数或者七参数的基础上才使用的。

GPS 的高程系统为大地高(椭球高)，而测量中常用的高程为正常高。所以 GPS 测得的高程需要改正才能使用，高程拟合参数就是完成这种拟合的参数。计算高程拟合参数时，参与计算的公共控制点数目不同时，计算拟合所采用的模型也不一样，达到的效果自然也不一样。

七参数是分别位于两个椭球内的两个坐标系之间的转换参数。在工程之星软件中的七参数指的是 GPS 测量坐标系和施工测量坐标系之间的转换参数。七参数计算时至少需要三个公共的控制点，且七参数和四参数不能同时使用。七参数的控制范围可以达到 10km 左右。

七参数的基本项包括三个平移参数、三个旋转参数和一个比例尺因子，需要三个已知点和其对应的大地坐标才能计算出。

参数启用后可以点击“查看”按钮进行查看，如图 3-20 所示。

图 3-20　查看四参数

当基准站关机后，例如第一天的工作结束后，第二天在该区域重新施工时的操作步骤分为两种情况：

①基准站架设在已知点上。当移动站接收到基准站自动启动的差分信号并达到固定解后，在软件的工程项目中打开第一天所求四参数的项目，再进行“基准站架设在已知点”的校正后即可进行工作。

②基准站架设在未知点上。移动站架设到已知点上对中、整平，当接收到基准站自动启动的差分信号并达到固定解后，在工程之星软件的工程项目中使用第一天所求四参数的基础上再进行“基准站架设在未知点”的校正后即可进行工作。

若要采用七参数，方法和上面的类似。

参数采集的时候一定要尽量精确，水平残差和高程残差要尽量小，特别是七参数。参数求好之后还要对其进行检查，看是否超标，最好是再找一个已知点检核一下。

另外，使用 GNSS-RTK 作图根控制测量时输入的四参数、七参数要求从静态数据观测中计算得到，可以直接写入工程的参数里面(点击“配置”→“工程设置”，对所选的坐标系统进行编辑，可以直接写入参数)，直接输入上述静态 GNSS 控制测量求取的参数，而后直接进行单点校正即可。

5. 点测量

当显示固定解后就可以进行点测量了，依次点击“测量”→“点测量”即可开始控制点的测量工作，如图 3-21 所示。

按“A”键，存储当前点坐标，输入天线高和点名，如图 3-22 所示。继续存点时，点名将自动累加，在图 3-22 的界面中可以看到高程为 55.903，这里看到的高程为天线相位中心的高程，当这个点保存到坐标管理库以后，软件会自动减去 2m 的天线杆高，再打开坐标管理库看到的该点的高程即为测量点的实际高程。连续按两次“B”键，可以查看所测量坐标。坐标查看如图 3-23 所示。选择文件输出的格式及路径如图 3-24 所示。

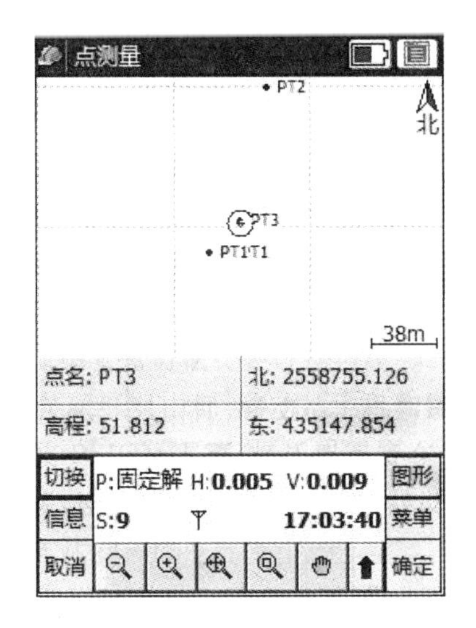

图 3-21　点测量

图 3-22　点存储

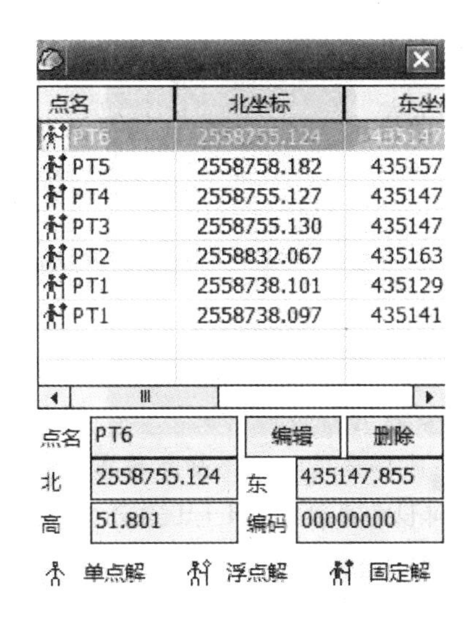

图 3-23　坐标查看

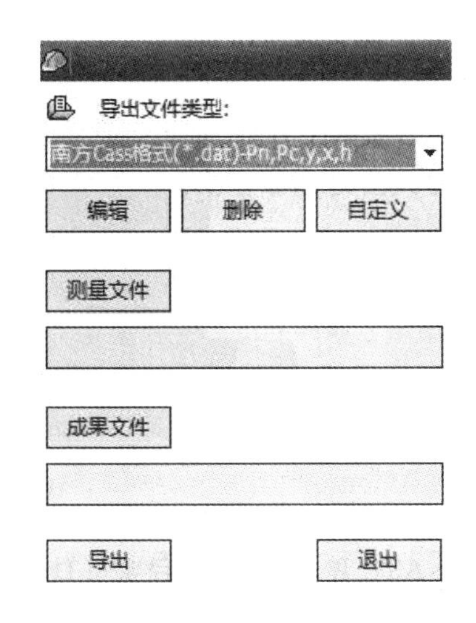

图 3-24　选择文件输出的格式及路径

6. 测量成果文件导出

外业测量之后需要对测量的数据进行编辑，以便于内业处理，工程之星提供了文件导出的功能，可以根据需要导出各种格式的数据。可以自定义导出的数据格式，也可按既定的数据格式导出数据，如图 3-25 所示。选择数据格式后，单击“测量文件”，选择需要转换的原始数据文件，如图 3-26 所示。

然后单击“ok”，再单击“导出”，出现如图 3-27 所示的界面，则文件已经转换为所需要的格式，如图 3-28 所示则转换成功。

图 3-25　选择文件格式

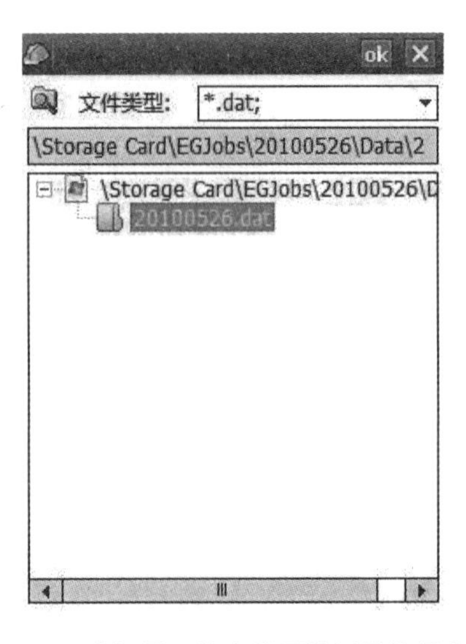

图 3-26　选择需要输出的原始测量数据文件

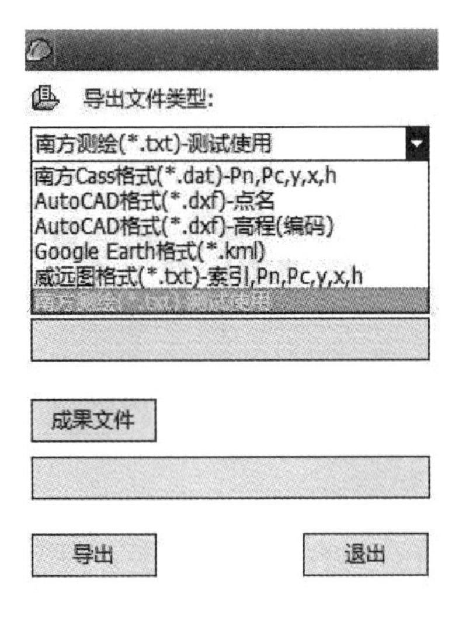

图 3-27　源文件和目标文件设置完毕

图 3-28　转换后的成果文件路径

任务 3.3　图根点加密方法

目前全站仪和 GNSS 等测量仪器的精度都很高，所以当遇到图根控制点丢失或密度不够时，多采用全站仪支导线法、全站仪极坐标法、自由设站法及交会测量法等加密图根控制点，以此提高设站速度和效率。

1. 全站仪支导线法

支导线不应多于 4 条，1∶500 数字化地形图测绘中支导线的边长不应超过 450m，即附合导线长度 900m 的 1/2，最大边长不超过 1∶500 要求的附合导线平均边长的 2 倍，即不大于 160m。水平角观测时应使用测回法施测 1 测回，边长采用测距仪单向施测 1 测回，然后进行坐标计算。支站的级数不能超过三级，否则无法保证精度。

2. 全站仪极坐标法

当局部地区图根点密度不足时，可在等级控制点或一次附合的图根点上，采用电磁波测距极坐标法布点加密，使用全站仪观测时，水平角和垂直角均观测 1 测回，为满足 1∶500 数字化测图极坐标法加密图根点的精度要求，边长不超过 200m。极坐标法加密的图根点不应再次发展，增设新的测站点。

3. 自由设站法

采用自由设站法测量时，观测的已知点数不应少于两个，水平角和距离各观测 1 测回，其半测回较差不应大于 30s。自由设站法测量各方向解算水平角与观测水平角的差值，按测图比例尺 1∶500 时不应大于 40s，按测图比例尺 1∶1000、1∶2000 时不应大于 20s。

自由设站时使用相对较远的控制点作为定向点，另一点作为计算使用的虚站点，计算主要根据三角形正弦定律计算出未知点 C 的坐标，为了确保计算的精度，由已知点和设站点组成的夹角应大于 30°，使用距离适中的控制点进行自由设站，提高作业效率。在测绘数据处理高度信息化的当下，计算过程也可以编写成相应的程序完成。如图 3-29 所示的简单 VB 程序的编制，在输入数据后可以计算出未知点坐标。

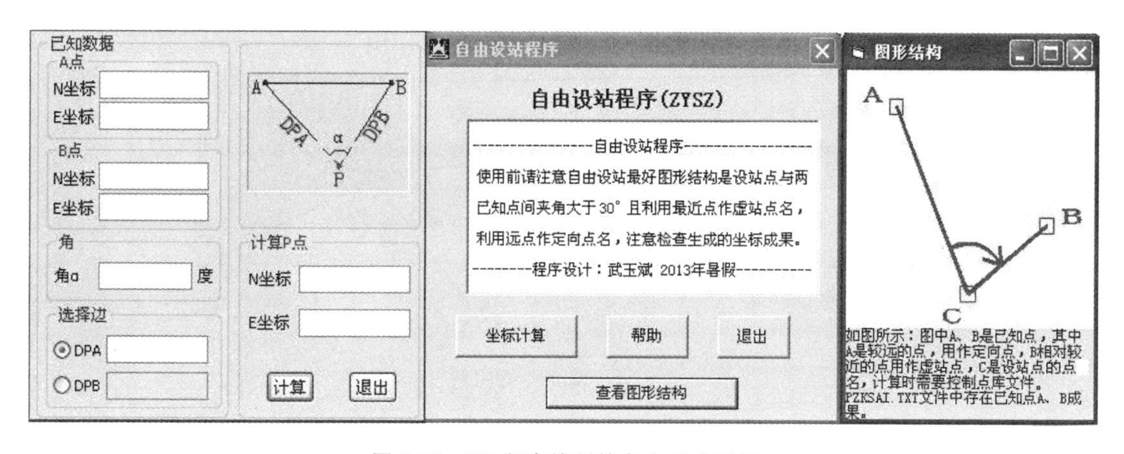

图 3-29　VB 程序编制的自由设站程序

4. 交会测量法

交会测量即通过测角或测距，利用角度和距离的交会来确定未知待求点的坐标。为保证交会测量的精度，一方面对交会角度和交会边长有一定的要求和限制，一般要求交会角不应小于 30°或大于 150°；另一方面还要求有多余的观测，以便对计算出的点位坐标的精度进行检核。只有满足了规范的要求，测量成果才能应用。交会测量法包括单三角形交会、前方交会、侧方交会、后方交会和测边交会。

(1)单三角形交会

如图 3-30 所示，单三角形是指两个已知点和一个未知点构成的测角三角形，图中 A、B 为已知点，P 为未知点，相应的观测角为 α、β、γ。由于确定未知点 P 的平面坐标必要观测数为 2，故有一个多余观测角 γ，用以检查观测质量。检测 P 点的观测质量可以通过观测三角形三个内角之和与 180° 的差值是否满足相应测量等级的闭合差要求(三角形角度闭合差一般为该等级测角中误

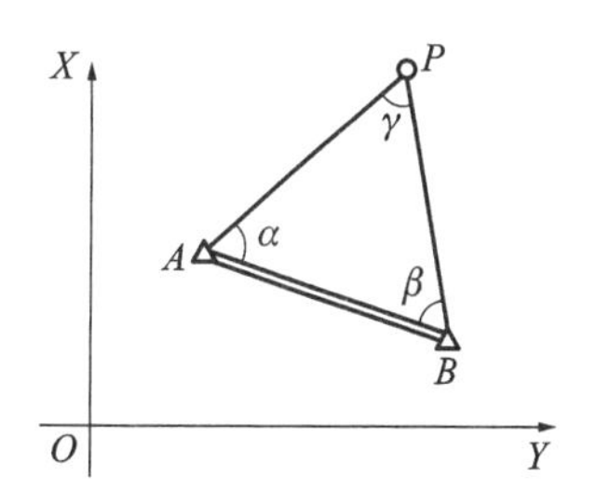

图 3-30　单三角形交会

差的 3 倍）或者通过另外两个已知测站对 P 点进行极坐标法检核，检查未知点 P 的坐标是否满足精度要求。另外，还可以在计算出 P 点坐标后将 P 看作已知点，和 A 或者 B 中一个点一起作为起算点推算出 B 或 A 点的坐标，进一步将推算值和给定值进行比较即可确定计算精度是否可靠。

单三角形中，根据观测量 α、β 和已知量 A、B 点坐标即可计算出待定点 P 的坐标值，根据方位角和坐标增量计算方法不难推导出余切公式如下：

$$x_P = \frac{x_A\cot\beta + x_B\cot\alpha - y_A + y_B}{\cot\alpha + \cot\beta}$$

$$y_P = \frac{y_A\cot\beta + y_B\cot\alpha + x_A - x_B}{\cot\alpha + \cot\beta}$$

单三角形未知点坐标的精度除了与角度观测精度有关外，还与三角形的形状有关。一般来说，单三角形的图形构成以未知点为顶点的等腰三角形，且 γ 大于 90°较为有利。

(2)前方交会

如图 3-31 所示，在单三角形的测量中，不观测 γ 角，就是前方交会的基本图形。但是布设这种基本图形，因为没有多余观测，无法发现错误和控制观测质量，故不宜在实际生产中应用。实际工作中，往往从 3 个或者 3 个以上的已知点，对同一未知点观测两组数据，分别计算出未知点的两组坐标，在限差之内取其中数作为未知点的坐标值使用。

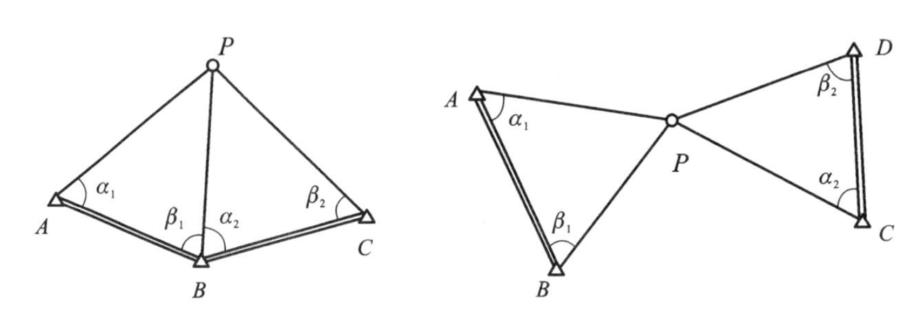

图 3-31　前方交会图形

前方交会直接使用余切公式进行未知点 P 坐标的计算。前方交会的图形也是构成以未知点为顶点的等腰三角形，γ 大于 90°较为有利。在全站仪数字化地形图测绘中，前方交会可以用来交会固定目标点的坐标，譬如通信塔天线或者避雷针等目标某部位，得到该目标点坐标后在后续全站仪测图中可以用作定向点或检查点。

(3)侧方交会

前方交会基本图形中的两个观测角，由于某种原因不能在已知点上观测其中某个角，而改在未知点 P 上观测角度 γ，这种交会测量称为侧方交会，如图 3-32 所示。

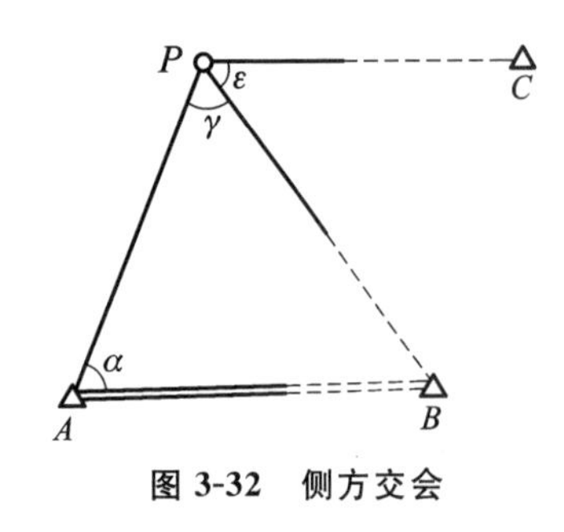

图 3-32　侧方交会

侧方交会仍然按余切公式计算未知点坐标，不同的是在应用公式前，必须先将另一个已知点上的内角计算出来，再按余切公式计算未知点坐标 P 即可。侧方交会只有一个三角形，且只观测了两个角，缺少检核条件。

为了检核观测成果，侧方交会一般要求在未知点上多观测一个检查角 ε，而且这个检查方向的目标点必须是已知点 C，检查时通过观测角和推算出的未知点坐标 P 反算坐标方位角后与检查角 ε 进行比对和检查，在限差内即可。侧方交会图形以

交会角 γ 为 90°最佳。侧方交会的计算公式同前方交会，这里不再赘述。

(4)后方交会

只在未知点上设站的单点测角交会称为后方交会。后方交会的图形如图 3-33 所示，其中 A、B、C、D 为已知点，P 为未知点，仅在未知点 P 上观测 α、β 角及检查角 ε，通过计算就可以求得未知点 P 的坐标。后方交会的优点是只在未知点上安置全站仪观测水平角，外业工作量小，选点灵活方便。缺点是要求与多个已知点通视，观测夹角 α、β 角及检查角 ε，内业计算复杂一些。较为常用的计算方法如下：

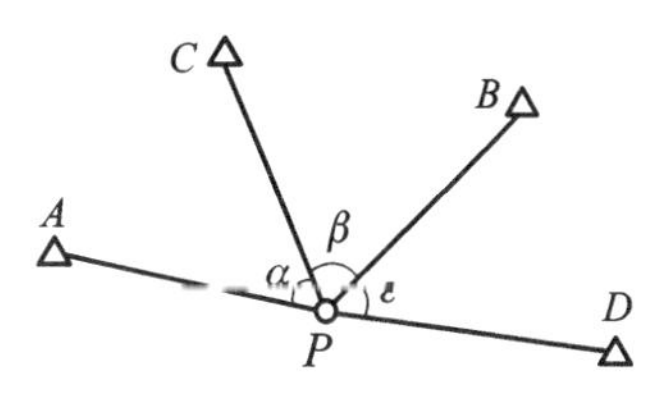

图 3-33 后方交会

①先求出四个中间参数：

$$a = (x_A - x_C) + (y_A - y_C)\cot\alpha$$
$$b = (y_A - y_C) + (x_A - x_C)\cot\alpha$$
$$c = (x_B - x_C) + (y_B - y_C)\cot\beta$$
$$d = (y_B - y_C) + (x_B - x_C)\cot\beta$$
$$k = \frac{a + c}{b + d}$$

②计算坐标增量 Δx_{CP}、Δy_{CP}，计算方法如下：

$$\Delta x_{CP} = \frac{a - bk}{1 + k^2} = \frac{dk - c}{1 + k^2}$$
$$\Delta y_{CP} = k\Delta x_{CP}$$

坐标增量的两种计算方法可以检核计算正确与否。

③未知点 P 坐标的计算：

$$\left.\begin{aligned} x_P &= x_C + \Delta x_{CP} \\ y_P &= y_C + \Delta y_{CP} \end{aligned}\right\}$$

④计算精度的检查：检查时可以将夹角 α、β 和 β、ε 看作两组观测，分别按后方交会计算方法计算出未知点 P 的两组坐标，检查在限差内，取其中数作为 P 的坐标值使用，将 P 和三个已知点中的某个当作已知点，推导出其他的已知点和已知值进行比较。另外一种检查方式同侧方交会的检查方法一样，求出 P 点坐标后由 B、P、D 三点的坐标反算出 $\angle BPD$（即计算出的 ε 角）并与观测的 ε 角进行比较，以判断是否符合规范要求。

在后方交会中尤其要注意的是未知点 P 恰好位于过三个已知点 A、B、C 的外接圆上（即三点共圆），如图 3-34 所示，则无论 P 点在圆周上的任何位置，未知点和三个已知点间组成的 α、β 角的大小不变，恒等于已知点构成的三角形的内角 $\angle B$、$\angle A$，此时未知点 P 的坐标出现多解，该圆称为危险圆。在实际的生产工作中，为避免 P 点在危险圆上或靠近危险圆，选用的已知点应尽可能地分布在 P 点的四周，P 点离开危险圆的距离不得小于该半径的 1/5。因为当 P 点靠近危险圆时，虽然能解出其坐标值，但其误差很大。

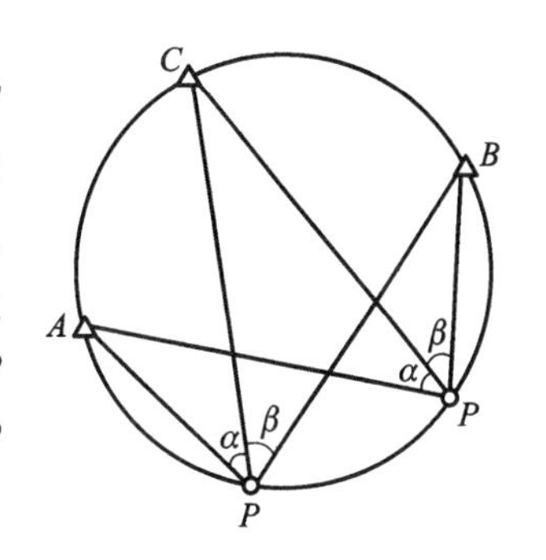

图 3-34 三点共圆

(5)测边交会

测边交会是指通过距离来确定控制点的坐标，如图 3-35 所

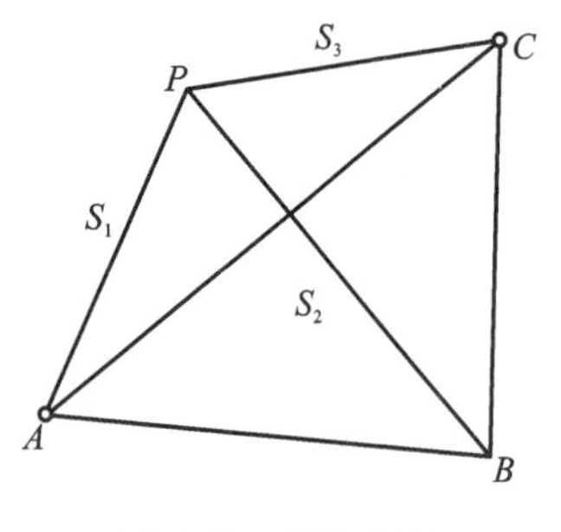

图 3-35　测边交会

示，A、B、C 为已知点，P 为未知点，S_1、S_2、S_3 为观测边长。本来 P 点的坐标由 S_1、S_2 就可以确定，但是，没有观测检查，不能发现错误，所以要求再观测 S_3，以便检查精度。

由于没有角度观测值，所以不能推算方位角，计算未知点 P 的步骤如下：

①由 A、B 的坐标反算 AB 边的边长 S_{AB} 和坐标方位角 α_{AB}。

②由余弦定律反算出△ABP 的内角∠A(或∠B)：

$$\cos\angle A = \frac{S_1^2 + S_{AB}^2 - S_2^2}{2S_1 S_{AB}}$$

③计算 AP 边的坐标方位角 α_{AB}：

$$\alpha_{AP} = \alpha_{AB} - \angle A$$

④计算 AP 边的坐标增量 Δx_{AP}、Δy_{AP}

$$\Delta x_{AP} = S_1 \cdot \cos\alpha_{AP}$$

$$\Delta y_{AP} = S_1 \cdot \sin\alpha_{AP}$$

⑤计算出 P 点的坐标：

$$x_P = x_A + \Delta x_{AP}$$

$$y_P = y_A + \Delta y_{AP}$$

测边交会的精度检查同前方交会的观测检查，即分别以 S_1、S_2 和 S_2、S_3 计算两组坐标，然后看其较差是否满足规范要求。若满足要求，可取两组坐标的平均值为最后结果；若不满足要求，则重新观测边长后重新计算。测边交会的图形，交会角为 90°时最为有利。

以上几种方法，根据已知点的个数、分布位置和未知点的位置来综合考虑使用，在计算上，可以编写相应的程序来实现单三角形交会、前方交会、侧方交会、后方交会、测边交会的未知点坐标计算。如图 3-36 所示的工具包软件可以计算出待求点坐标来。

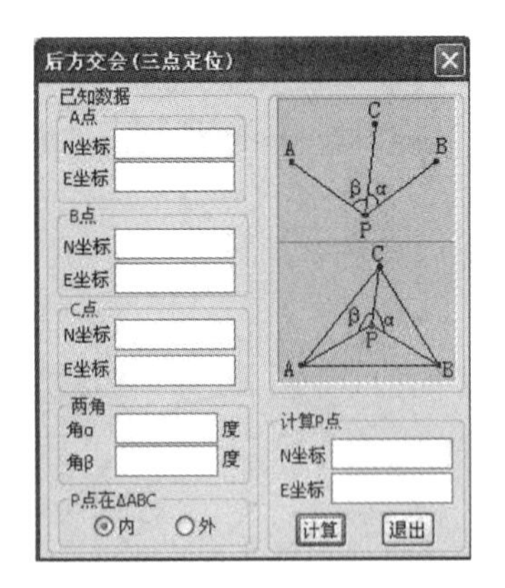

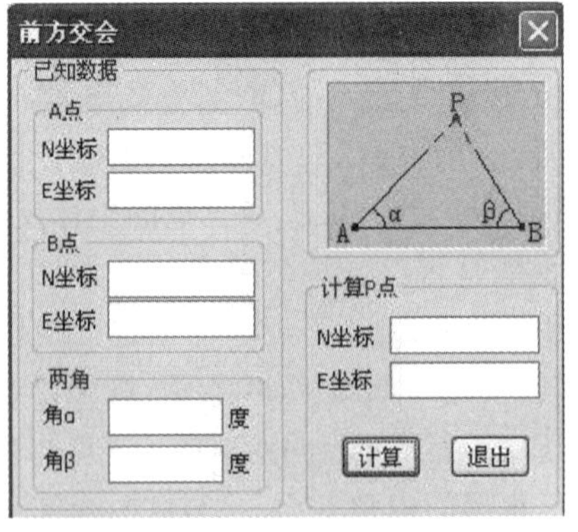

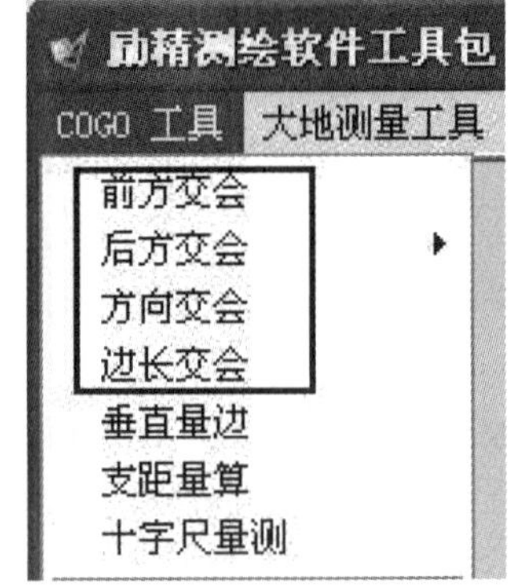

图 3-36　测量工具计算界面

【职业能力训练】

1. 根据静态 GNSS 测量数据计算出七参数或四参数后进行图根控制点的测量，并与已知控制点成果的测量数据进行比较，验证测量结果的正确性。

2. 结合校区已有控制点的分布情况，布设和观测图根导线网，并使用平差软件进行平差计算。

【项目小结】

通过本项目的学习，主要掌握全站仪图根导线布设形式和方法，并能结合城市测量规范、工程测量规范的精度要求和技术要求进行图根控制网的数据采集和数据处理，另外还需掌握结合现代 GNSS-RTK 测绘技术进行图根点的增设和观测的方法和方式，并能根据特殊情况下的测站点增设方法，结合已有控制点的分布情况，进行单三角形交会、前方交会、后方交会、侧方交会和测边交会的测量。

练习与思考题

一、简答题

1. 图根控制网的布设形式有哪几种？
2. 图根点的密度要求是怎样的？
3. 加密图根点的方法有哪些？
4. 交会测量包括哪几种？各是根据什么数学原理计算的？

二、练习题

表 3-6 是利用 Excel 工作表计算的闭合导线，请使用南方平差易 PA2005 进行计算并比较计算结果。

表 3-6　闭合导线计算表

点号	观测角	改正后角值	边长/m	坐标方位角/°	X 坐标增量/m			Y 坐标增量/m			X 坐标/m	Y 坐标/m
					ΔX	改正数	改正后 ΔX	ΔY	改正数	改正后 ΔY		
GT07												
GT29	93°33′52″	93°33′52″	28.772	103.6044	−6.768	0.001	−6.767	27.965	0.000	27.965	2753870.573	597907.398
GT21	86°44′41″	86°44′41″	59.856	10.3492	58.882	0.001	58.883	10.753	0.000	10.753	2753863.806	597935.363
GT15	93°20′32″	93°20′32″	29.098	283.6914	6.887	0.001	6.888	−28.271	0.000	−28.271	2753922.688	597946.115
GT07	86°20′54″	86°20′54″	59.921	190.0397	−59.003	0.000-	−59.003	−10.446	0.000	−10.446	2753929.576	597917.844
GT29											2753870.573	597907.398

项目4　数字测图野外数据采集

地面数字测图工作分为野外数据采集和内业成图两部分，野外数据采集的设备有多种，如大平板、全站仪、GNSS-RTK、三维激光扫描仪、移动测量车等，现今大平板已被淘汰，三维激光扫描仪、移动测量车还没有普及，只是条件较好的单位在使用，全站仪和 GNSS-RTK 是目前用于野外数据采集的主要设备，其方法是利用全站仪和 GNSS-RTK 测量设备直接测定地形、地物点的平面位置和高程存储于设备内存中，并通过绘制草图或记录点位连接关系和属性，为内业成图提供必需的信息，它是数字成图的基础。

通过本项目的学习，学生应了解测记法数据采集成图方法中碎部点坐标测量原理，掌握极坐标法、方向交会法、距离交会法等几种常用的数据采集方法，掌握电子平板法数据采集成图的原理和方法，具备使用全站仪和 GNSS-RTK 等测量设备进行野外数据采集的能力，并能进行数据下载。

任务 4.1　测记法数据采集成图方法

4.1.1　碎部点坐标测量原理

碎部点数据采集根据所采用的仪器设备不同，其坐标测量的原理也不尽相同，下面介绍碎部点数据采集最常用的方法和原理。

1. 极坐标法

极坐标法是根据测站点上的一个已知方向，测定已知方向与所求点方向的角度和量测测站点至所求点的距离，以确定所求点位置的一种方法。如图 4-1 所示，设 A、B 为地面上的两个已知点，欲测定碎部点（房角点）1，2，…，n 的坐标，可以将仪器安置在 A 点，以 AB 方向作为零方向，观测水平角 1，2，…，n，测定距离 $S_1, S_2, \cdots, S_n$，即可利用极坐标计算公式 $X_1 = X_A + S\cos(\alpha_{AB} + \beta)$，$Y_1 = Y_A + S\sin(\alpha_{AB} + \beta)$ 计算碎部点 $i(i = 1, 2, \cdots, n)$ 的坐标。测图时，可按碎部点坐标直接展绘在测图纸上，也可根据水平角和水平距离用图解法将碎部点直接展绘在图纸上。

当待测点与碎部点之间的距离便于测量时，通常采用极坐标法。极坐标法是一种非常灵活也是最主要的测绘碎部点的方法。例如采用经纬仪、平板仪测图时常采用极坐标法。采用极坐标法测定碎部点时，适用于通视良好的开阔地区。碎部点的位置都是独立测定的，因此不会产生误差积累。值得一提的是，由于全站仪的普及，它也可用于测定碎部点，这实际上也是极坐标法，不同的是它可以直接测定并显示碎部点的坐标和高程，极大地提高了碎部点的测量

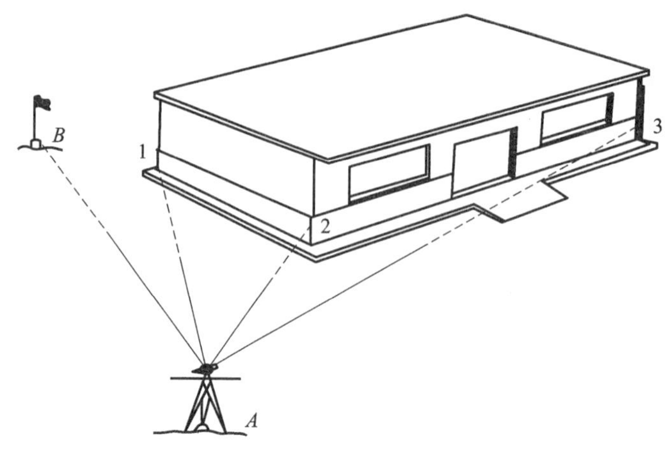

图 4-1　极坐标法

速度和精度，在大比例尺数字测图中被广泛采用。

2. 方向交会法

方向交会法又称角度交会法，主要有前方交会、后方交会、侧方交会等，但根据碎部点特征来看，前方交会是常采用的一种方法，前方交会是分别在两个已知测点上对同一碎部点进行方向交会以确定碎部点位置的一种方法。如图 4-2(a)所示，A、B 为已知点，为测定河流对岸的电杆 P 点，在 A 点测定水平角 β，在 B 点测定水平角 α，利用前方交会公式计算 P 点的坐标。其计算公式如下：

$$X_P = \frac{X_B\cot\alpha + X_A\cot\beta + Y_B - Y_A}{\cot\alpha + \cot\beta}$$

$$Y_P = \frac{Y_B\cot\alpha + Y_A\cot\beta - X_B + X_A}{\cot\alpha + \cot\beta}$$

也可以利用图解法，根据观测的水平角或方向线在图上交会出 P 点。方向交会常用于测绘目标明显、距离较远、易于瞄准的碎部点，如电杆、水塔、烟囱等地物。在数字成图过程中可通过 CASS 软件，录入 α 和 β 后再选择 P 点方向，就可得到 P 点的位置和坐标，如图 4-2(b)所示。

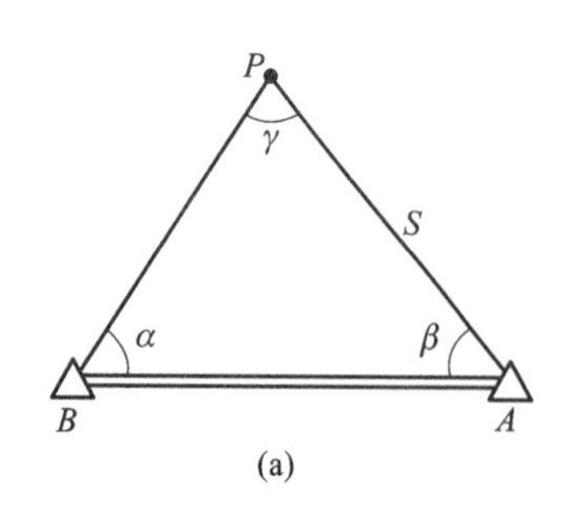

(a)

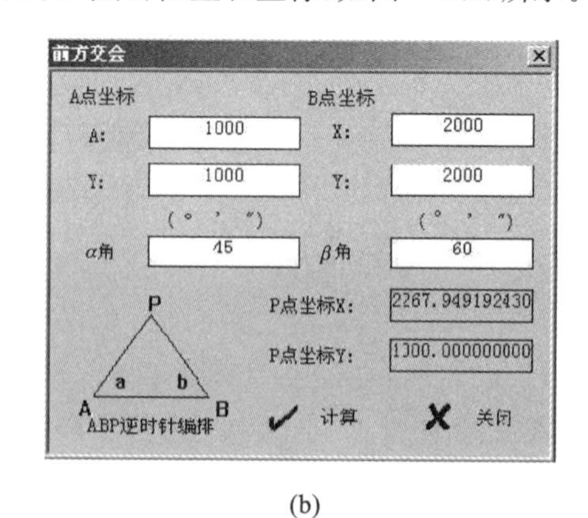

(b)

图 4-2　前方交会

3. 距离交会法

距离交会法是测量两已知点到碎部点的距离来确定碎部点位置的一种方法。如图 4-3(a)所示，A、B 为已知点，P 为测定碎部点，测量距离 S_1、S_2 后，利用距离交会公式计算 P 点坐标。

也可以采用图解法，利用圆规测量水平距离，在图上交会碎部点，如图 4-3(b)所示。在数字成图过程中可通过 CASS 软件，录入 AP 和 BP 边长，再选择 P 点方向就可得到 P 点的位置和坐标，如图 4-3(c)所示。

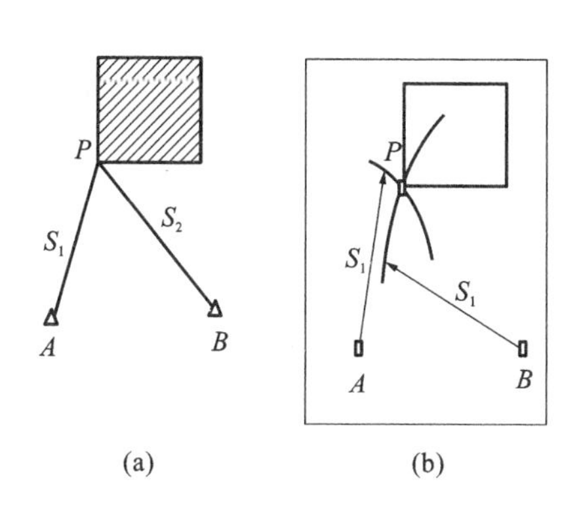

(a)　(b)

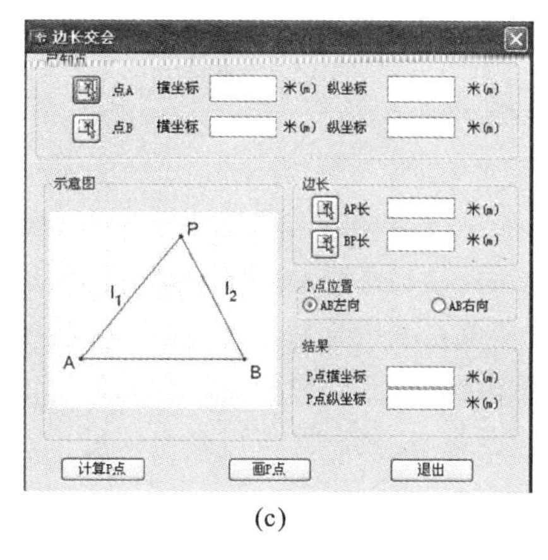

(c)

图 4-3　距离交会法

当碎部点到已知点(也可以为已测的碎部点)的距离不超过一尺段，地势比较平坦且便于量距时，可采用距离交会法测绘碎部点。如城市大比例尺地形图测绘、地籍测量时，常采用这种方法。

4.1.2　全站仪碎部测量方法和步骤

1. 全站仪测量的基本原理

(1)角度测量(Angle Observation)

①功能：可进行水平角、竖直角的测量。

②方法：与经纬仪相同，若要测出水平角$\angle AOB$，当精度要求不高时，瞄准 A 点，置零(0 SET)；瞄准 B 点，记下水平度盘 HR 的大小。当精度要求高时，可用测回法(Method of Observation Set)。

操作步骤同用经纬仪操作一样，只是配置度盘时，按“置盘”(H SET)。

(2)距离测量(Distance Measurement)

①棱镜常数(PSM)的设置

一般 PRISM＝0(原配棱镜)，－30mm(国产棱镜)。

②大气改正数(PPM)(乘常数)的设置

输入测量时的气温(TEMP)、气压(PRESS)，或经计算后，输入 PPM 的值。

功能：可测量平距 HD、高差 VD 和斜距 SD(全站仪镜点至棱镜镜点间高差及斜距)。

方法：照准棱镜点，按“测量”(MEAS)。

(3)坐标测量(Coordinate Measurement)

①功能：可测量目标点的三维坐标(X，Y，H)。

②测量原理：首先全站仪要进行设站，就是在已知坐标系基础上设置起算坐标和方位。设站完毕后，进行测量。全站仪实际上就是激光测距仪和经纬仪的集合体。它测出来的数据只是距离和夹角，根据这些数据再进行换算和自动处理，得出坐标值(空间已知点和待求点的距

离夹角已知，可换算出待求点的坐标），前提是全站仪已经建立坐标系，也就是设站了。

将全站仪架设于控制点 A，测定目标 C 的坐标，全站仪坐标测量的原理是通过测定目标的方位角和距离来计算出目标的坐标值。通过测量可以获得 AC 的坐标方位角和距离 s，求出目标 C 相对于测站 A 的坐标增量 Δx、Δy。

$$\Delta x = s \cdot \cos\alpha AC \qquad \Delta y = s \cdot \sin\alpha AC \qquad \Delta h = s \cdot \tan\alpha + i - L$$

目标 C 的坐标：

$$x_C = x_A + \Delta x \qquad y_C = y_A + \Delta y \qquad H_C = H_A + \Delta h$$

2. 全站仪坐标数据采集的方法和步骤

全站仪是目前测量工作中普遍应用的一种测量仪器，其最主要的功能之一就是数据采集。数据采集就是利用全站仪测量地表空间指定点的坐标。

使用全站仪进行野外数据采集是目前应用较为广泛的一种方法。首先在已知点上安置全站仪，并量取仪器高，开机对全站仪进行参数设置，如设置温度、气压、棱镜常数等，再进行测站和后视的设置，最后进行数据采集。下面以南方 NTS-310/330 为例，其数据采集方法和步骤如下：

(1)准备工作

①数据采集文件名的选择

按下 MENU 键，仪器显示主菜单 1/3 界面，按 F1 键，仪器进入数据采集状态，显示数据采集菜单，提示输入数据采集文件名。文件名可直接输入，比如以工程名称命名或以日期命名等，也可以从全站仪内存调用。若需调用坐标数据文件中的坐标作为测站点或后视点用，则预先应从数据采集菜单选择一个坐标数据文件。具体参照表 4-1。

表 4-1　文件名的创建

操作过程	操作	显示
①按 M 键	M	菜单　(1/2) F1:数据采集 F2:测量程序 F3:内存管理 F4:参数设置 ▼
②按 F1 (数据采集)键	F1	选择一个文件 FN: DATA 01 回退　调用　数字
③按 F2 (调用)键，显示文件目录[*1]	F2	文件调用 → *DATA 01　.RAW　15K DATA 02　.RAW　20K DATA 03　.RAW　10K 查找　　上页　下页

续表 4-1

操作过程	操作	显示
④按[▲]或[▼]键使文件表向上下滚动，选定一个文件*2,*3	[▲] 或 [▼]	文件调用 DATA 01　.RAW　15K →*DATA 02　.RAW　20K DATA 03　.RAW　10K 查找　　上页　下页
⑤按 ENT （回车）键，文件即被确认，显示数据采集菜单(1/2)	ENT	数据采集　(1/2) F1:输入测站点 F2:输入后视点 F3:测量 F4:选择文件 ▼

注：*1 如果要创建一个新文件，并直接输入文件名，可按 F1 （输入）键，然后键入文件名。

2 如果菜单文件已被选定，则在该文件名的左边显示一个符号""。

*3 按 F1 （查找）键可查看箭头所标定的文件数据内容。

选择文件也可由数据采集菜单 2/2 按上述同样方法进行。

②已知控制点的录入

测站点与定向角在数据采集模式和正常坐标测量模式是相互通用的，可以在数据采集模式下输入或改变测站点和定向角数值。

测站点坐标可按以下两种方法设定：利用内存中的坐标数据来设定；直接由键盘输入。

后视点定向角可按以下三种方法设定：利用内存中的坐标数据来设定；直接键入后视点坐标；直接键入定向角。

设置测站点的示例：利用内存中的坐标数据来设置测站点的操作步骤，见表 4-2。

表 4-2　直接键入坐标数据

操作过程	操作	显示
①由数据采集菜单(1/2)，按 F1 （输入测站点）键，即显示原有数据	F1	输入测站点 点名→ 编码　: 仪高　:　0.000　m 输入　查找　测站　记录
②按 F3 （测站）键	F3	输入测站点 点名　: 回退　调用　字母　坐标

续表 4-2

操作过程	操作	显示
③输入点名*1，按 ENT （回车）键确认	ENT	输入测站点 N: 152.258 m E: 376.310 m Z: 2.362 m 〉OK? ［否］［是］
④按 F4 （是）键确认此点	F4	输入测站点 点名→ DATA 03 编码 : 仪高 : 0.000 m 输入 查找 测站 记录
⑤输入编码、仪高*2	输入编码 ENT 输入仪高 ENT	输入测站点 点名→ DATA 03 编码 : SOUTH 仪高 : 1.250 m 输入 查找 测站 记录
⑥按 F4 （记录）键	F4	输入测站点 点名→ DATA 03 编码 : SOUTH 仪高 : 1.250 m 记录? ［否］［是］
⑦按 F4 （是）键，显示屏返回数据采集菜单 1/2	F4	数据采集 (1/2) F1:输入测站点 F2:输入后视点 F3:测量 F4:选择文件 ▼

注：*1 在数据采集中，测量文件存入的测站数据有点名、标识符和仪高，坐标文件中存储测站坐标。如果在内存中找不到给定的点，显示屏上就会显示“点名错误”。

*2 如果不需要输入仪高（仪器高），可按 F3 （记录）键。

设置方位角示例：方位角一定要通过测量来确定。通过输入点名设置后视点，将后视方位角数据寄存在仪器内存中。见表 4-3。

表 4-3　键入角度数据

操作过程	操作	显示
①由数据采集菜单（1/2），按 F2 （输入后视点）键，即显示原有数据	F2	输入后视点 点名→ DATA 06 编码 : 仪高 : 0.000 m 输入 置零 后视 测量

续表 4-3

操作过程	操作	显示
②按 F3 (后视)键	F3	输入后视点 点名 : DATA 07 回退 调用 数字 坐标
③输入后视点点名[*1],按 ENT (回车)键确认	ENF	输入后视点 N: 102.259 m E: 202.102 m Z: 1.033 m 〉OK? [否] [是]
④按 F4 (是)键确认此点,按同样方法,输入点编码[*2]、反射镜高	输入 PT-22 F4	输入后视点 点名 : DATA 06 编码 : SOUTH 镜高→ 1.210 m 输入 置零 后视 测量
⑤按 F4 (测量)键	F4	输入后视点 点名 : DATA 06 编码 : SOUTH 镜高→ 1.210 m 角度 斜距 坐标
⑥照准后视点,选择一种测量模式并按相应的键,如按 F2 (斜距)键,进行斜距测量,根据定向角计算结果设置水平度盘读数;按 F4 (是)键,测量结果被寄存,显示屏返回到数据采集菜单(1/2)	照准 F2	PSM --------- PPM 4.6 V : 95°30′55″ HR : 155°30′20″ SD * [N] m 测量 自动存储坐标 点名 DATA 10 >重写? [否] [是] 数据采集 (1/2) F1:输入测站点 F2:输入后视点 F3:测量 F4:选择文件 ▼

注:*1 如果在内存中找不到给定的点,显示屏上就会显示“点名错误”。

*2 点编码可以通过输入字母、数字来显示,为了显示编码库文件内容,可按 F2 (调用)键。

③仪器参数设置及内存文件整理

在使用仪器前要对仪器中影响测量成果的内部参数进行设置，包括温度、气压、棱镜常数、测距模式等。还应检查仪器内存中的文件，如果内存不足，可删掉已传输完毕的无用的文件。

(2)数据采集操作步骤

①安置仪器

在测站上进行对中、整平后，量取仪器高，仪器高量至毫米。打开电源开关 POWER 键，转动望远镜，使全站仪进入观测状态，再按 MENU 菜单键，进入主菜单。

②输入数据采集文件名

在主菜单 1/3 下，选择“数据采集”，输入数据采集文件名(或默认上一次作业使用的文件)。若需调用坐标数据文件中的坐标作为测站点和后视点坐标用，则应预先由数据采集菜单 2/2 选择一个坐标文件。

③输入测站数据

在主菜单 1/3 下，选择“数据采集”，输入数据采集文件名后按回车键，按 F1 键进行测站设置，测站数据的设定有两种方法：一是调用内存中的坐标数据(作业前输入或调用测量数据)，二是直接由键盘输入坐标数据。

④输入后视点数据

后视定向数据的设定一般有三种方法：一是调用内存中的坐标数据；二是直接输入控制坐标；三是直接键入定向边的方位角。

⑤定向

当测站点和后视点设置完后按 F3(测量)键，再照准后视点，选择一种测量方式，如 F3(坐标)键，这时定向方位角设置完毕。

⑥检查

定向完毕后，一般要对至少一个已知点进行测量，以检验前面的操作是否符合测图所需要的点位和高程误差要求，若达到要求，就可以进行碎部点测量了，否则要重新进行前面的工作。

⑦碎部点测量

在数据采集菜单 1/2 下，按 F3(前视/侧视)键即开始碎部点采集。按 F1(输入)键输入点号后，按 F4(回车)键，以同样方法输入编码和棱镜高。按 F3(测量)键，照准目标，再按 F3(坐标)键测量开始，数据被存储。进入下一点，点号自动增加，如果不输入编码，采用无码作业或镜高不变，可按 F4 键。

4.1.3 RTK 碎部点采集方法

RTK 技术采用了载波相位动态实时差分方法，RTK 坐标数据采集能够得到厘米级的定位精度，它已经是野外数据采集的一种重要手段。下面以南方灵锐 S82-2008 为例具体介绍 RTK 坐标数据采集操作步骤。

1. 仪器安置

仪器安置分为两步：基准站和移动站安置，移动站设置。

(1)基准站和移动站安置

①基准站安置应遵循的原则

A. 要安置在尽量高、视野开阔的地带。

B. 要远离高压输电线路、微波塔及其他微波辐射源，其与基准站距离不小于 200m。

C. 要远离树林、水域等大面积反射物。

D. 要避开高大建筑物及人员密集地带。

②基准站安置方法

基准站可以安置在已知控制点上，也可以任意设站，将其安置在未知点上。

A. 安置脚架于控制点上（或未知点上），安装基座，再将基准站主机装上连接器置于基座之上，对中、整平。

B. 安置发射天线和电台，建议使用对中杆支架，将连接好的天线尽量升高，再在合适的地方安放电台，连接好主机、电台和蓄电池。

C. 检查连接无误后，打开电池开关，再开电台和主机开关，并进行相关设置（主机设置动态模式、电台频道选台设置）。

③移动站安置方法

A. 连接碳纤对中杆、移动站主机和接收天线，完毕后主机开机。

B. 安装 PSION 手簿，将托架连接在对中杆上，在托架上固定数据采集手簿，打开手簿进行蓝牙连接，连接完毕后即可进行仪器设置操作。

④基准站安置时的注意事项

A. 安置脚架要保证稳定，风天作业时要用其他物体固定脚架，避免被大风刮倒。

B. 电源线及连接电缆要完好无损，以免影响信号发射与接收。

C. 要时常检测电瓶的电解液、电量，发现电量不足或电解液不足要及时充电或填充电解液。

D. 开机后要随时观察主机及电台信号灯状态，从而判断主机与电台工作是否正常。

E. 基准站要留人看管，以便及时发现基准站工作状态，避免基准站被他人破坏或丢失仪器。

F. 安置基准站时要检查箱内所有附件的数量及位置，工作结束后要归位，避免影响以后工作。

(2)移动站设置

南方灵锐 S82-2008 在测站校正前要对主机、移动站、手簿中工程之星软件进行设置。

①手动设置移动站

切换动态：长按 P+F 键，至 6 个灯同时闪烁；按 F 键选择本机的工作模式，当 STA 灯亮按 P 键确认，选择移动站工作模式。等数秒钟后电源灯正常后长按 F 键，等 STA 灯和 DL 灯闪烁放开 F 键（听到第二声后放手即可）。按 F 键 DL、SAT、PWR 灯循环闪，当 DL 灯亮按 P 键确认，选择电台模式。再开机，主机的工作模式将被设置为动态。

切换静态：长按 P+F 键，至 6 个灯同时闪烁。按 F 键选择本机的工作模式，当 BAT 灯亮按 P 键确认，选择静态工作模式。当 DL 灯亮按 P 键确认。再开机，主机的工作模式将被设置为静态。

②移动站手簿设置

手簿能对接收机进行动态、静态及数据链的设置，但不能进行静态转动态的设置。用手簿切换其他模式之后，要对各模式的参数进行设置，如基准站电台、模块等。而手动切换，参数则沿用默认设置参数。

2. 测站校正

测站校正的目的是将GPS所获得WGS-84坐标转换至工程所需要的当地坐标。

(1)新建工程

一般以工程名称或日期命名,如图4-4所示,单击“新建工程”,出现新建作业的界面,如图4-5所示。新建作业的方式有“向导”和“套用”两种。

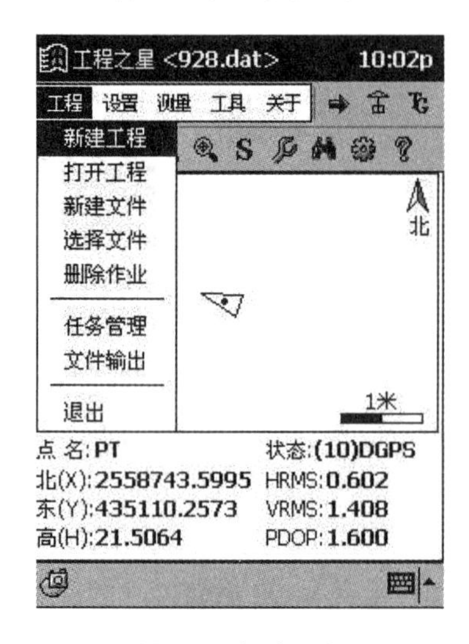

图4-4　新建工程

图4-5　作业名称

①使用“向导”方式新建工程

首先在作业名称框输入所要新建工程的名称,新建的工程将保存在默认的作业路径“\系统存储器(或FlashDisk)\Jobs\”里面,选择新建作业的方式为“向导”,然后单击“ok”,进入参数设置向导,如图4-6所示,再进行参数设置。

②使用“套用”方式新建工程

选择新建作业的方式为“套用”,然后单击“ok”,进入打开文件界面,选择好套用的工程文件,单击“确定”,工程新建完毕。

(2)坐标系建立及投影参数设置

①坐标系建立

在“参数设置向导”下,单击“椭球系名称”后面的下拉按钮,选择工程所用的椭球系,然后单击“下一步”,出现图4-6所示的界面。系统默认的椭球为北京54坐标系,可供选择的椭球系还有国家80坐标系、WGS-84、WGS-72和自定义坐标系等。如果选择的是常用的标准椭球系,例如北京54坐标系,椭球系的参数已经按标准设置好并且不可更改。如果选择用户自定义,则需要用户输入自定义椭球系的长轴和扁率定义椭球。输入设置参数后单击“确定”表明坐标系已经建立完毕。

②投影参数设置

如图4-7所示,在“中央子午线”后面输入当地的中央子午线,然后再输入其他参数。输入完之后,如果没有四参数、七参数和高程拟合参数,可以单击“确定”,则工程已经建立完毕。如果需要继续,单击“下一步”,进入是否启用四参数和七参数界面;如果不需要,可继续单击“确定”。

图 4-6　参数设置

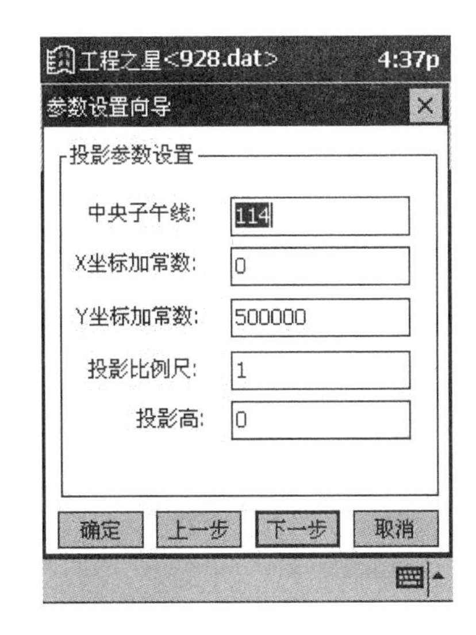

图 4-7　椭球参数

(3)求转换参数(四参数、七参数)

四参数是同一个椭球内不同坐标系之间进行转换的参数。在工程之星软件中的四参数指的是在投影设置下选定的椭球内 GPS 坐标系和施工测量坐标系之间的转换参数。工程之星提供的四参数的计算方式有两种:一种是利用"工具→参数计算→计算四参数"来计算,另一种是用"控制点坐标库"计算。参与计算的控制点原则上要用两个或两个以上的公共控制点,控制点等级的高低和分布直接决定了四参数的控制范围。经验上,四参数理想的控制范围在 5～7km。四参数的 4 个基本项分别是:X 平移、Y 平移、旋转角和缩放比例(尺度比)。操作与计算步骤如下:

参数计算→计算四参数→增加→输入转换前和转换后坐标(两个公共控制点)→计算→保存→启用四参数。如图 4-8 所示。

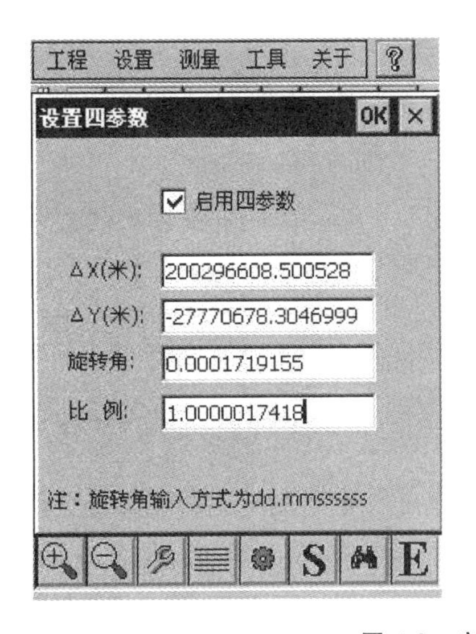

图 4-8　启用四参数

七参数是分别位于两个椭球内的两个坐标系之间的转换参数。在工程之星软件中的七参数指的是 GPS 测量坐标系和施工测量坐标系之间的转换参数。工程之星提供了一种七参数的计算方式，计算时至少需要 3 个公共控制点，且七参数和四参数不能同时使用。七参数的控制范围可以达到 10km 左右。七参数格式的 7 个基本项是：X 平移、Y 平移、Z 平移、X 轴旋转、Y 轴旋转、Z 轴旋转、缩放比例（尺度比）。

（4）校正方法

在校正之前启用四参数（七参数）或者在新建工程一项启用四参数（七参数）并输入参数值，然后根据向导完成校正过程。点的校正分两种：一是基准站架设在已知点上；二是基准站架设在未知点上。两种校正方法的操作基本相同，主要区别是：基准站架设在已知点上，要求输入已知点的点位信息；基准站架设在未知点上，要求输入未知点的信息。这里以基准站架设在已知点为例说明，校正步骤如下：

①在参数浏览里先检查所要使用的转换参数是否正确，然后进入“校正向导”。

②选择“基准站架设在已知点”，点击“下一步”。

③输入基准站架设点的已知坐标及天线高，并且选择天线高形式，输入完后点击“校正”。天线高的量测方法如图 4-9 所示。仪器尺寸：接收机高 96.5mm，直径 186mm，密封橡胶圈到底面高 59mm。天线高实际上是相位中心到地面测量点的垂直高，动态模式天线高的量测方法有直高和斜高两种量取方式。

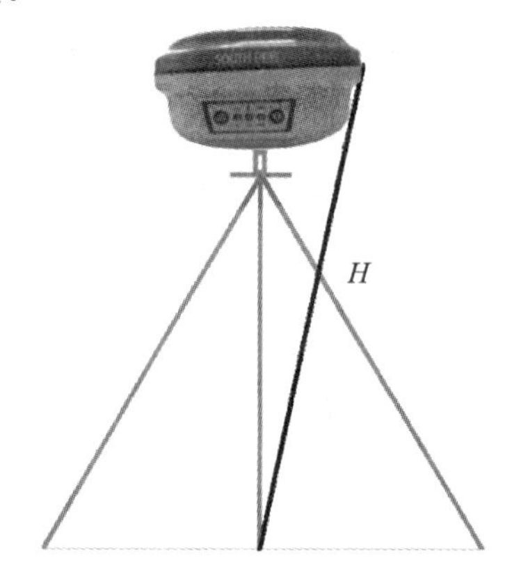

图 4-9　量测天线高

A. 直高：地面到主机底部的垂直高度＋天线相位中心到主机底部的高度。

B. 斜高：测到橡胶圈中部，在手簿软件中选择天线高模式为斜高后输入数值。天线高量测：从测点量测到主机上的密封橡胶圈的中部，内业导入数据时在后处理软件中选择相应的天线类型输入即可。

④系统会提示是否校正，并且显示相关帮助信息，检查无误后按“确定”，校正完毕。

3. 数据采集

当校正完成后就可以进行数据采集：选择测量→目标点测量→输入点名、属性、天线高→确定保存。工程之星软件提供了快捷方式，测量点时按“A”键，显示测量点信息，输入点名及天线高，按手簿上回车键“Enter”保存数据。

RTK 差分解有以下几种形式：

①单点解，表示没有进行差分解，无差分信号。

②浮点解，表示整周模糊度还没有固定，点精度较低。

③固定解，表示固定了整周模糊度，精度较高。

在数据采集时只有达到固定解状态时才可以保存数据，如图 4-10、图 4-11 所示。

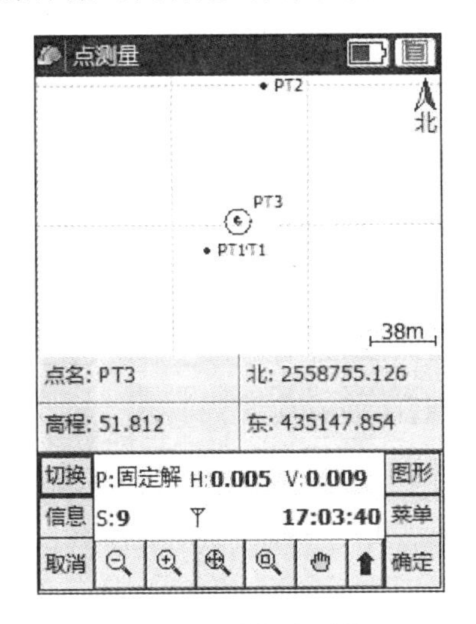

图 4-10　碎部点测量

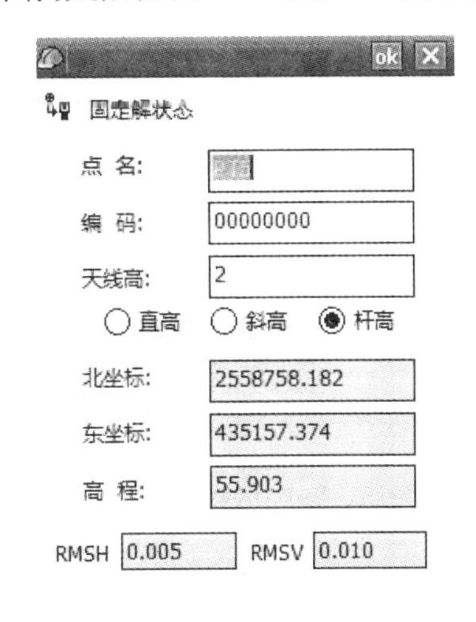

图 4-11　碎部点存储

4. GPS-RTK 数据传输

S82-2008 主机采用 USB 连接方式。正确的连接方式是先打开主机电源再连接 USB 连接线。将数据线的 USB 接头插入接收机通信接口，USB 接口插入计算机主机 USB 口，会在任务栏里出现热插拔图标，如图 4-12 所示。主机内存会以“可移动磁盘”的盘符出现在“我的计算机”接口下，打开“可移动磁盘”可以看到主机内存中的数据文件。

如图 4-13 所示，STH 文件为 S82-2008 主机采集的数据文件，修改时间为该数据结束采集的时间。可以直接把原始文件拷贝到计算机中，也可以通过下载助手把数据拷贝到计算机中，使用下载助手的好处在于可以有规则地修改文件名和天线高。

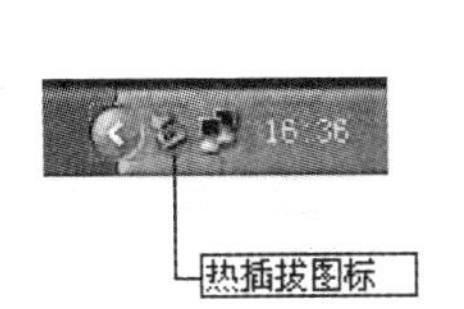

图 4-12　热插拔图标

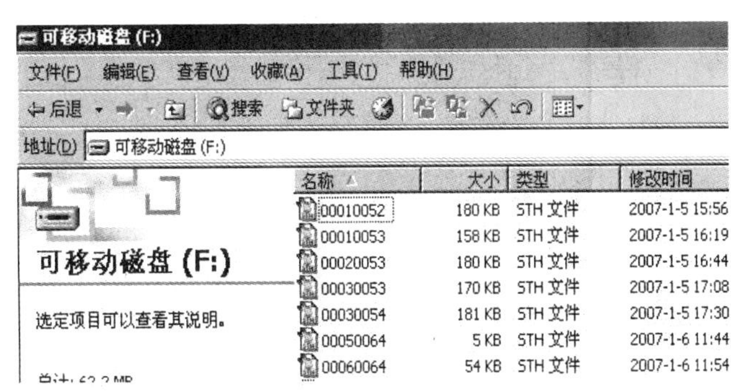

图 4-13　可移动磁盘

4.1.4　测记法野外采集数据

野外采集的数据除碎部点的坐标数据外，还需要有与绘图有关的其他信息，如碎部点的地形要素名称、碎部点连接线型等，通常用草图、简码记录其绘图信息，然后将测量数据传输到计算机，经过人机交互进行数据、图形处理，最后编辑成图，这种在野外一边用仪器采集点的坐标，一边记录绘图信息的方法叫作测记法。根据记录方式的不同，测记法作业可分为草图法和编码法。

1. 草图法

野外采集碎部点数据时，需要绘制工作草图，用工作草图记录地形要素名称、碎部点连接关系，然后在室内将碎部点显示在计算机屏幕上，根据工作草图，采用人机交互方式连接碎部点，这种生成图形的方法叫草图法，又称"无码作业"，绘制工作草图是保证数字测图质量的一项措施，它是计算机进行图形编辑修改的依据。

草图法一般三个人员为一组，一个进行观测，一个进行跑尺，另一个进行草图绘制，由于该法简单，容易掌握，野外作业速度快，所以大量应用在实际工作中，但是草图法需要人机交互绘制图形，内业工作量大。

2. 编码法

为了便于计算机识别，碎部点的地形要素名称、碎部点连接线型信息也都用数字代码或英文字母代码来表示，这些代码称为地物编码，又叫图形信息码。编码法就是在野外测量碎部点时，每测一个地物点都要在电子手簿或全站仪上输入地物的编码，这样采集的数据就可以在相应的系统中完成自动绘图，从而大大减少内业编图的工作量。

国家的编码体系完整，但不便于记忆，所以通常情况下，在外业采集数据时，用便于记忆的简编码代替，然后在绘图的时候由系统自动替换回来完成绘图，此种工作方式也称"带简编码格式的坐标数据文件自动绘图方式"，简编码一般由地物简码和关系码组成。

(1)地物简码

CASS 地物简码有 1～3 位，第一位是英文字母，大小写等价，后面是范围为 0～99 的数字，无意义的 0 可以省略，例如，A 和 A00 等价，F1 和 F01 等价。简码后面可跟参数，参数有下面几种：控制点的点名、房屋的层数、陡坎的坎高等。简码第一个字母不能是"p"，该字母只代表平行信息。简码如以"U""Q""B"开头，被认为是拟合的；以"K""H""X"开头，被认为是不拟合的。房屋类和填充类地物将自动被认为是闭合的。可旋转独立地物要测两个点以便确定旋转角。例如：K0—直折线形的陡坎，U0—曲线形的陡坎，W1—土围墙，T0—标准铁路(大比例尺)，Y012.5—以该点为圆心、半径为 12.5m 的圆，详见表 4-4。

表 4-4　地物符号代码

地物符号代码
坎类(曲)：K(U)＋数(0—陡坎，1—加固陡坎，2—斜坡，3—加固斜坡，4—垄，5—陡崖，6—干沟)
线类(曲)：X(Q)＋数(0—实线，1—内部道路，2—小路，3—大车路，4—建筑公路，5—地类界，6—乡、镇界，7—县、县级市界，8—地区、地级市界，9—省界线)
垣栅类：W＋数[0、1—宽为 0.5m 的围墙，2—栅栏，3—铁丝网，4—篱笆，5—活树篱笆，6—不依比例围墙(不拟合)，7—不依比例围墙(拟合)]
铁路类：T＋数[0—标准铁路(大比例尺)，1—标准铁路(小比例尺)，2—窄轨铁路(大比例尺)，3—窄轨铁路(小比例尺)，4—轻轨铁路(大比例尺)，5—轻轨铁路(小比例尺)，6—缆车道(大比例尺)，7—缆车道(小比例尺)，8—架空索道，9—过河电缆]
电力线类：D＋数(0—电线塔，1—高压线，2—低压线，3—通信线)
房屋类：F＋数(0—坚固房，1—普通房，2—一般房屋，3—建筑中房，4—破坏房，5—棚房，6—简单房)
管线类：G＋数[0—架空(大比例尺)，1—架空(小比例尺)，2—地面上的，3—地下的，4—有管堤的]

续表 4-4

植被土质：拟合边界，B＋数（0—旱地，1—水稻，2—菜地，3—天然草地，4—有林地，5—行树，6—狭长灌木林，7—盐碱地，8—沙地，9—花圃） 不拟合边界：H＋数（0—旱地，1—水稻，2—菜地，3—天然草地，4—有林地，5—行树，6—狭长灌木林，7—盐碱地，8—沙地，9—花圃）
圆形物：Y＋数（0—半径，1—直径两端点，2—圆周三点）
平行体：P＋[X(0－9)，Q(0－9)，K(0－6)，U(0－6)，…]
控制点：C＋数（0—图根点，1—埋石图根点，2—导线点，3—小三角点，4—三角点，5—土堆上的三角点，6—土堆上的小三角点，7—天文点，8—水准点，9—界址点）

(2)关系码

关系码是描述地物点连接关系的代码，CASS 关系码见表 4-5。

表 4-5　描述连接关系的符号含义

符号	含　　义
＋	本点与上一点相连，连线依测点顺序进行
－	本点与下一点相连，连线依测点顺序反方向进行
n＋	本点与上 n 点相连，连线依测点顺序进行
n－	本点与下 n 点相连，连线依测点顺序反方向进行
p	本点与上一点所在地物平行
np	本点与上 n 点所在地物平行
＋A＄	断点标识符，本点与上一点相连
－A＄	断点标识符，本点与下一点相连

注："＋""－"表示连线方向。

(3)操作码

操作码的具体构成规则如下：

①对于地物的第一点，操作码＝地物代码。如图 4-14 中的 1、5 两点（点号表示测点顺序，括号中为该测点的编码，下同）。

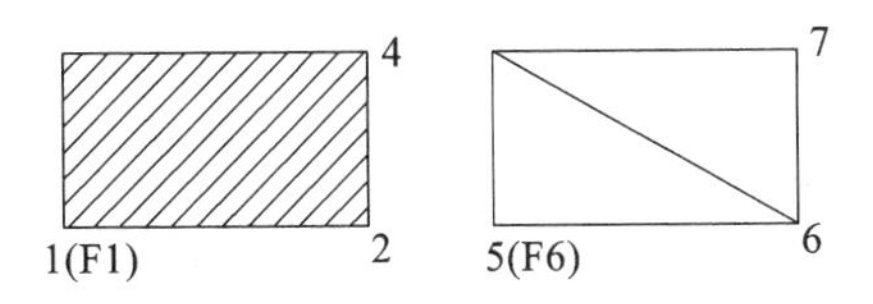

图 4-14　地物起点的操作码

②连续观测某一地物时，操作码为"＋"或"－"。其中"＋"号表示连线依测点顺序进行，"－"号表示连线依测点顺序向相反的方向进行，如图 4-15 所示。在 CASS 中，连线顺序将决定类似于坎类的齿牙线的画向，齿牙线及其他类似标记总是画向连线方向的左边，因而改变连线方向就可改变其画向。

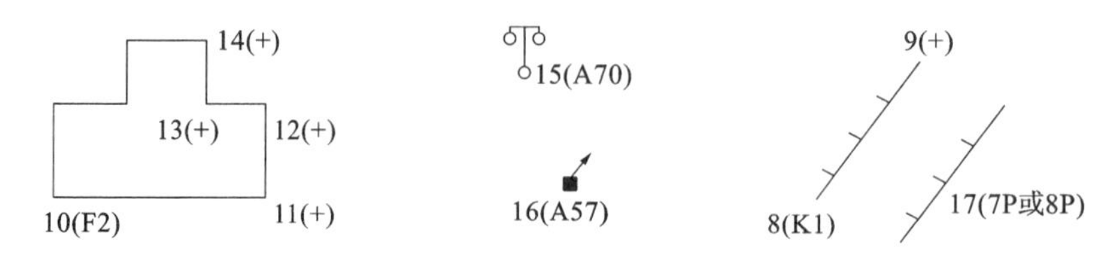

图 4-15　连续观测点的操作码

③交叉观测不同地物时，操作码为“n＋”或“n－”。其中“＋”“－”号的意义同上，n 表示该点应与以上 n 个点前面的点相连（n＝当前点号－连接点号－1，即跳点数），还可用“＋A＄”或“－A＄”标识断点，A＄是任意助记字符，当一对 A＄断点出现后，可重复使用 A＄字符。如图 4-16 所示。

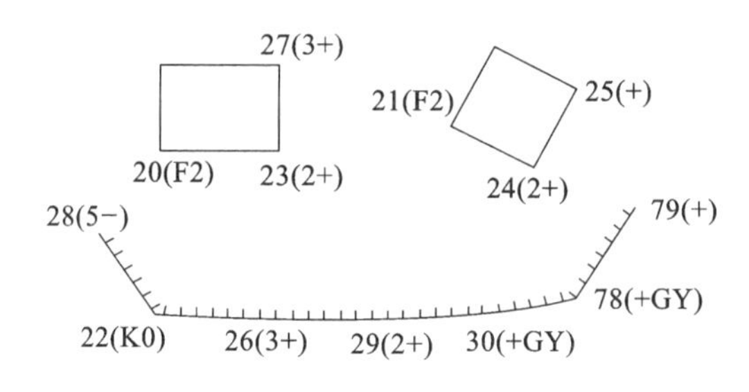

图 4-16　交叉观测点的操作码

④观测平行体时，操作码为“p”或“np”。其中，“p”的含义为通过该点所画的符号应与上一点所在地物的符号平行且同类，“np”的含义为通过该点所画的符号应与以上跳过 n 个点后的点所在的符号画平行体，对于带齿牙线的坎类符号，将会自动识别是堤还是沟。若上一点或跳过 n 个点后的点所在的符号不为坎类或线类，系统将会自动搜索已测过的坎类或线类符号的点。因而，用于绘平行体的点，可在平行体的一“边”未测完时测对面点，亦可在测完后接着测对面的点，还可在加测其他地物点之后，测平行体的对面点。如图 4-17 所示。

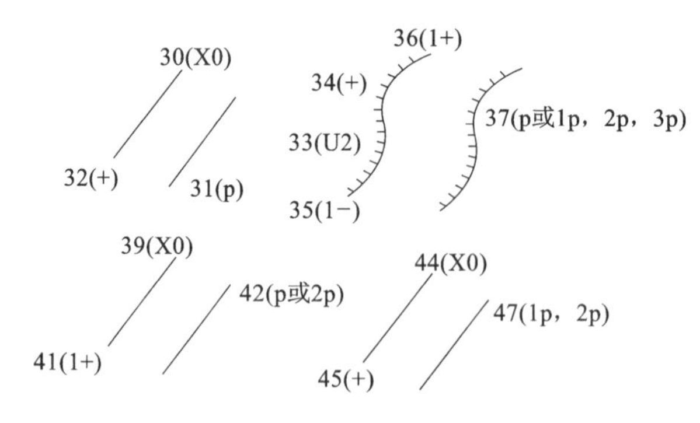

图 4-17　平行体观测点的操作码

4.1.5　数据传输与数据处理

数据通信的作用是完成电子手簿或带内存的全站仪与计算机两者之间的数据相互传输。如在传输过程中出错的要重新传输。如有数据格式不对的，要注意转换。

南方公司开发的电子手簿的载体有 PC-E500、HP2110、MG（测图精灵）。

1. 与 PC-E500 电子手簿通信

数据可以由 PC-E500 向计算机传输，将数据存储在计算机的硬盘供计算机后处理；也可以将计算机中的数据向 PC-E500 传输（如将在计算机平差好的已知点数据传给 PC-E500）。

进行数据通信操作之前，首先在电子手簿（PC-E500）与计算机的串口之间用 E5-232C 电缆连上，然后打开计算机进入 Windows 系统，双击 CASS 9.0 的图标或单击 CASS 9.0 的图标再敲回车键，即可进入 CASS 系统，此时屏幕上将出现系统的操作界面。

①移动鼠标至“数据处理”处按左键，便出现如图 4-18 所示的下拉菜单。

要注意的是，使用热键“ALT＋D”也可以执行这一功能，即在按下“ALT”键的时候按下“D”键。

②移动鼠标至“数据通信”项的“读取全站仪数据”项，该处以高亮度（深蓝）显示，按左键，这时，便出现如图 4-19 所示的对话框。

图 4-18 数据处理的下拉菜单

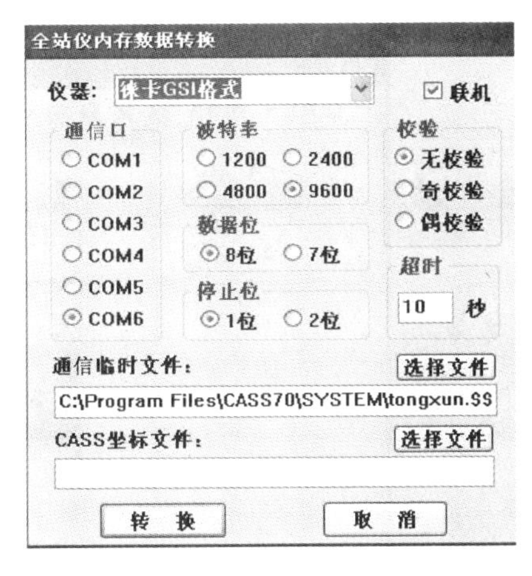

图 4-19 全站仪内存数据转换

③在“仪器”下拉列表中找到“E500 南方手簿”，点击鼠标左键。然后检查通信参数是否设置正确。接着在对话框最下面的“CASS 坐标文件”下的空栏里输入想要保存的文件名，要留意文件的路径，为了避免找不到文件，可以输入完整的路径。最简单的方法是点“选择文件”，出现如图 4-20 所示的对话框，在“文件名(N)”后输入想要保存的文件名，点保存。这时，系统已经自动将文件名填在了“CASS 坐标文件”下的空白处。这样就省去了手工输入路径的步骤。

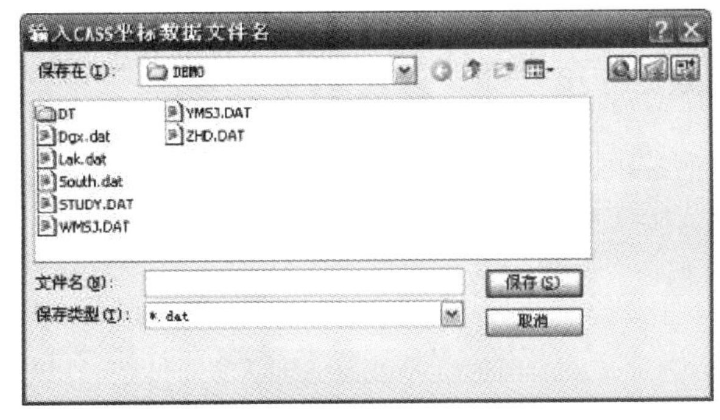

图 4-20 执行“选择文件”操作的对话框

输完文件名后移动鼠标至“转换”处,按左键(或者直接敲回车键)便出现如图 4-21 的提示。如果输入的文件名已经存在,则屏幕会弹出警告信息。

④如果仪器选择错误会导致传到计算机中的数据文件格式不正确,这时会出现图 4-22 所示的对话框。

图 4-21　计算机等待 E500 信号

图 4-22　数据格式错误的对话框

⑤操作 E500 电子手簿,做好通信准备,在 E500 上输入本次传送数据的起始点号,然后先在计算机上敲回车键,再在 E500 上敲回车键。命令区便逐行显示点位坐标信息,直至通信结束。

2. 与带内存全站仪通信

①将全站仪通过适当的通信电缆与微机连接好。

②移动鼠标至“数据通信”项的“读取全站仪数据”项,该处以高亮度(深蓝)显示,按左键,出现如图 4-23 所示的对话框。

图 4-23　全站仪内存数据转换的对话框

③根据不同仪器的型号设置好通信参数,再选取好要保存的数据文件名,点“转换”。如果想将以前传过来的数据(比如用超级终端传过来的数据文件)进行数据转换,可先选好仪器类型,再将仪器型号后面的“联机”选项取消。这时会发现,通信参数处全部变灰。接下来,在“通信临时文件”选项下面的空白区域填上已有的临时数据文件,再在“CASS 坐标文件”选项下面的空白区域填上转换后的 CASS 坐标数据文件的路径和文件名,点“转换”即可。

若出现“数据文件格式不对”提示时,有可能是以下情形:A. 数据通信的通路问题,电缆型号不对或计算机通信端口不通;B. 全站仪和软件两边通信参数设置不一致;C. 全站仪中传输的数据文件中没有包含坐标数据,这种情况可以通过查看 tongxun.$$$ 来判断。

3. 与测图精灵通信

①在测图精灵中将图形保存,然后传到微机上,存到微机上的文件扩展名是 SPD。此文件是二进制格式,不能用写字板打开。

②移动鼠标至“数据”→“测图精灵格式转换”项,在下级子菜单中选取“读入”,该处以高亮度(深蓝)显示,按左键。如图 4-24 所示。

③注意 CASS 9.0 的命令行提示输入图形比例尺,输入比例尺后出现“输入测图精灵图形文件名”的对话框,如图 4-25 所示。

④找到从测图精灵中传过来的图形数据文件,点“打开”按钮,系统会读取图形文件内容,并根据图形内的地物代码在 CASS 9.0 中自动重构并将图形绘制出来。这时得到的图形与在测图精灵中看到的完全一致。

图 4-24　测图精灵格式转换的菜单

图 4-25　“输入测图精灵图形文件名”对话框

如果要将一幅 AutoCAD 格式的图(扩展名为 DWG)转到测图精灵中进行修补测，可在菜单“数据处理”下找到“测图精灵格式转换”子菜单下的“转出”，利用此功能，可将 CASS 9.0 下的图形转成测图精灵的 SPD 图形文件。

转换完成后将得到一个扩展名为 SPD 的文件，比原来的 DWG 文件要小许多倍，这时可以将测图精灵与微机连接(方法同上)，将此文件传到测图精灵的“My Documents”目录下。

启动测图精灵，在“文件”菜单下选“打开”，这时可以看到刚才传过来的图形文件，打开它，图形将出现在测图精灵上。这样就实现了测图精灵与 CASS 9.0 的图形数据传输。

任务 4.2　电子平板法数据采集成图方法

4.2.1　测区准备

1. 控制测量原则

当在一个测区内进行等级控制测量时，应该根据地形的实际情况和规范在甲方允许范围内布设控制点。当视线比较开阔时，可以考虑点位之间的距离适当拉大一些。当地物复杂时，控制点的点位就要密些。

2. 碎部测量原则

在进行碎部测量时要求绘图员清楚地物点之间的连线关系，所以对于复杂地形要求测站到碎部点之间的距离较短，要勤于搬站，否则会令绘图员绘图困难。对于房屋密集的地方可以用皮尺丈量法丈量，用交互编辑方法成图。野外作业时，测站的绘图员与碎部点的跑尺员相互之间的通信是非常重要的，因此对讲机是必不可少的。

3. 人员安排

根据电子平板作业的特点，一个作业小组的人员通常可以这样配备：测站观测员、计算机操作员各一名，跑尺员一至两名。根据实际情况，为了加快采集速度，跑尺员可以适当增加；遇到人员不足的情况，测站上可只留一个人，同时进行观测和计算机操作。

4. 出发前准备

出发前先录入测区的已知坐标。完成测区的各种等级控制测量，并得到测区的控制点成果后，便可以向系统录入测区的控制点坐标数据，以便野外进行测图时调用。

录入测区的控制点坐标数据可以按以下步骤操作：移动鼠标至屏幕下拉菜单“编辑/编辑文本文件”项，在弹出的选择文件对话框中输入控制点坐标数据文件名，如果不存在该文件名，系统便出现如图 4-26 所示的窗口。

系统记事本的文本编辑器如图 4-27 所示，图中的控制点坐标格式如下：

1 点点名，1 点编码，1 点 Y(东)坐标，1 点 X(北)坐标，1 点高程

……

N 点点名，N 点编码，N 点 Y(东)坐标，N 点 X(北)坐标，N 点高程

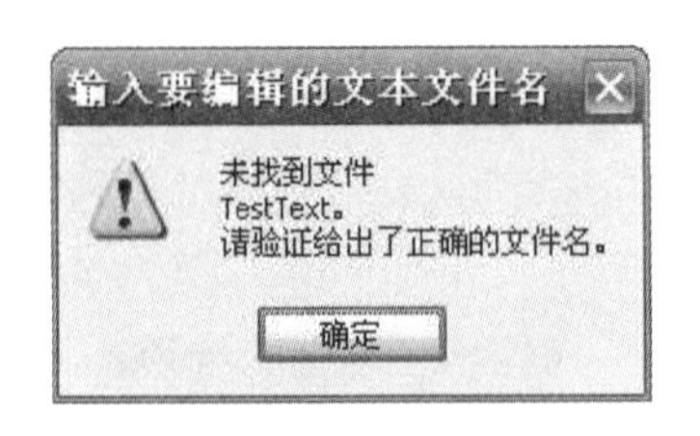

图 4-26　未找到文件的对话框

有关说明如下：

①编码可输可不输；即使编码为空，其后的逗号也不能省略。

②每个点的 Y 坐标、X 坐标、高程的单位是米。

③文件中间不能有空行。

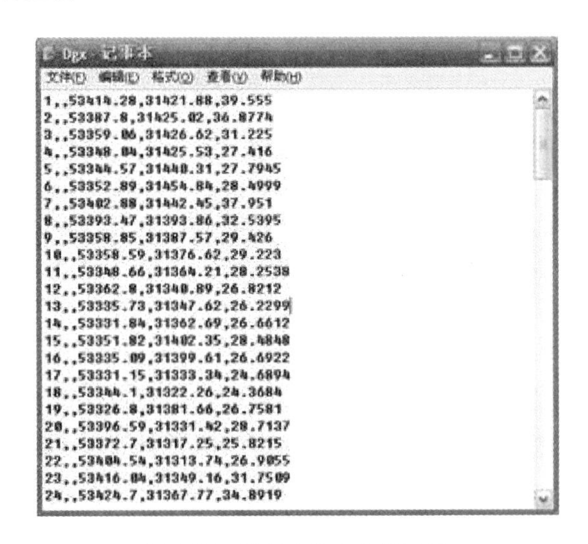

图 4-27　记事本的文本编辑器

4.2.2　电子平板测图

1. 测前准备

完成测区的控制测量工作和输入测区的控制点坐标等准备工作后，便可以进行野外测图了。

(1)安置仪器

①在点上架好仪器，并把便携机与全站仪用相应的电缆连接好，开机后进入 CASS 9.0。

②设置全站仪的通信参数。

③在主菜单选取“文件”中的“CASS 参数配置”菜单项后，选择“电子平板”页，出现如图 4-28 所示对话框，选定所使用的全站仪类型，并检查全站仪的通信参数与软件中设置的是否一致，按“确定”按钮确认所选择的仪器。

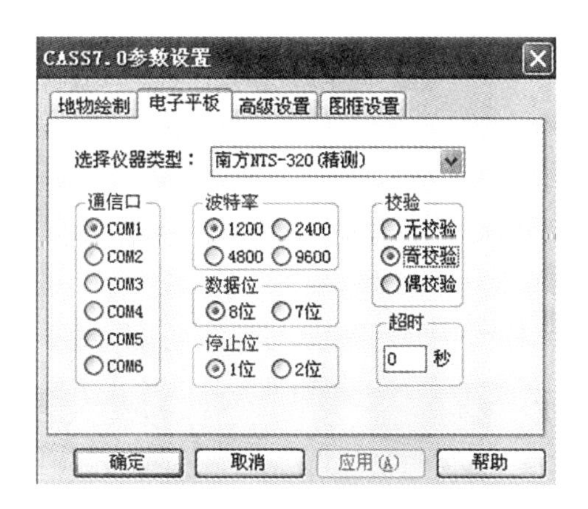

图 4-28　电子平板参数配置

说明："通信口"是指数据传输电缆连接在计算机的哪一个串行口，要按实际情况输入，否则数据不能从全站仪直接传到计算机上。

(2)定显示区

定显示区的作用是根据坐标数据文件的数据大小定义屏幕显示区的大小。首先移动鼠标至"绘图处理/定显示区"项，按左键，即出现一个对话框，如图 4-29 所示。

图 4-29　"输入坐标数据文件名"对话框

这时，输入控制点的坐标数据文件名，则命令行显示屏幕的最大、最小坐标。

(3)测站准备工作

①用鼠标点击屏幕右侧菜单之"电子平板"项，如图 4-30 所示，弹出如图 4-31 所示的对话框，提示输入测区的控制点坐标数据文件。选择测区的控制点坐标数据文件，如 E:\Program Files\CASS70\DEMO\020205.dat。

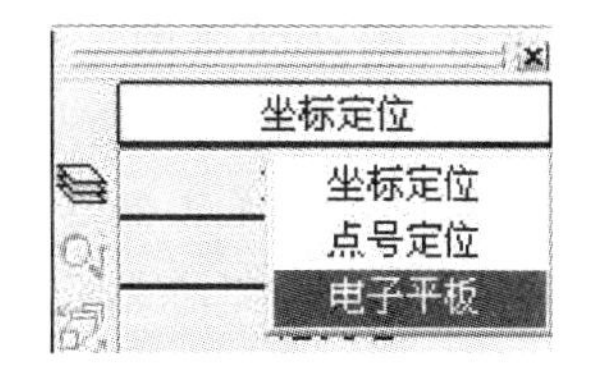

图 4-30　坐标定位菜单

②若事前已经在屏幕上展出了控制点，则直接点"拾取"按钮，再在屏幕上捕捉作为测站、定向点的控制点；若屏幕上没有展出控制点，则手工输入测站点点号及坐标、定向点点号及坐标、定向起始值、检查点点号及坐标、仪器高等参数，利用展点和拾取的方法输入测站信息，如图 4-32 所示。

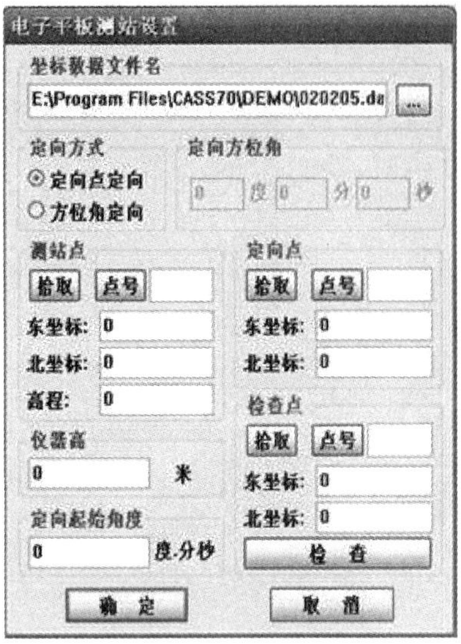

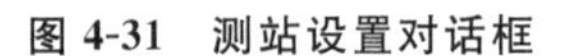

图 4-31　测站设置对话框

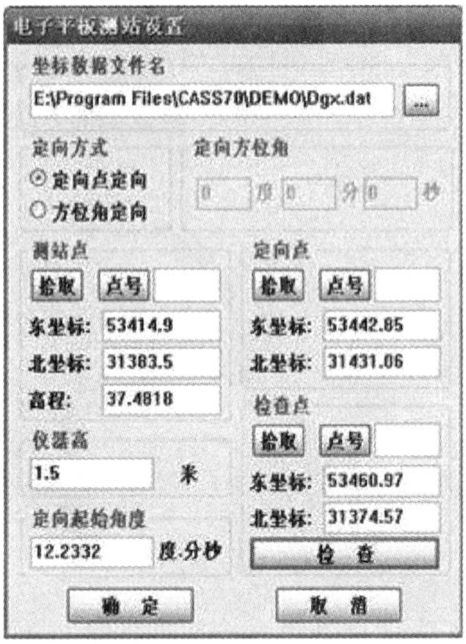

图 4-32　测站定向

说明：检查点用来检查该测站相互关系，系统根据测站点和检查点的坐标反算出测站点与检查点的方向值（该方向值等于由测站点瞄向检查点的水平角读数）。这样，便可以检查出坐标数据是否输错、测站点是否给错或定向点是否给错，点击“检查”按钮，弹出如图 4-33 所示检查信息。

仪器高指现场观测时架在三脚架上的全站仪中点至地面图根点的距离，以米为单位。

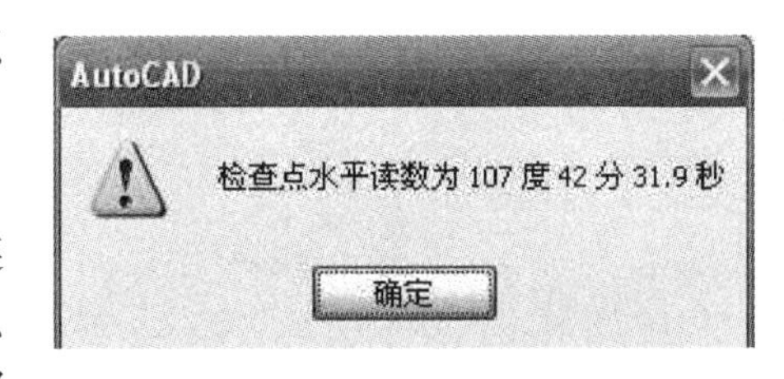

图 4-33　测站点检查的对话框

2. 实际测图操作

当测站的准备工作都完成后，如用相应的电缆连接好全站仪与计算机，输入测站点点号、定向点点号、定向起始值、检查点点号、仪器高等，便可以进行碎部点的数据采集、测图工作了。

在测图的过程中，主要是利用系统屏幕的右侧菜单功能，如要测一幢房子、一根电线杆等，需要用鼠标选取相应图层的图标；也可以同时利用系统的编辑功能，如文字注记、移动、拷贝、删除等操作；也可以同时利用系统的辅助绘图工具，如画复合线、画圆、操作回退、查询等操作；如果图面上已经存在某实体，就可以用“图形复制（F）”功能绘制相同的实体，这样就避免了在屏幕菜单中查找的麻烦。

CASS 系统中所有地形符号都是根据最新国家标准地形图图式、规范编的，并按照一定的方法分成各种图层，如控制点层，所有表示控制点的符号都放在此图层（包括三角点、导线点、GPS 点等）；居民地层，所有表示房屋的符号都放在此图层（包括房屋、楼梯、围墙、栅栏、篱笆等）。

【职业能力训练】

1. 通过本项目的学习，在校区内选择具有居民地、花台、路灯、路边线等地物的区域，使用测记法、简码法进行数字化地形图的测绘练习。

2. 结合本项目的学习，使用安装有南方 CASS 9.0 的电子平板测图系统进行外业测绘，理解所测即所得的测图方式的优缺点。

【项目小结】

通过本项目的学习，主要掌握测记法数据采集的成图模式以及电子平板法数据采集模式，在实际的生产工作中，能使用简码识别法和编码引导法两种方式进行外业测量和内业图形编绘。

练习与思考题

1. 简述极坐标法坐标测量的原理与方法。
2. 绘图并简述距离交会法坐标测算的原理与方法。
3. 简述电子平板法数据采集的作业过程。
4. 测记法野外数据采集有哪几种方法？请作简要说明。

项目5　大比例尺地形图内业成图

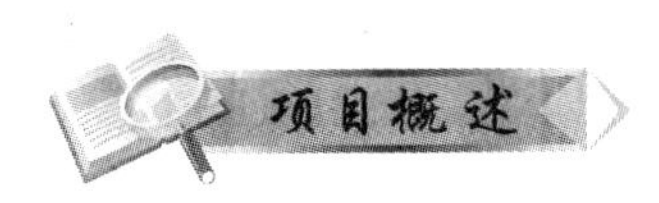

大比例尺地形图内业成图就是将碎部点的坐标、图形信息、属性信息等输入计算机，并被计算机所识别，然后在计算机屏幕上显示地物、地貌等几何图形及信息，经过人机交互编辑，生成数字地形图或其他专题地图。现今可用于数字化成图的软件极多，如广州开思、清华山维、南方开思等。本书主要以南方测绘仪器有限公司开发的 CASS 9.0 数字成图软件为平台，讲述大比例尺地形图内业成图方法。同时结合目前无人机倾斜摄影测量获取的三维模型，介绍了导入南方 CASS 3D 软件平台进行内业地形图数据采集和成图的方法，结合了目前基于倾斜摄影测量数字线画图的成图模式。

通过本项目的学习，使学生了解 CASS 9.0 成图软件的安装，熟悉软件各功能模块的使用，能够使用 CASS 9.0 成图软件进行地物地貌的内业编绘，并通过构建 DTM 模型进行等高线的绘制、整饰和修改；同时具备地形图图幅整饰、地形图质量检验的能力；具备熟练利用南方 CASS 3D 进行地形图内业数据采集和绘制的能力。

任务5.1　南方 CASS 9.0 数字成图系统

5.1.1　软件功能与特点

CASS 地形地籍成图软件是基于 AutoCAD 平台技术的 GIS 前端数据处理系统，广泛应用于地形成图、地籍成图、工程测量应用、空间数据建库、市政监管等领域，全面面向 GIS，彻底打通数字化成图系统与 GIS 接口，使用骨架线实时编辑、简码用户化、GIS 无缝接口等先进技术。CASS 软件已经成为用户量最大、升级最快、服务最好的主流成图系统。

CASS 9.0 版本相对于以前各版本，除了平台、基本绘图功能作了进一步升级之外，还根据最新颁布实施的地形图图式、地籍测绘要求等标准，更新完善了图式符号库和增加了相应的功能。

5.1.2　CASS 9.0 的运行环境

(1)硬件环境

以 AutoCAD 2010 的配置要求为基准，系统要求为 XP 系统、Windows 7 及更高，处理器为支持 SSE2 技术的英特尔奔腾 4 或 AMDAthlon 双核处理器(1.6GHz 或更高主频)，内存至少为2GB,磁盘空间要求至少有1GB可用空间,图形卡可设置1024×768真彩色,需要一个支持Windows的显示适配器。对于支持硬件加速的图形卡,必须安装DirectX 9.0c或更高版本。

(2)软件环境

操作系统为32位系统或64位系统,需要安装对应版本的CAD 2010。

5.1.3 软件的安装

(1)AutoCAD的安装

CASS 9.0 适用于 AutoCAD 2002/2004/2005/2006/2007/2008/2010,具体各版本AutoCAD的安装,请参考其官方说明书。下面以AutoCAD 2010为例,说明AutoCAD的安装。AutoCAD 2010是美国AutoDesk公司的产品,用户需找相应代理商自行购买。AutoCAD 2010的主要安装过程请参考其产品安装说明。

安装AutoCAD 2010软件,运行安装程序,将出现如图5-1所示界面。

图5-1 AutoCAD

选择说明语言后,点击"安装产品",就会出现图5-2所示界面。点击"下一步",出现接受许可协议界面,见图5-3,选择"我接受",点击"下一步"。

输入产品和用户信息。在图5-4所示界面中录入产品序列号和密钥,点击"下一步"。

配置安装目录。在图5-5所示界面中配置安装路径,点击"安装"。

安装界面如图5-6所示。

稍等几分钟,会出现如图5-7所示安装完成界面。点击"完成",按提示重启电脑,再启动AutoCAD 2010程序。

(2)CASS 9.0的安装

CASS 9.0的安装应该在安装完AutoCAD 2010并运行一次后才进行。打开CASS 9.0文件夹,找到setup.exe文件并双击它,屏幕上将出现图5-8所示的欢迎界面。

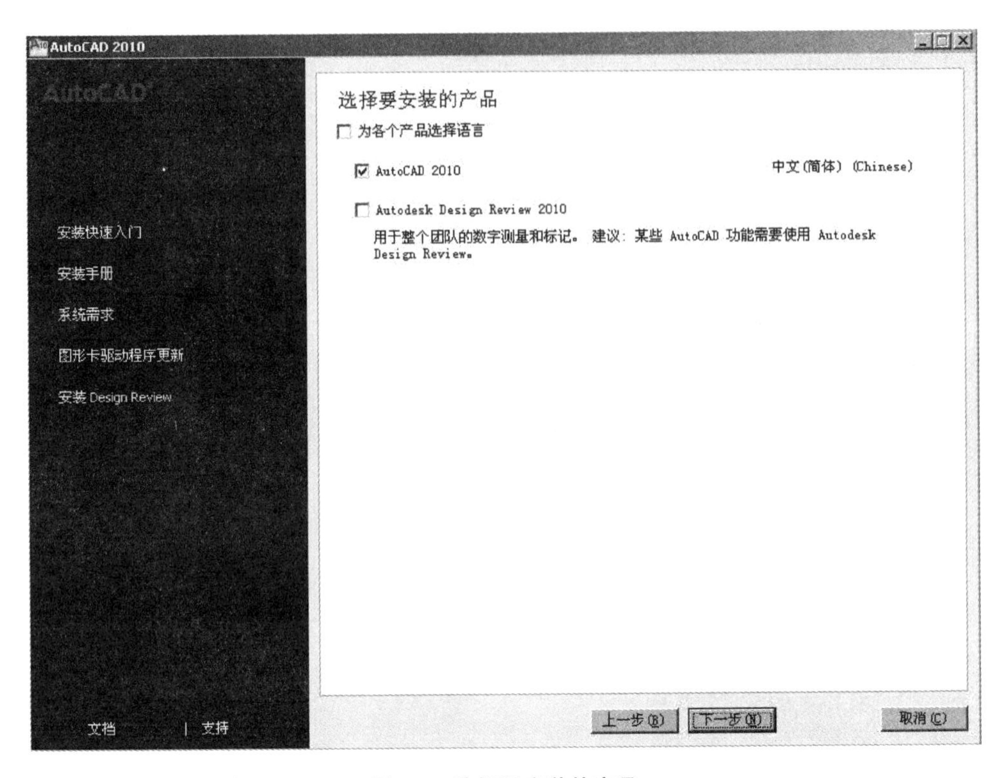

图 5-2　选择要安装的产品

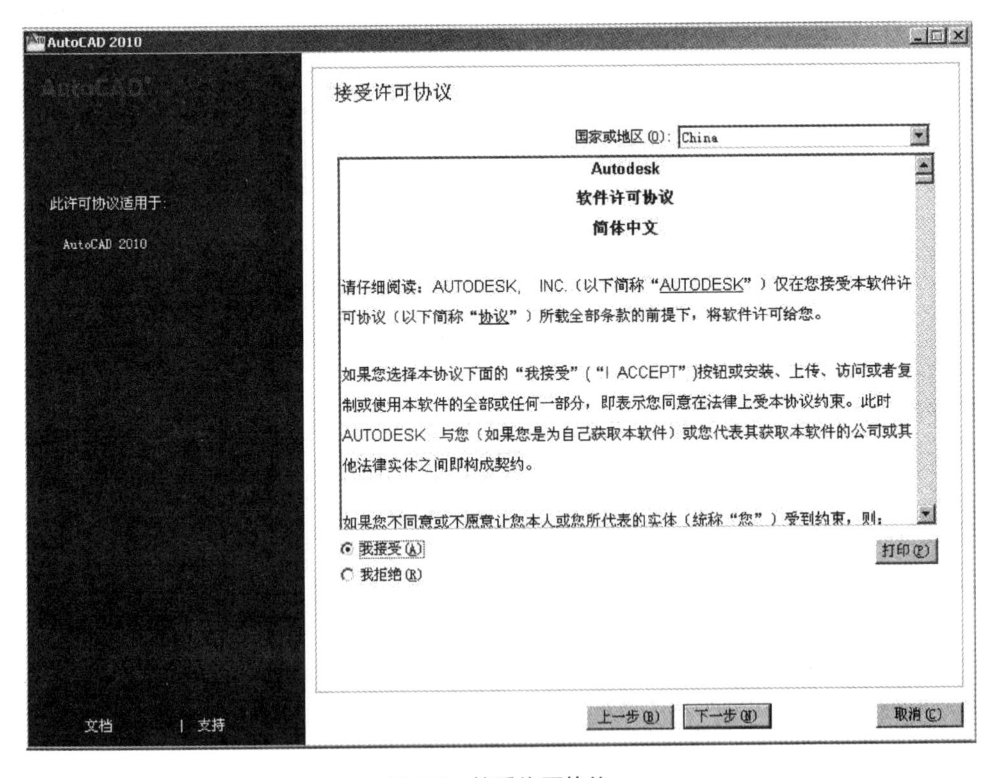

图 5-3　接受许可协议

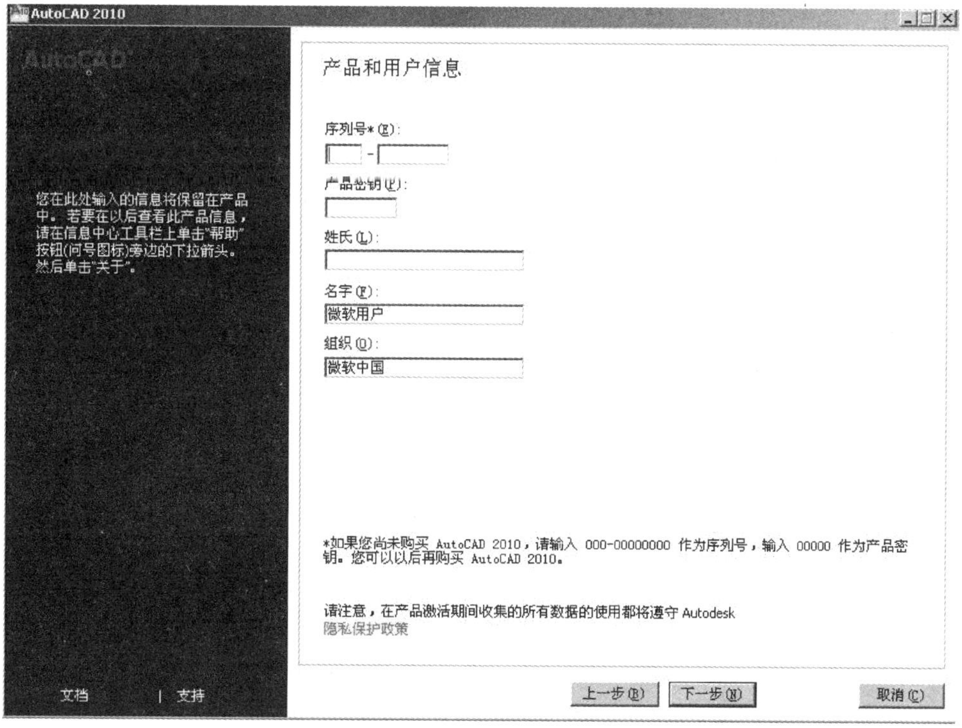

AutoCAD 2010

AutoCAD

您在此处输入的信息将保留在产品中。若要在以后查看此产品信息，请在信息中心工具栏上单击"帮助"按钮(问号图标)旁边的下拉箭头。然后单击"关于"。

产品和用户信息

序列号*(E):

产品密钥(E):

姓氏(L):

名字(F):

微软用户

组织(O):

微软中国

*如果您尚未购买 AutoCAD 2010，请输入 000-00000000 作为序列号，输入 00000 作为产品密钥。您可以以后再购买 AutoCAD 2010。

请注意，在产品激活期间收集的所有数据的使用都将遵守 Autodesk 隐私保护政策

文档 | 支持

上一步(B)　下一步(N)　取消(C)

图 5-4　产品和用户信息

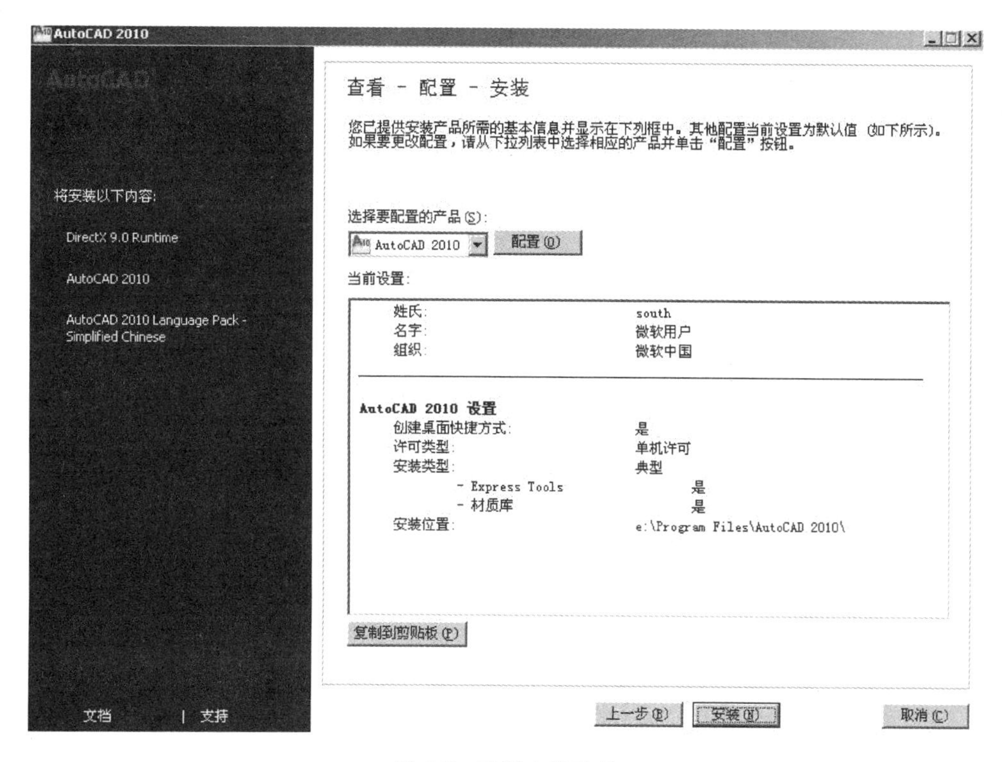

图 5-5　配置安装路径

图 5-6　安装界面

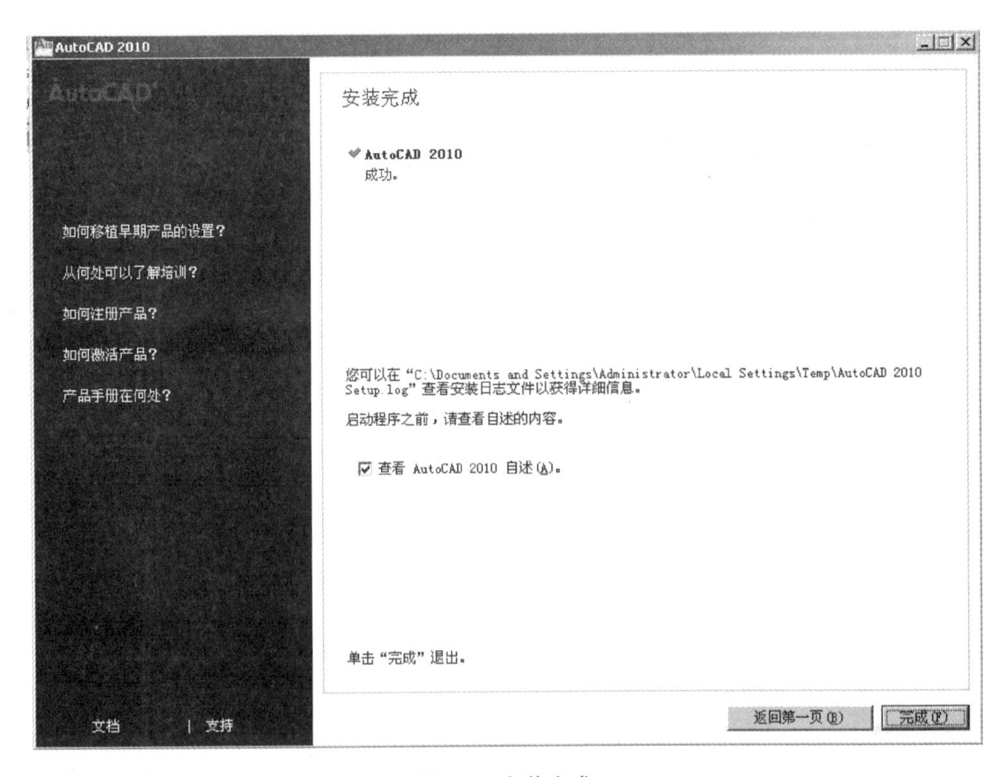

图 5-7　安装完成

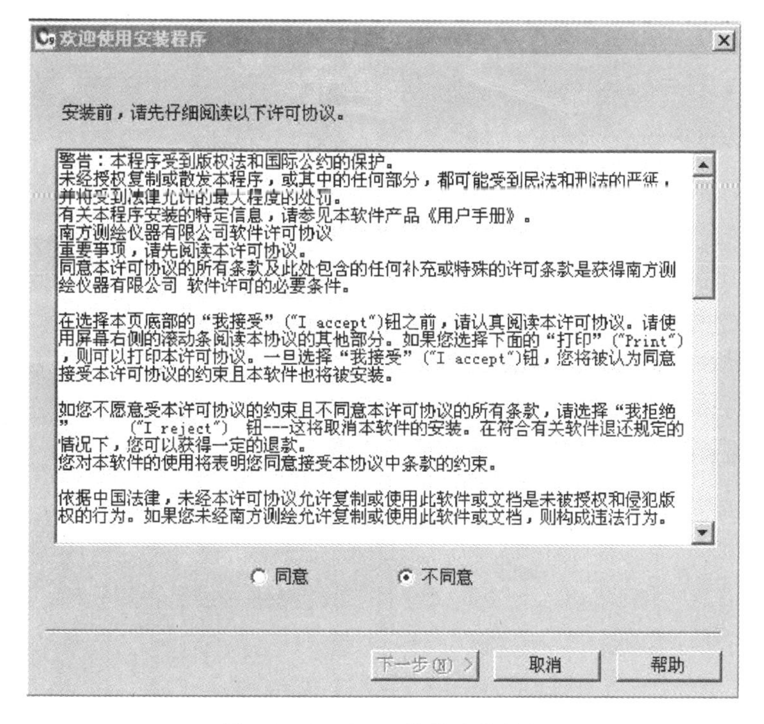

图 5-8　CASS 9.0 软件欢迎界面

选择“同意”后点击“下一步”，会出现图 5-9 所示选择 AutoCAD 平台界面，软件自动检测电脑上所安装的 AutoCAD 平台，并提示选择一个安装平台。

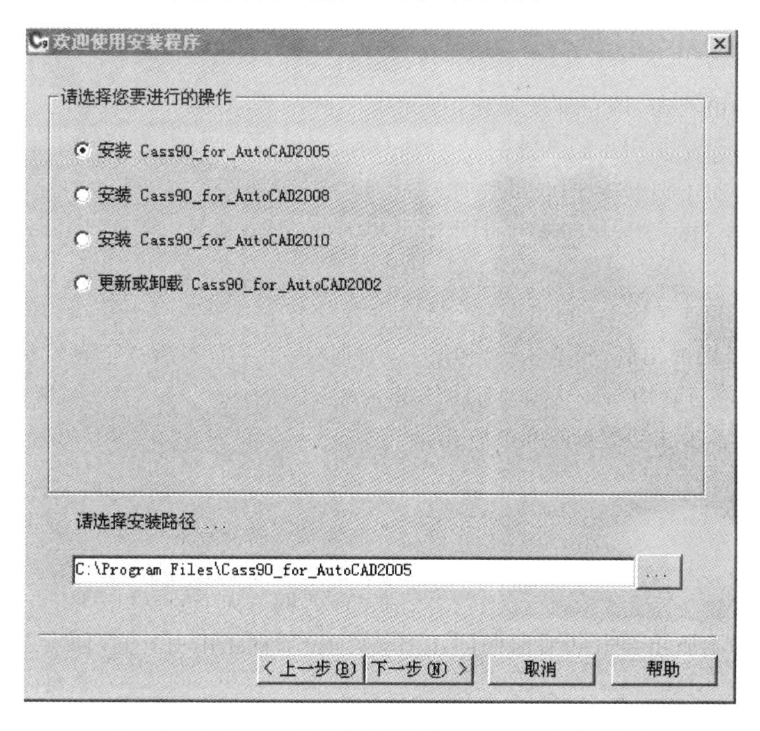

图 5-9　CASS 9.0 软件安装“选择 AutoCAD 平台”界面

点击“下一步”后，软件会自动安装在指定的AutoCAD平台上面，出现如图5-10所示界面。

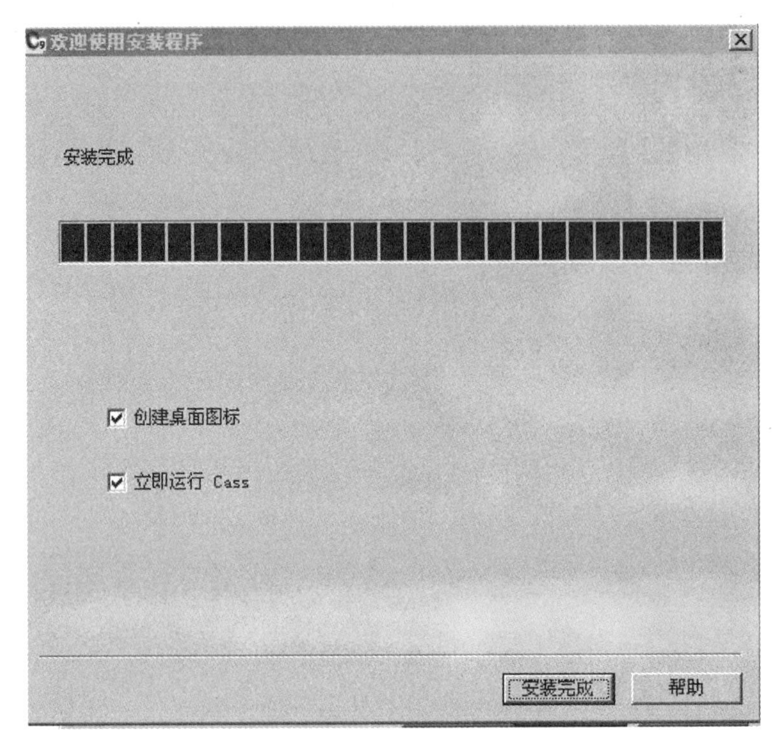

图5-10　CASS 9.0软件安装界面

点击“安装完成”后，会出现如图5-11所示驱动程序安装界面，这时必须确保已经插上软件锁。点击“下一步”，出现图5-12所示界面，点击“完成”结束CASS 9.0的安装。

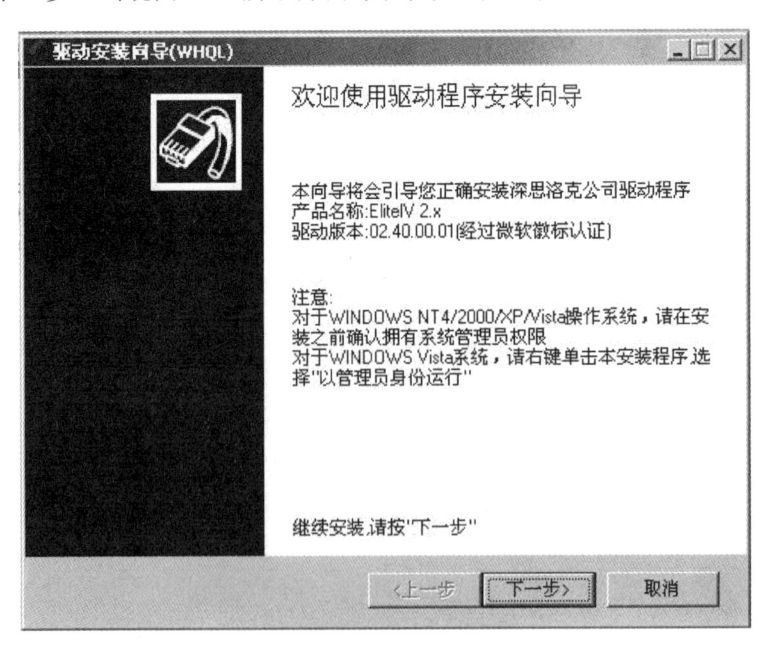

图5-11　CASS 9.0软件“驱动安装”界面

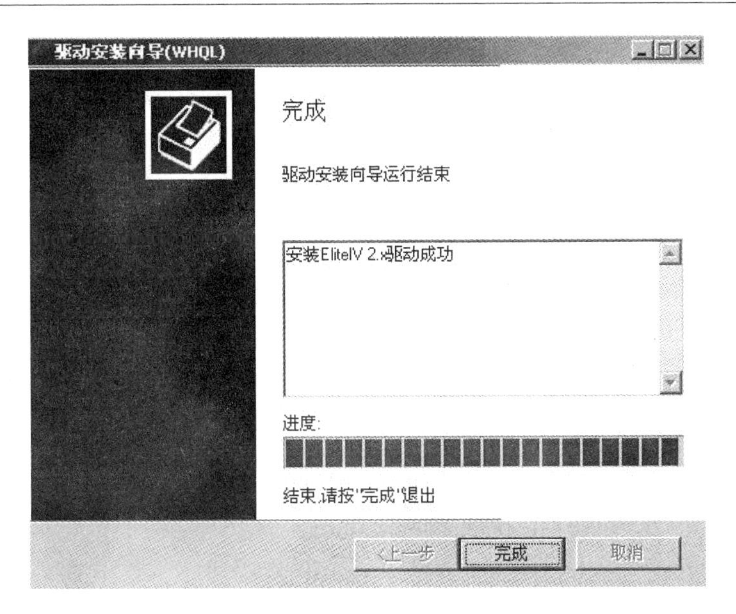

图 5-12　CASS 9.0 软件“驱动安装完成”界面

5.1.4　CASS 9.0 命令菜单与工具框

CASS 9.0 的操作界面主要分为顶部菜单面板、右侧屏幕菜单和工具条、属性面板，如图 5-13 所示。每个菜单项均以对话框或命令行提示的方式与用户交互应答，操作灵活方便。

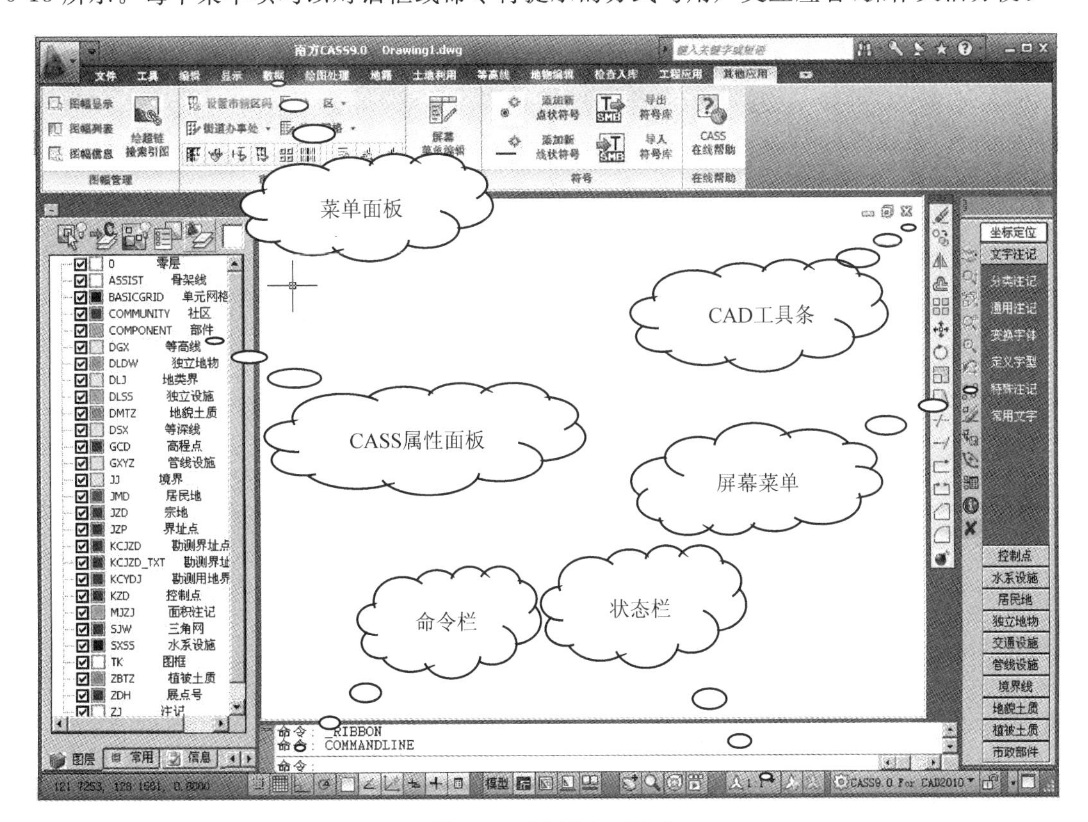

图 5-13　CASS 9.0 界面

1. CASS 9.0 顶部菜单面板

几乎所有的 CASS 9.0 命令及 AutoCAD 的编辑命令都包含在顶部的菜单面板中，例如文件管理、图形编辑、工程应用等命令都在其中。下面就逐个详细介绍下拉菜单的功能、操作过程及相关命令。

文件菜单面板如图 5-14 所示。

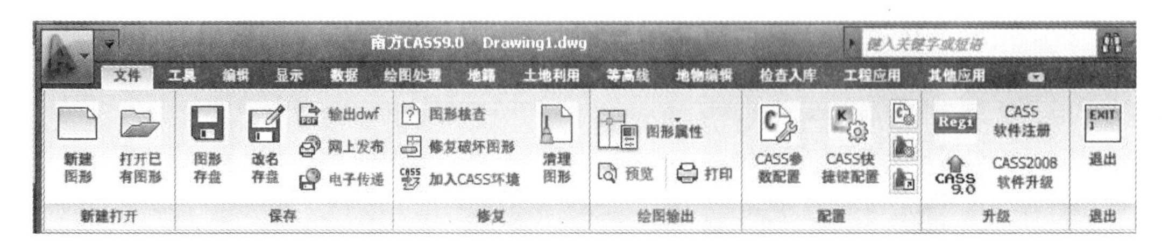

图 5-14　文件菜单面板

本菜单主要用于控制文件的输入、输出，对整个系统的运行环境进行修改设定。

(1)新建图形

功能：建立一个新的绘图文件。

操作过程：左键点取本菜单项，然后看命令区。

提示：输入样板文件名[无(.)]〈acadiso. dwt〉：输入样板名。

其中，acadiso. dwt 即为 CASS 9.0 的样板文件，调用后便将 CASS 9.0 所需的图块、图层、线型等载入，直接回车便可调用。若需要自定义样板，输入所指样板名后回车即可。输入“.”后回车则不调用任何样板而新建一个空文件。

样板，即模板，它包含了预先准备好的设置，设置中包括绘图的尺寸、单位类型、图层、线型及其他内容。使用样板可避免每次重复基本设置和绘图，快速地得到一个标准的绘图环境，大大节省工作时间。

(2)打开已有图形

功能：打开已有的图形文件。

点击图标，会弹出一对话框，如图 5-15 所示。在“文件名”一栏中输入要打开的文件名，然后点击“打开”键即可。在“文件类型”栏中可根据需要选择“dwg”“dxf”“dwt”等文件类型。

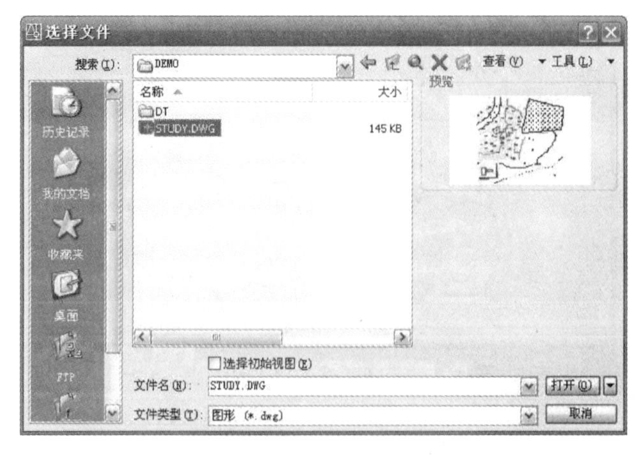

图 5-15　打开已有图形对话框

(3)图形存盘

功能:将当前图形保存下来。

操作过程:左键点取本菜单,若当前图形已有文件名,则系统直接将其以原名保存下来。若当前图形是一幅新图,尚无文件名,则系统会弹出一对话框。此时在文件名栏中输入文件名后,按“保存”键即可。在“保存类型”栏中有“dwg”“dxf”“dwt”等文件类型,可根据需要选择。

注意:为避免非法操作或突然断电造成数据丢失,除工作中经常手工存盘外,可设置系统自动存盘。设置过程为:点击“文件/AUTOCAD 系统配置”,在“打开和保存”选项卡中设置自动保存时间间隔。

(4)改名存盘

功能:将当前图形改名后保存。

操作过程:左键点取本菜单后,即会弹出图5-16所示的对话框。以后的操作与图形存盘相同。

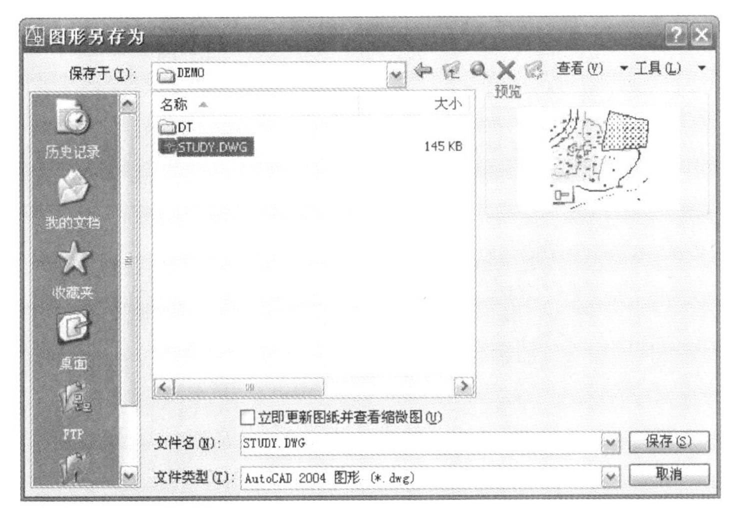

图5-16　图形存盘对话框

(5)输出dwf

功能:将当前图形保存成三维dwf格式。

(6)修复破坏图形

功能:无须用户干涉修复毁坏的图形。

操作过程:左键点取本菜单后,弹出一对话框,如图5-17所示。

在“文件名”一栏中输入要打开的文件名,然后点击“打开”键即可。

警告:当系统检测到图形已被损坏,则打开此文件时会自动启动本项菜单命令对其修复。这时有可能出现该损坏文件再也无法打开的情况。此时请先打开一幅无损坏图,然后通过“插入图”菜单命令将损坏图形插入,从而避免工作成果的损失。

(7)加入CASS环境

功能:将CASS 9.0系统的图层、图块、线型等加入到当前绘图环境中。

操作过程:左键点取本菜单即可。

注意:当打开一幅由其他软件作的图后,在进行编辑之前最好执行此项操作。否则由于图块、图层等的缺失可能会导致系统无法正常运行。

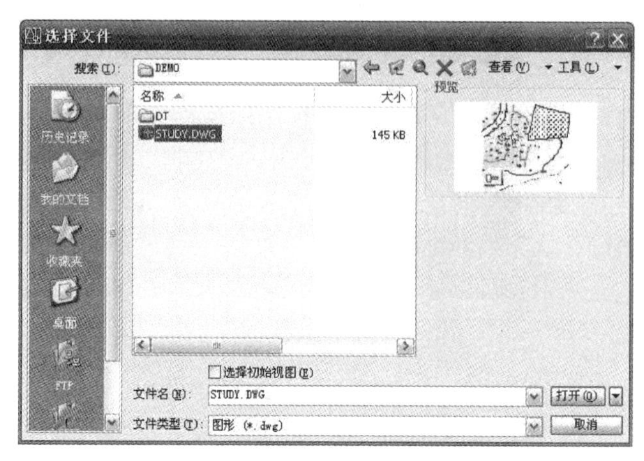

图 5-17　选择文件对话框

(8)清理图形

功能:将当前图形中冗余的图层、线型、文字样式、块、形等清除掉。清理图形对话框如图 5-18 所示。

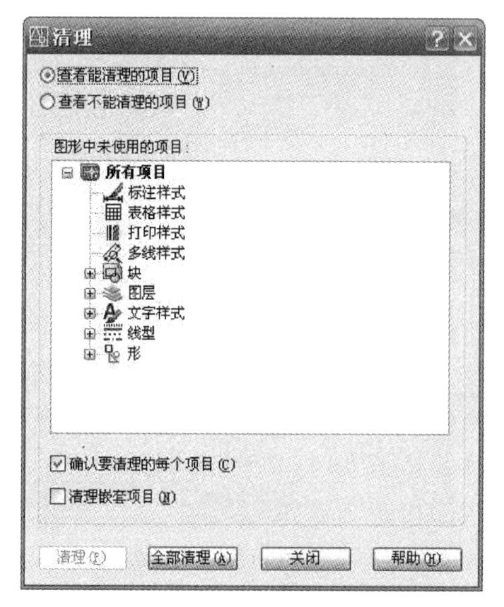

图 5-18　清理图形对话框

操作过程:选择相应的类或者是各类别下面需要删除的对象,按“清理”按钮就可完成对冗余图块、图层、线型、字体等的清理操作。其中在选中一类删除时,系统会提示用户是逐一确认后删除,还是全部一次删除。按“全部清理”键,系统会根据图形自己判断并删除冗余的数据,同样系统也有相应的确认提示。

之后,系统会弹出图层属性管理对话框,用户可验证修改之后的图层设置及线型变化。

2. CASS 实用工具栏

CASS 实用工具栏如图 5-19 所示。

图 5-19　实用工具栏

(1)图标“”

功能:同菜单条“数据处理”→“查看实体编码”。

(2)图标“”

功能:同菜单条“数据处理”→“加入实体编码”。

(3)图标“重”

功能:同菜单条“地物编辑”→“重新生成”。

(4)图标“”

功能:同菜单条“编辑”→“批量选取目标”。

(5)图标“”

功能:同菜单条“地物编辑”→“线型换向”。

(6)图标“”

功能:同菜单条“地物编辑”→“坎高查询”。

(7)图标“”

功能:同菜单条“计算与应用”→“查询指定点坐标”。

(8)图标“”

功能:同菜单条“计算与应用”→“查询距离与方位角”。

(9)图标“注”

功能:同右侧屏幕菜单“文字注记”。

(10)图标“”

功能:根据提示画多点房屋。

(11)图标“”

功能:根据提示画四点房屋。

(12)图标“”

功能:根据提示画依比例围墙。

(13)图标“”

功能:根据提示画各种类型的陡坎。

(14)图标“”

功能:根据提示画各种斜坡、等分楼梯。

(15)图标“.91”

功能:通过键盘进行交互展点。

(16)图标“”

功能:展绘图根点。

(17)图标“”

功能:根据提示绘制电力线。

(18)图标“”

功能:根据提示绘制各种道路。

5.1.5　软件常用数据文件格式

1. 坐标数据文件

坐标数据文件是 CASS 最基础的数据文件，扩展名是“DAT”，无论是从电子手簿传输到计算机，还是用电子平板在野外直接记录数据，都生成一个坐标数据文件，其格式为：

1 点点名，1 点编码，1 点 Y(东)坐标，1 点 X(北)坐标，1 点高程

……

N 点点名，N 点编码，N 点 Y(东)坐标，N 点 X(北)坐标，N 点高程

说明：

①文件内每一行代表一个点；

②每个点 Y(东)坐标、X(北)坐标、高程的单位均是“米”；

③编码内不能含有逗号，即使编码为空，其后的逗号也不能省略；

④所有的逗号不能在全角方式下输入。

2. 编码引导文件

编码引导文件是用户根据草图编辑生成的，文件的每一行描绘一个地物，数据格式为(如 WMSJ. YD 所示)：

Code，N1，N2，…，Nn，E

其中：Code 为该地物的地物代码；Nn 为构成该地物的第 n 点的点号。值得注意的是：N1，N2，…，Nn 的排列顺序应与实际顺序一致。每行描述一地物，行尾的字母“E”为地物结束标志。

最后一行只有一个字母“E”，为文件结束标志。

显然，引导文件是对无码坐标数据文件的补充，二者结合即可完备地描述地图上的各个地物。

3. 权属引导文件

该文件的作用是以宗地为单位描述权属信息及界址点信息。它与坐标数据文件结合可生成权属信息文件。其格式如下(如 south. yd 所示)：

宗地号，宗地名，土地类别，界址点号，界址点号，…，界址点号，E

宗地号，宗地名，土地类别，界址点号，界址点号，…，界址点号，E

……

宗地号，宗地名，土地类别，界址点号，界址点号，…，界址点号，E

E

说明：

①每行描述一宗地，行尾的字母 E 为宗地结束标志；

②最后一行只有一个字母“E”，为文件结束标志；

③宗地号的编号方法：

宗地号＝街道号(地籍区号)＋街坊号(地籍子区)＋宗地号(地块号)

系统默认：3 位数字(×××)　　2 位数字(××)　　5 位数字(×××××)

街道号和街坊号的位数可通过地籍参数配置给定。

4. 原始测量数据文件

CASS 9.0 的原始测量数据文件扩展名是“HVS”，“数据处理”下的“原始测量数据录入”

功能可由用户交互建立此文件，总体格式如下：

S，测站点，定向点，定向点起始值，仪器高

碎部点名，编码，水平角，竖直角，斜距，标高

下一碎部点

……

下一测站信息

……

END

其中测站点和定向点的格式为：

X坐标(北)-Y坐标(东)-高程

坐标各要素间用符号"—"分开，单位是米，定向点可以不要高程信息。文件最后一行的END为文件结束标志。

5. CASS 9.0交换文件

CASS 9.0的数据交换文件扩展名是"CAS"，总体格式如下：

CASS 9.0

西南角坐标

东北角坐标

[层名]

实体类型

……

nil

实体类型

……

nil

……

[层名]

……

[层名]

……

END

第一行和最后一行固定为CASS 9.0和END，第二、三行规定了图形的范围，设想用一个矩形刚好把所有的实体包括进去，则该矩形左下角坐标是西南角坐标，右上角坐标是东北角坐标。CASS 9.0交换文件的坐标格式为"Y坐标，X坐标[，高程]"，其中Y坐标表示东方向坐标，X坐标表示北方向坐标，高程可以省略，但在表示等高线时不要省略，坐标的单位是米。

CASS 9.0交换文件中线状地物都有线型的定义，如在其他系统生成CASS 9.0交换文件，可在线型栏中以"N"代替，成图时系统会自动根据编码选择相应的线型，如无相应线型，则默认为CONTINUOUS型，即实线型。

文件正文从第四行开始，以图层为单位分成若干独立的部分，用中括号将层名括起来，作

为该图层区的开始行，每个层内部又以实体类别划分开来，CASS 交换文件共有 POINT、LINE、ARC、CIRCLE、PLINE、SPLINE、TEXT、SPECIAL 等八种实体类型，文件中每个层的每种实体类型部分以实体类型名为开始行，以字符串“nil”为结束行，中间连续表示若干个该类型的实体。

5.1.6 CASS 9.0 和 AutoCAD 常用系统命令

以下是南方 CASS 9.0 和 AutoCAD 在地形图编绘中常用的系统命令，AutoCAD 系统命令可以在 CASS 9.0 平台下运行，而南方 CASS 9.0 的命令不能在 AutoCAD 系统中正常使用，南方 CASS 9.0 三维测图快捷键见附录 5。

(1)CASS 9.0 系统命令

DD——通用绘图命令

V——查看实体属性

S——加入实体属性

F——图形复制

RR——符号重新生成

H——线型换向

KK——查询坎高

X——多功能复合线

B——自由连接

AA——给实体加地物名

T——注记文字

FF——绘制多点房屋

SS——绘制四点房屋

W——绘制围墙

XP——绘制自然斜坡

D——绘制电力线

N——批量拟合复合线

WW——批量改变复合线宽

J——复合线连接

K——绘制陡坎

G——绘制高程点

Q——直角纠正

I——绘制道路

O——批量修改复合线高

Y——复合线上加点

TR——打断

(2)AutoCAD 系统命令

A——画弧(Arc)

C——画圆(Circle)

CP——拷贝(Copy)
E——删除(Erase)
L——画直线(Line)
PL——画复合线(Pline)
LA——设置图层(Layer)
LT——设置线型(Linetype)
M——移动(Move)
P——屏幕移动(Pan)
Z——屏幕缩放(Zoom)
R——屏幕重画(Redraw)
PE——复合线编辑(Pedit)
COPYCLIP——从不同窗口复制局部
DDPTYPE——改变点形状
PASTEORIG——在不同窗口粘贴
PLOT——打印设置
R——屏幕重画(Redraw)
REGEN——重新生成
DIVIDE——等分直线
FILTER——对象选择过滤
PDMODE——改点
POLYJOIN——合并
PURGE——清理图层
APPLOAD——加载应用程序
ARC——圆弧
EXPLODE——炸开
HUAN——反向
MATCHPROP——特性匹配
TRIM——修剪
EXTEND——延长
BREAK——打断
ROTATE——旋转
OFFSET——平行线
OPTIONS——选项设置
MOVE——移动
COPY——复制
PAN——实时平移
PLINE——画线
PEDIT——线型编辑
GETP——编码属性查询

ASKAN——修改坎高

ZJWZ——文字注记

PROPERTISE——对象特性

FOURPT——地物匹配画房子

DRAWDK——画坎

DRAWDL——画路

POLYINS——加点

POLYJOIN——连接线

CZHPOIN——垂直做点

YCPOINT——T 延长做点

DIMALIGNED——查询距离标注

PDMODE——点样式

COPYBASE——带基点复制

DDPTYPE——点样式

APPLOAD——加载应用程序

SINGLEBRUSH——属性匹配

以下命令当输入控制参数后能控制图形、线型的显示效果或控制文件的打开模式。输入 fillmode 的新值〈1〉或者〈0〉后改变当前等高线的线条填充模式，便于修改加工。参数控制命令，需要在改变参数后使用刷新命令重新刷新当前图形文件，方能看到新参数使用后的效果。

命令：mbuttonpan

输入 MBUTTONPAN 的新值〈0〉：1

命令：zoomfactor

输入 ZOOMFACTOR 的新值〈12〉：65

命令：filedia

输入 filedia 的新值〈1〉或者〈0〉：能控制文件的打开模式，当出现文件打开模式错误时可尝试变换参数。

命令：dragmode

输入 dragmode 的新值 [开(ON)/关(OFF)/自动(A)]：选择自动、开、关参数时能够控制当前旋转、移动实体时是否可见。

任务 5.2　地形图内业编绘

5.2.1　点号定位及坐标定位成图方法

1. 点号定位法作业流程

(1)定显示区

定显示区的作用是根据输入坐标数据文件的数据大小定义屏幕显示区域的大小，以保证所有点可见。

首先移动鼠标至“绘图处理”项，按左键，即出现如图 5-20 下拉菜单。

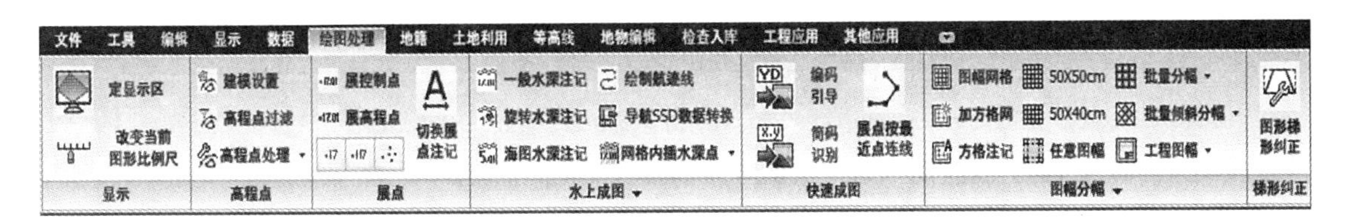

图 5-20　绘图处理下拉菜单

(2)选择测点点号定位成图法

移动鼠标至屏幕右侧菜单区之“坐标定位/点号定位”项，按左键，即出现图 5-21 所示的对话框。

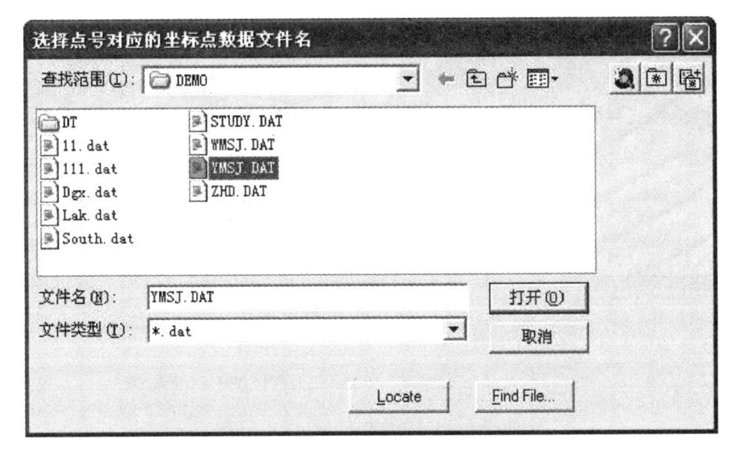

图 5-21　选择测点点号定位成图法的对话框

输入点号坐标点数据文件名“C:\CASS9.0\DEMO\YMSJ.DAT”后，命令区提示：读点完成！共读入 60 点。

(3)绘平面图

根据野外作业时绘制的草图，移动鼠标至屏幕右侧菜单区选择相应的地形图图式符号，然后在屏幕中将所有的地物绘制出来。系统中所有地形图图式符号都是按照图层来划分的，例如所有表示测量控制点的符号都放在“控制点”这一层，所有表示独立地物的符号都放在“独立地物”这一层，所有表示植被的符号都放在“植被土质”这一层。

①为了更加直观地在图形编辑区内看到各测点之间的关系，可以先将野外测点点号在屏幕中展绘出来。

②根据外业草图，选择相应的地图图式符号在屏幕上将平面图绘出来。

如图 5-22 所示，由 33、34、35 号点连成一间普通房屋。

利用图 5-23 所示的右侧屏幕菜单“居民地”→“四点房屋”，即可将展点号 33、34、35 连成一间简单的四点房屋。

在命令行输入绘图比例尺 1∶1000，回车。

1.已知三点/2.已知两点及宽度/3.已知四点〈1〉：输入 1，回车(或直接回车默认选 1)。

说明：已知三点是指测矩形房子时测了三个点；已知两点及宽度则是指测矩形房子时测了两个点及房子的一条边；已知四点则是测了房子的四个角点。

点 P/〈点号〉：输入 33，回车。

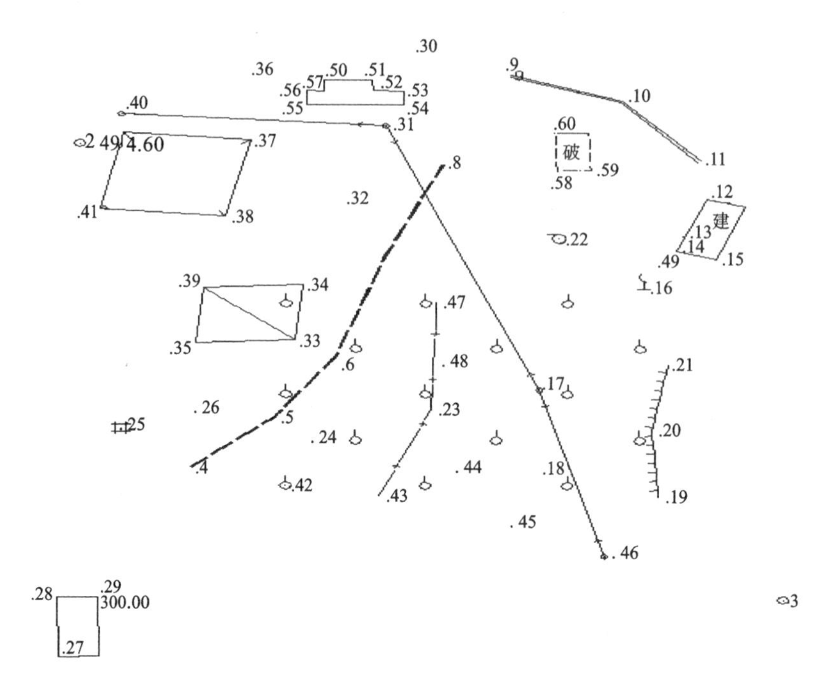

图 5-22　外业作业草图

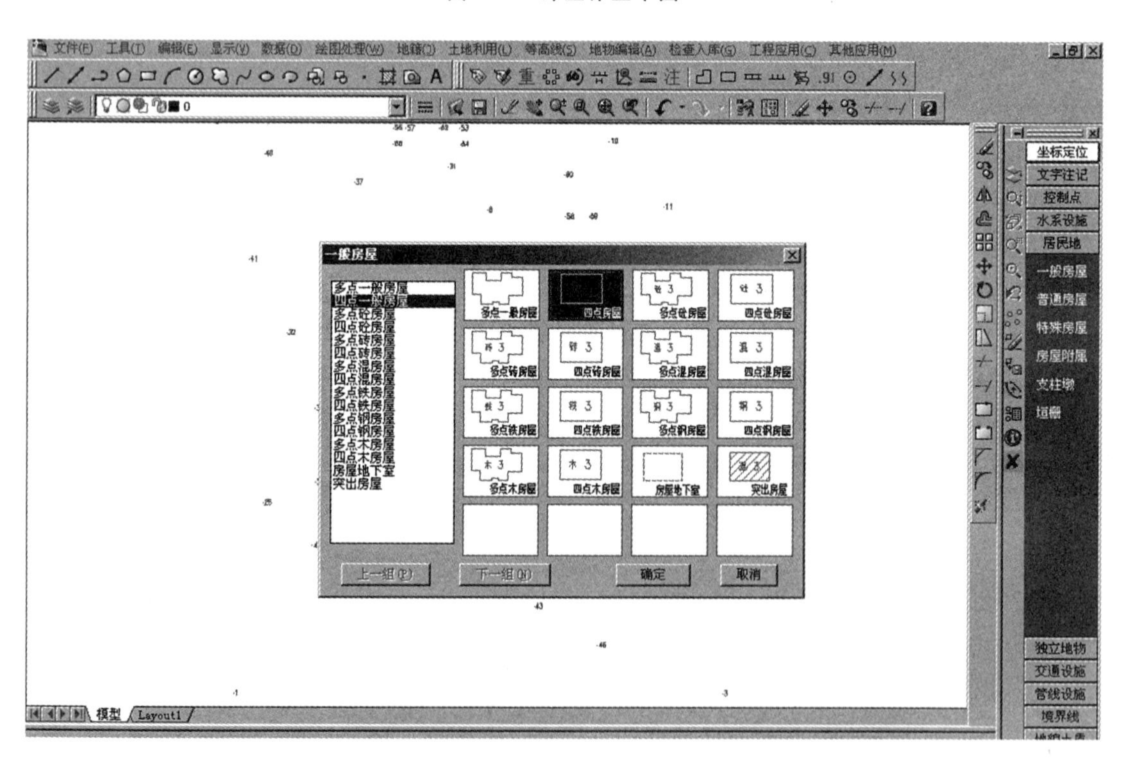

图 5-23　“居民地/一般房屋”图层图例

说明：点 P 是指根据实际情况在屏幕上指定一个点；点号是指绘地物符号定位点的点号（与草图的点号对应），此处使用点号。

点 P/〈点号〉：输入 34，回车。

点 P/〈点号〉:输入 35,回车。

这样,即将 33、34、35 号点连成一间普通房屋。

注意:绘房子时,输入的点号必须按顺时针或逆时针的顺序输入,如上例的点号按 34、33、35 或 35、33、34 的顺序输入,否则绘出来的房子就不对。

重复上述操作,将 37、38、41 号点绘成四点棚房;60、58、59 号点绘成四点破坏房子;12、14、15 号点绘成四点建筑中房屋;50、51、52、53、54、55、56、57 号点绘成多点一般房屋;27、28、29 号点绘成四点房屋。

同样在“居民地/垣栅”层找到“依比例围墙”的图标,将 9、10、11 号点绘成依比例围墙的符号;在“居民地/垣栅”层找到“篱笆”的图标,将 47、48、23、43 号点绘成篱笆的符号。完成这些操作后,其平面图如图 5-24 所示。

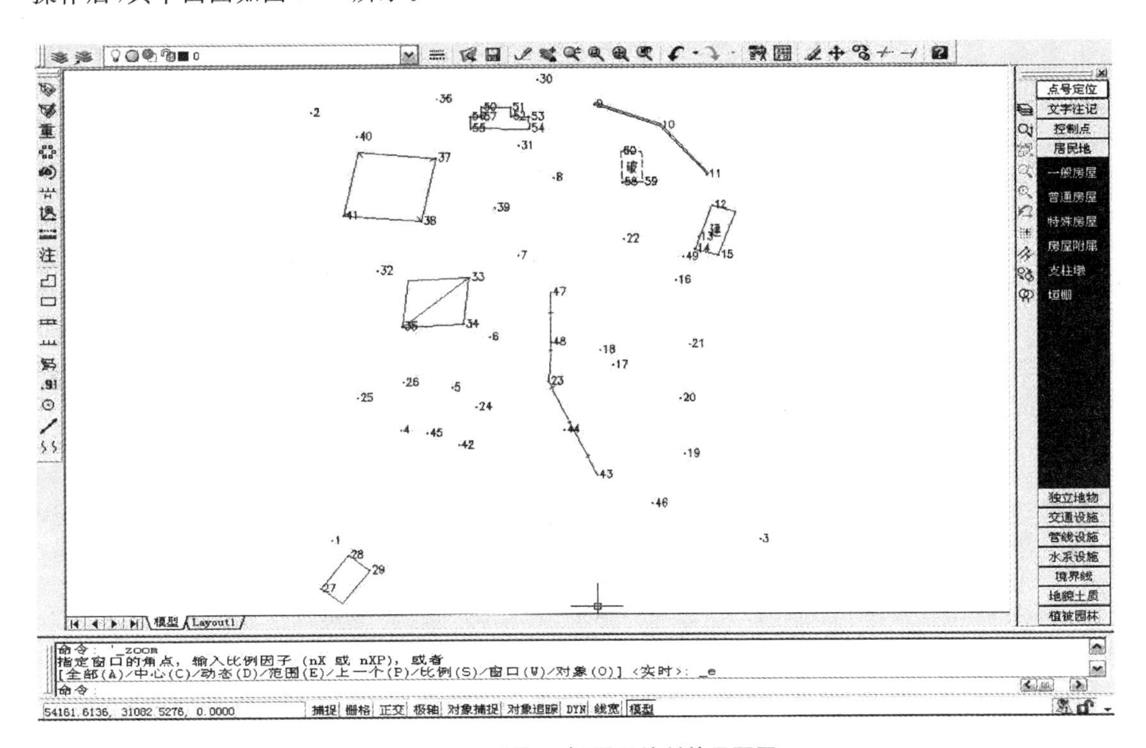

图 5-24　用“居民地”图层绘制的平面图

再把草图中的 19、20、21 号点连成一段陡坎,其操作方法:先移动鼠标至右侧屏幕菜单“地貌土质/人工地貌”处按左键,这时系统弹出如图 5-25 所示的对话框。

移动鼠标到表示未加固陡坎符号的图标处,按左键选择其图标,再移动鼠标到“OK”处,按左键确认所选择的图标。命令区便分别出现以下提示:

请输入坎高,单位:米〈1.0〉:输入坎高,回车(直接回车默认坎高 1 米)。

说明:在这里输入的坎高(实测得的坎顶高程),系统将坎顶点的高程减去坎高得到坎底点高程,这样在建立(DTM)时,坎底点便参与组网的计算。

点 P/〈点号〉:输入 19,回车。

点 P/〈点号〉:输入 20,回车。

点 P/〈点号〉:输入 21,回车。

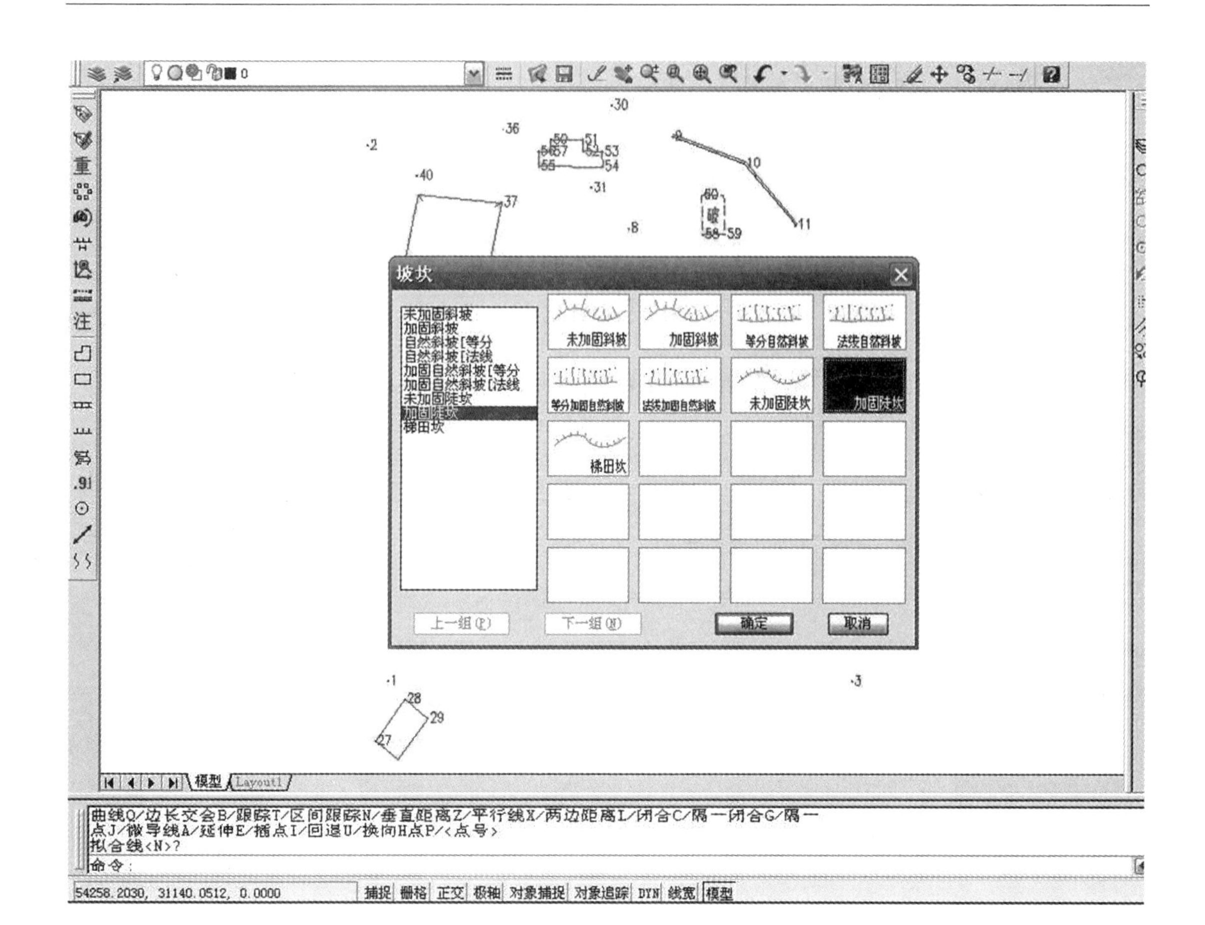

图 5-25　“地貌土质”图层图例

点 P/〈点号〉:回车或按鼠标的右键,结束输入。

注意:如果需要在点号定位的过程中临时切换到坐标定位,可以按“P”键,这时进入坐标定位状态,想回到点号定位状态时再次按“P”键即可。

拟合吗?〈N〉:回车或按鼠标的右键,默认输入 N。

说明:拟合的作用是对复合线进行圆滑。

这时,便在 19、20、21 号点之间绘成陡坎的符号,如图 5-26 所示。

注意:陡坎上的坎毛生成在绘图方向的左侧。

这样,重复上述操作便可以将所有测点用地图图式符号绘制出来。在操作的过程中,可以嵌用 CAD 的透明命令,如放大显示、移动图纸、删除、文字注记等。

2. 坐标定位法作业流程

(1)定显示区

此步操作与点号定位法作业流程的“定显示区”的操作相同。

(2)选择坐标定位成图法

移动鼠标至屏幕右侧菜单区的“坐标定位”项,按左键,即进入“坐标定位”项的菜单。如果刚才在“测点点号”状态下,可通过选择“CASS 9.0 成图软件”按钮返回主菜单之后再进入“坐标定位”菜单。

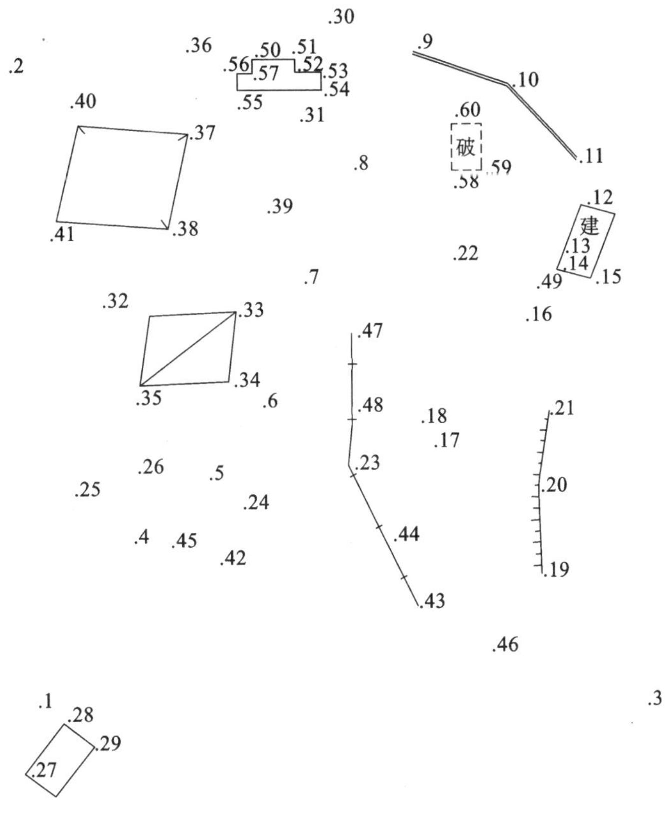

图 5-26 加绘陡坎后的平面图

(3)绘平面图

与点号定位法成图流程类似,需先在屏幕上展点,根据外业草图,选择相应的地图图式符号在屏幕上将平面图绘出来,区别在于不能通过测点点号来进行定位了。仍以作居民地为例讲解。移动鼠标至右侧菜单"居民地"处按左键,系统便弹出如图 5-23 所示的对话框。再移动鼠标到"四点房屋"的图标处按左键,图标变亮表示该图标已被选中,然后移动鼠标至"OK"处按左键。这时命令区提示:

1.已知三点/2.已知两点及宽度/3.已知四点〈1〉:输入 1,回车(或直接回车默认选 1)。

输入点:移动鼠标至右侧屏幕菜单的"捕捉方式"项,点击左键,弹出如图 5-27 所示的对话框。再移动鼠标到"NOD"(节点)的图标处按左键,图标变亮表示该图标已被选中,然后移动鼠标至"确定"处按左键。这时鼠标靠近 33 号点,出现黄色标记,点击鼠标左键,完成捕捉工作。

输入点:操作同上,捕捉 34 号点。

输入点:操作同上,捕捉 35 号点。

这样,即将 33、34、35 号点连成一间普通房屋。

注意:在输入点时,嵌套使用了捕捉功能,选择不同的捕捉方式会出现不同形式的黄色光标,适用于不同的情况。

命令区要求"输入点"时,也可以用鼠标左键在屏幕上直接点击,为了精确定位也可输入实地坐标。下面以"路灯"为例进行演示。移动鼠标至右侧屏幕菜单"独立地物/公共设施"处按

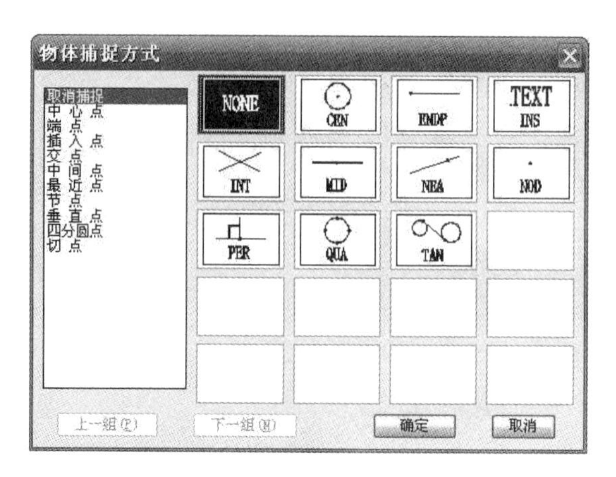

图 5-27　“捕捉方式”选项

左键，这时系统便弹出“其他设施”的对话框，如图 5-28 所示，移动鼠标到“路灯”图标处按左键，图标变亮表示该图标已被选中，然后移动鼠标至“确定”处按左键。这时命令区提示：

输入点：输入 143.35，159.28，回车。

这时就在(143.35，159.28)处绘好了一个路灯。

注意：随着鼠标在屏幕上移动，左下角提示的坐标实时变化。

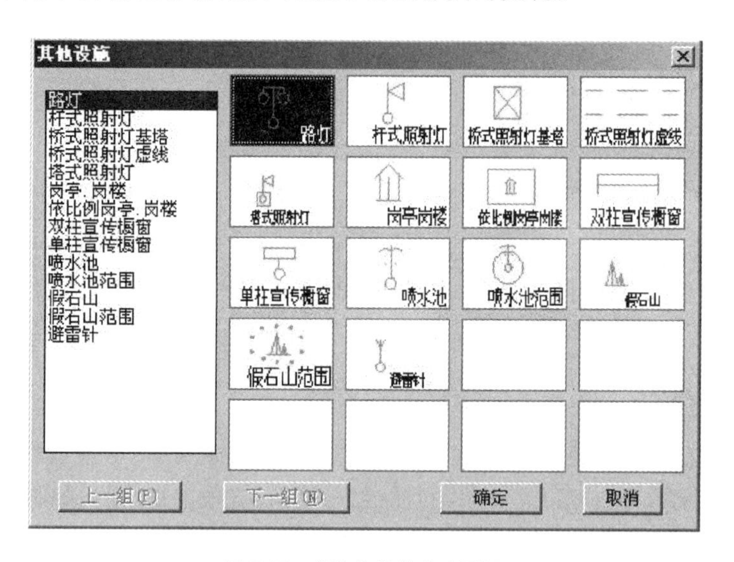

图 5-28　“其他设施”对话框

5.2.2　编码引导法及简码识别法成图

1. 编码引导法作业流程

此方式也称为“编码引导文件＋无码坐标数据文件”自动绘图方式。

(1)编辑引导文件

①移动鼠标至绘图屏幕的顶部菜单，选择“编辑”的“编辑文本文件”项，该处以高亮度(深蓝)显示，按左键，屏幕命令区出现如图 5-29 所示对话框。

图 5-29 编辑文本对话框

以 C:\CASS9.0\DEMO\WMSJ.YD 为例。屏幕上将弹出记事本，这时根据野外作业草图，参考地物代码以及文件格式，编辑好此文件。

②移动鼠标至“文件(F)”项，按左键便出现文件类操作的下拉菜单，然后移动鼠标至“退出(X)”项。

说明：

A. 每一行表示一个地物；

B. 每一行的第一项为地物的“地物代码”，以后各数据为构成该地物的各测点的点号(依连接顺序排列)；

C. 同一行的数据之间用逗号分隔；

D. 表示地物代码的字母要大写；

E. 用户可根据自己的需要定制野外操作简码，通过 C:\CASS9.0\SYSTEM\JCODE.DEF 文件即可实现。

(2)定显示区

此步操作与点号定位法作业流程的“定显示区”的操作相同。

(3)编码引导

编码引导的作用是将“引导文件”与“无码的坐标数据文件”合并生成一个新的带简编码格式的坐标数据文件。这个新的带简编码格式的坐标数据文件在下一步“简码识别”操作时将要用到。

移动鼠标至绘图屏幕的最上方，选择“绘图处理”→“编码引导”项，该处以高亮度(深蓝)显示，按下鼠标左键，即出现如图 5-30 所示对话框。输入编码引导文件名 C:\CASS9.0\DEMO\WMSJ.YD，或通过 Windows 窗口操作找到此文件，然后点击“确定”按钮。

接着，屏幕出现图 5-31 所示对话框，要求输入坐标数据文件名，此时输入 C:\CASS9.0\DEMO\WMSJ.DAT。

这时，屏幕按照这两个文件自动生成图形，如图 5-32 所示。

2. 简码法工作方式

简码法工作方式也称作“带简编码格式的坐标数据文件自动绘图方式”，与“草图法”在野外测量时不同的是，每测一个地物点时都要在电子手簿或全站仪上输入地物点的简编码，简编码一般由一位字母和一或两位数字组成。用户可根据自己的需要通过 JCODE.DEF 文件定制野外操作简码。

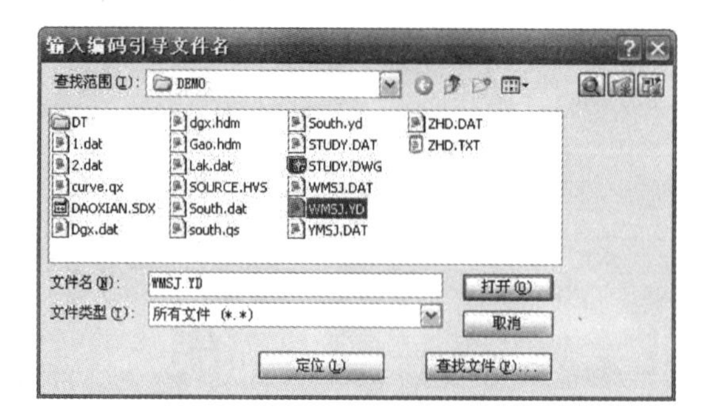

图 5-30　输入编码引导文件

图 5-31　输入坐标数据文件

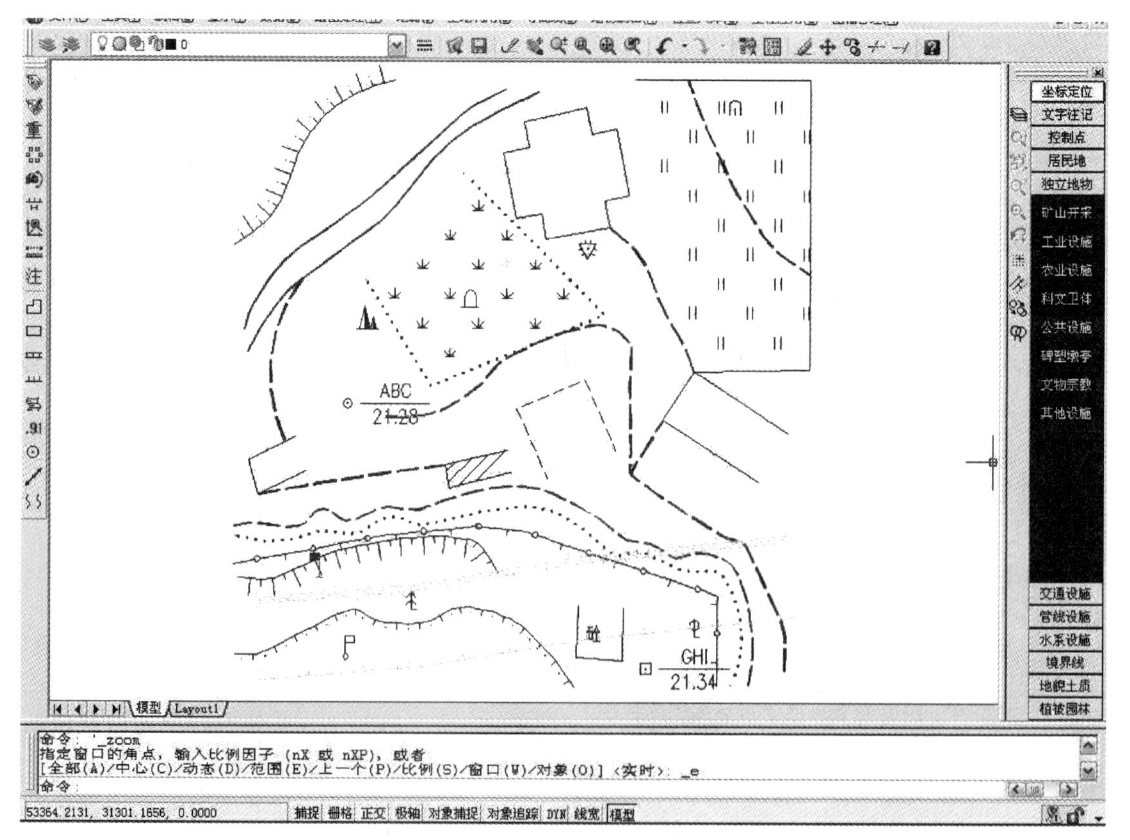

图 5-32　系统自动绘出图形

(1)定显示区

此步操作与“草图法”中测点点号定位绘图方式作业流程的“定显示区”操作相同。

(2)简码识别

简码识别的作用是将带简编码格式的坐标数据文件转换成计算机能识别的程序内部码(又称绘图码)。移动鼠标至菜单“绘图处理”→“简码识别”项,该处以高亮度(深蓝)显示,按左键,即出现如图5-33所示对话框。输入带简编码格式的坐标数据文件名(此处以C:\CASS9.0\DEMO\YMSJ.DAT为例)。当提示区显示“简码识别完毕!”同时在屏幕绘出平面图形。

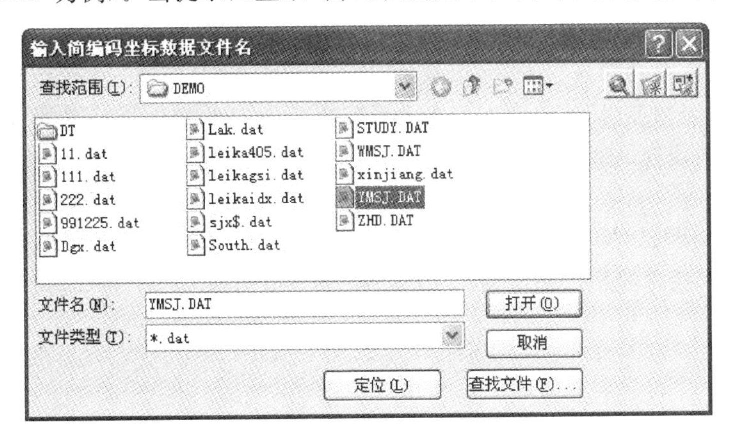

图5-33　选择简编码文件

上面介绍了“草图法”“简码法”的工作方法。其中,“草图法”包括点号定位法、坐标定位法、编码引导法。编码引导法的外业工作也需要绘制草图,但内业通过编辑编码引导文件,将编码引导文件与无码坐标数据文件合并生成带简码的坐标数据文件,其后的操作等效于“简码法”,“简码识别”时就可自动绘图。用YMSJ.DAT绘的平面图如图5-34所示。

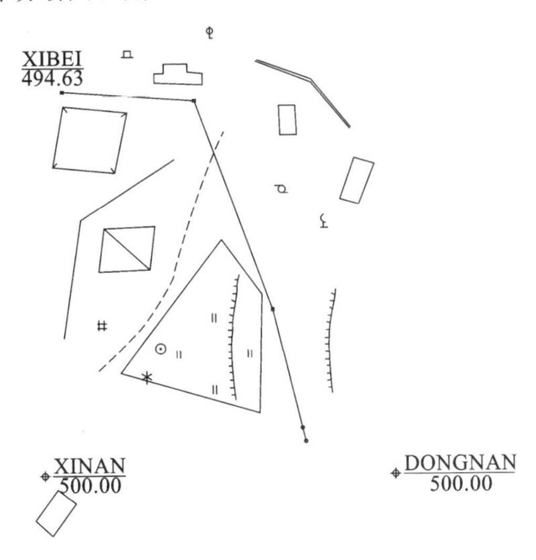

图5-34　用YMSJ.DAT绘的平面图

5.2.3　常见地物编辑与注记

在大比例尺数字测图的过程中,由于实际地形、地物的复杂性,漏测、错测是难以避免的,这时必须要有一套功能强大的图形编辑系统，对所测地图进行屏幕显示和人机交互图形编辑，在保证精度情况下消除相互矛盾的地形、地物，对于漏测或错测的部分，及时进行外业补测或重测。另外，对于地图上的许多文字注记说明，如道路、河流、街道等，也是很重要的，需要在外业测绘时多关注道路路面材料、河流的名称及流向、街道名称等要素。

图形编辑的另一重要用途是对大比例尺数字化地图的更新，可以借助人机交互图形编辑，根据实测坐标和实地变化情况，随时对地图的地形、地物进行增加或删除、修改等，以保证地图具有很好的现势性。

对于图形的编辑，CASS 9.0 提供“编辑”和“地物编辑”两种下拉菜单。其中，“编辑”是由 AutoCAD 提供的编辑功能，包括图元编辑、删除、断开、延伸、修剪、移动、旋转、比例缩放、复制、偏移拷贝等；“地物编辑”是由南方 CASS 系统提供的对地物进行编辑的功能，包括线型换向、植被填充、土质填充、批量删剪、批量缩放、窗口内的图形存盘、多边形内图形存盘等。下面举例说明。

1. 图形重构

通过右侧屏幕菜单绘出一面围墙、一块菜地、一条电力线、一个自然斜坡，如图 5-35 所示。

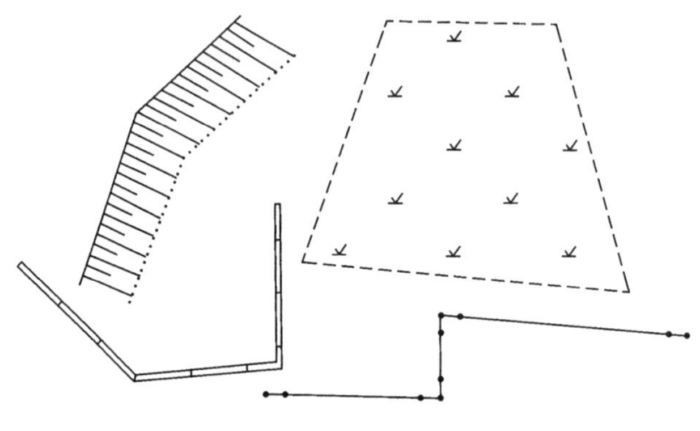

图 5-35　作出几种地物

CASS 9.0 设计了骨架线的概念，复杂地物的主线一般都是有独立编码的骨架线。用鼠标左键点取骨架线，再点取显示蓝色方框的节点使其变红，移动到其他位置，或者将骨架线移动位置，效果如图 5-36 所示。

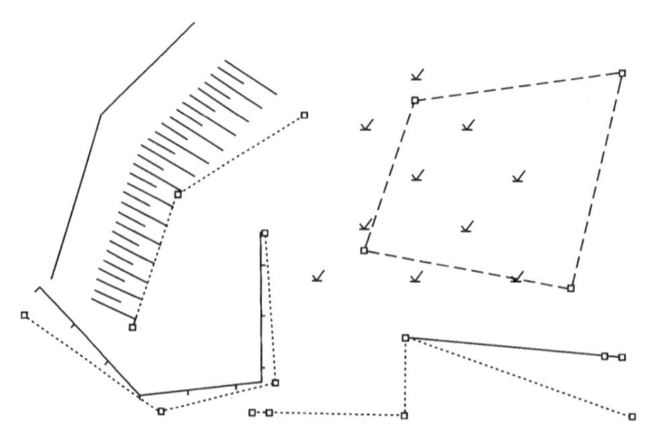

图 5-36　改变原图骨架线

将鼠标移至“地物编辑”菜单项，按左键，选择“图形重构”功能(也可选择左侧工具条的“图形重构”按钮)，命令区提示：选择需重构的实体：〈重构所有实体〉，回车表示对所有实体进行重构。此时，原图转化为图 5-37 所示。

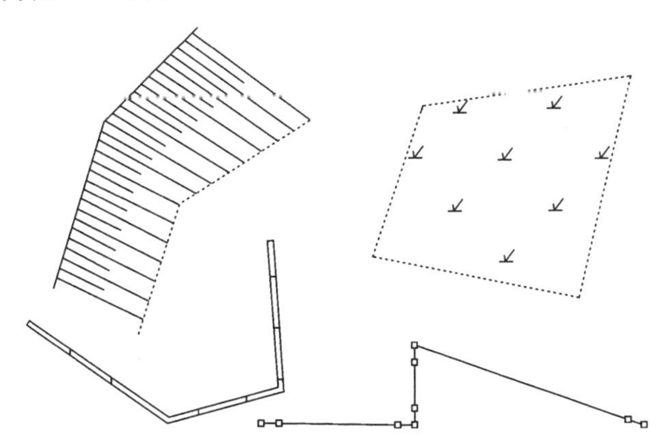

图 5-37　对改变骨架线的实体进行图形重构

2. 改变比例尺

将鼠标移至“文件”菜单项，按左键，选择“打开已有图形”功能，在弹出的窗口中输入“C:\CASS9.0\DEMO\STUDY.DWG”，将鼠标移至“打开”按钮，按左键，屏幕上将显示例图 STUDY.DWG，如图 5-38 所示。

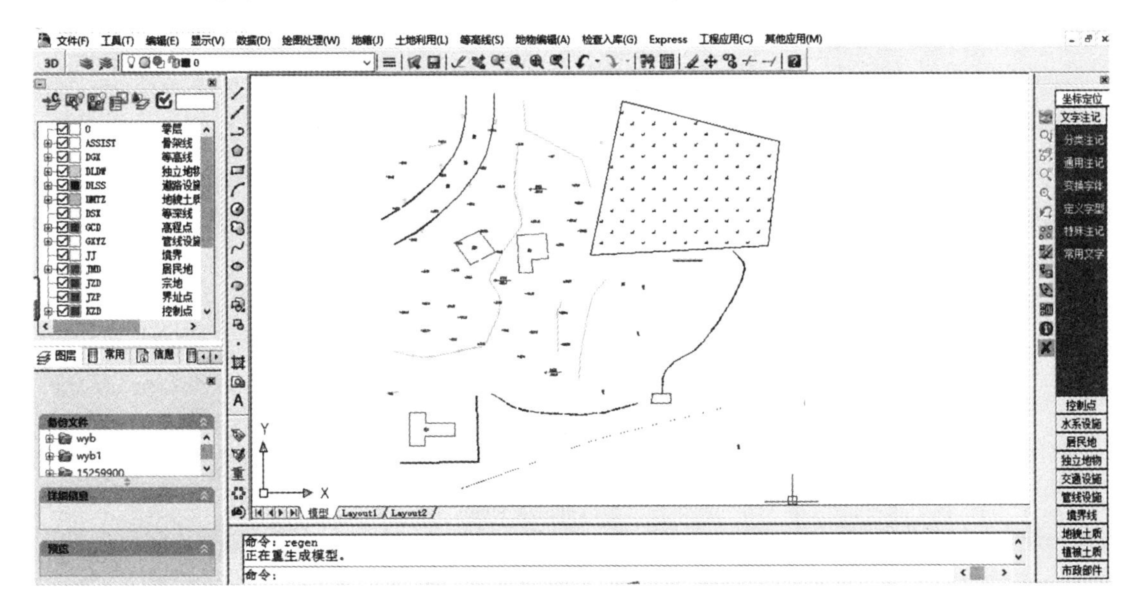

图 5-38　例图 STUDY.DWG

将鼠标移至菜单“绘图处理”→“改变当前图形比例尺”项，命令区提示：

当前比例尺为 1∶500，输入新比例尺〈1∶500〉1∶输入要求转换的比例尺，例如输入 1000。

这时屏幕显示的 STUDY.DWG 图就转变为 1∶1000 的比例尺，各种地物包括注记、填充符号都已按 1∶1000 的图示要求进行转变。

图 5-39　查看实体编码

3. 查看及加入实体编码

将鼠标移至“数据处理”菜单项，点击左键，弹出下拉菜单，选择“查看实体编码”项，命令区提示：选择图形实体，鼠标变成一个拾取框。选择待查看编码的图形，则屏幕弹出如图 5-39 所示信息，或直接将鼠标移至待查看编码的实体上停 1～2s，则屏幕自动出现该地物属性，如图 5-40 所示。

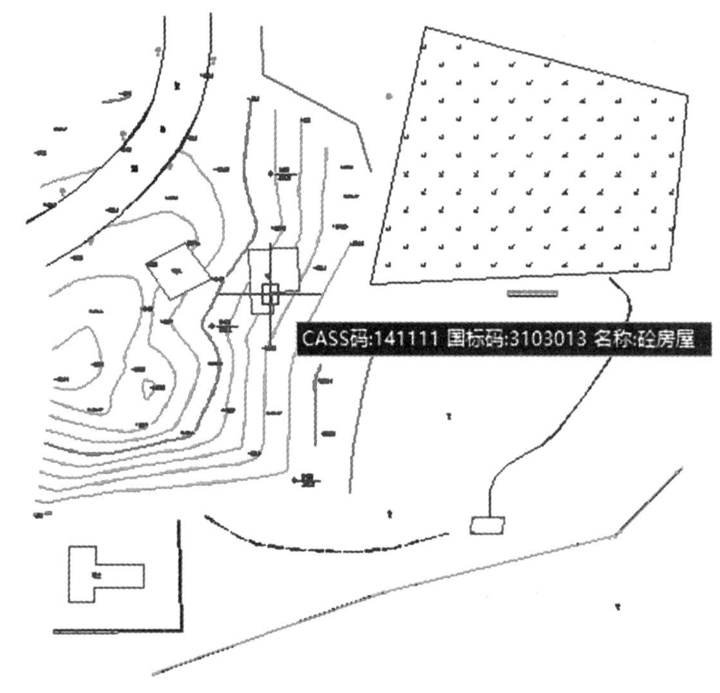

图 5-40　自动显示实体属性

加入实体编码：将鼠标移至“数据处理”菜单项，点击左键，弹出下拉菜单，选择“加入实体编码”项，命令区提示：输入代码(C)/〈选择已有地物〉，随即鼠标变成一个拾取框。这时选中陡坎，再选择需要加属性的实体，提示选择对象，用鼠标选择多点房屋，这时原图变为图5-41所示。

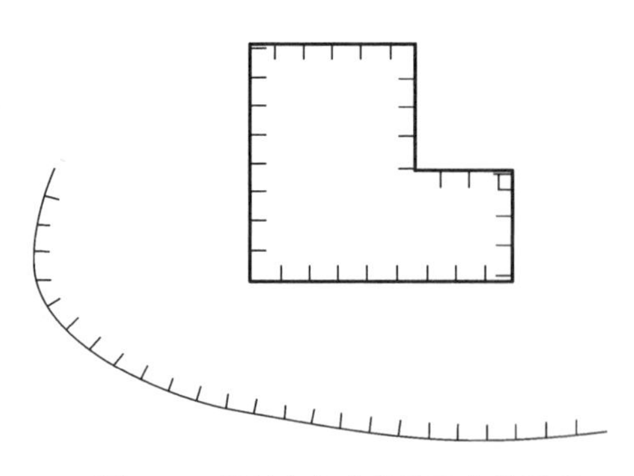

图 5-41　通过加入实体编码变换图形

在第一步提示时，也可以直接输入编码（此例中输入未加固陡坎的编码 204201），这样在下一步中选择的实体将转换成编码为 204201 的未加固陡坎。

4. 线型换向

通过右侧屏幕菜单绘出未加固陡坎、加固斜坡、依比例围墙、栅栏各一个，如图 5-42 所示。

将鼠标移至“地物编辑”菜单项，点击左键，弹出下拉菜单，选择“线型换向”，命令区提示：

请选择实体，将转换为小方框的鼠标光标移至未加固陡坎的母线，点击左键。

这样，该条未加固陡坎即转变了坎的方向。以同样的方法选择“线型换向”命令（或在工作区点击鼠标右键重复上一条命令），点击栅栏、加固陡坎的母线，以及依比例围墙的骨架线（显示黑色的线)，完成换向功能。结果如图 5-43 所示。

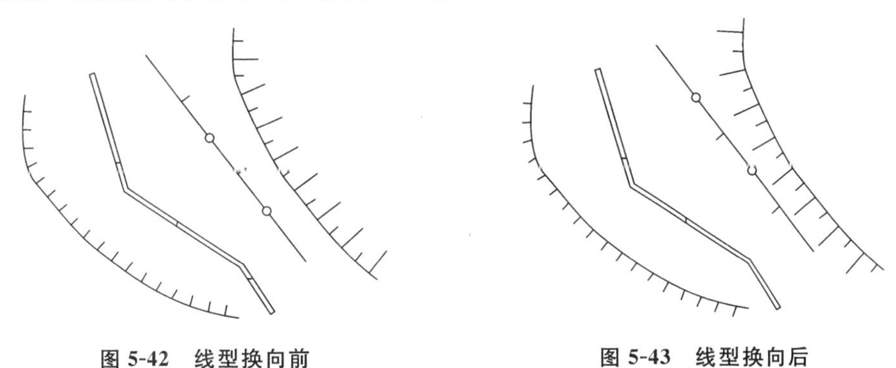

图 5-42　线型换向前　　图 5-43　线型换向后

5. 坎高的编辑

通过右侧屏幕菜单的“地貌土质”→“人工地貌”→“未加固陡坎”，绘制一条未加固陡坎，在命令区提示输入坎高:(米)〈1.000〉时，回车默认 1 米，即可完成坎高为 1 米的陡坎的绘制。绘制完成后将鼠标移至“地物编辑”菜单项，点击左键，弹出下拉菜单，选择“修改坎高”，再根据提示选择陡坎线，命令区提示：

请选择修改坎高方式:(1)逐个修改(2)统一修改〈1〉，默认选择 1 回车，提示当前坎高＝1.000米，输入新坎高〈默认当前值〉:输入新值，回车(或直接回车默认 1 米)。

随即十字丝跳至下一个节点，命令区提示:当前坎高＝1.000 米，输入新坎高〈默认当前值〉:输入新值，回车(或直接回车默认 1 米)。如此重复，直至最后一个节点结束。这样便将坎上每个测量点的坎高进行了更改。若在修改坎高方式中选择 2，则提示：

请输入修改后的统一坎高:〈1.000〉输入要修改的目标坎高则将该陡坎的高程改为同一个值。

5.2.4　等高线的绘制与修改

在地形图中，等高线是表示地貌起伏的一种重要手段。常规的平板测图，等高线是由手工描绘的，等高线可以描绘得比较圆滑但精度稍低。在数字化自动成图系统中，等高线是由计算机自动勾绘，生成的等高线精度相当高。

CASS 9.0 在绘制等高线时，充分考虑到等高线通过地性线和断裂线时的处理，如陡坎、陡涯等。CASS 9.0 能自动切除通过地物、注记、陡坎的等高线。由于采用了轻量线来生成等高线，CASS 9.0 在生成等高线后，文件小了很多。

在绘等高线之前，必须先利用野外测的高程点建立数字地面模型(DTM)，然后在数字地面模型上生成等高线。

1. 建立数字地面模型(构建三角网)

数字地面模型(DTM)，是在一定区域范围内规则格网点或三角网点的平面坐标(x,y)和其地物性质的数据集合，如果此地物性质是该点的高程 Z，则此数字地面模型又称为数字高程模型(DEM)。这个数据集合从微分角度三维地描述了该区域地形地貌的空间分布。

建立 DTM 的方式，分为两种方式:由数据文件生成和由图面高程点生成。如果选择由数据文件生成，则在坐标数据文件名中选择坐标数据文件；如果选择由图面高程点生成，则在绘图区选择参加建立 DTM 的高程点。然后选择结果显示，分为三种:显示建三角网结果、显示建三角网过程和不显示三角网。最后选择在建立 DTM 的过程中是否考虑陡坎和地性线。用

DGX. DAT 数据建立的三角网如图 5-44 所示。

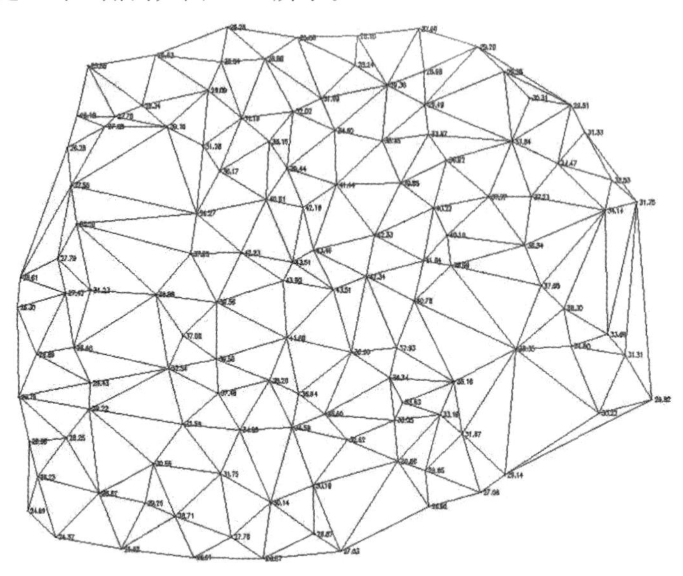

图 5-44　用 DGX. DAT 数据建立的三角网

2. 修改数字地面模型(修改三角网)

一般情况下,由于地形条件的限制,在外业采集的碎部点(如楼顶上控制点)很难一次性生成理想的等高线。另外还因现实地貌的多样性和复杂性,自动构成的数字地面模型与实际地貌不太一致,这时可以通过修改三角网来修改这些局部不合理的地方。

(1)删除三角形

如果在某局部内没有等高线通过,则可将其局部内相关的三角形删除。删除三角形的操作方法是:先将要删除三角形的地方局部放大,再选择“等高线”下拉菜单的“删除三角形”项,命令区提示选择对象,这时便可选择要删除的三角形,如果误删,可用“U”命令将误删的三角形恢复。删除三角形后如图 5-45 所示。

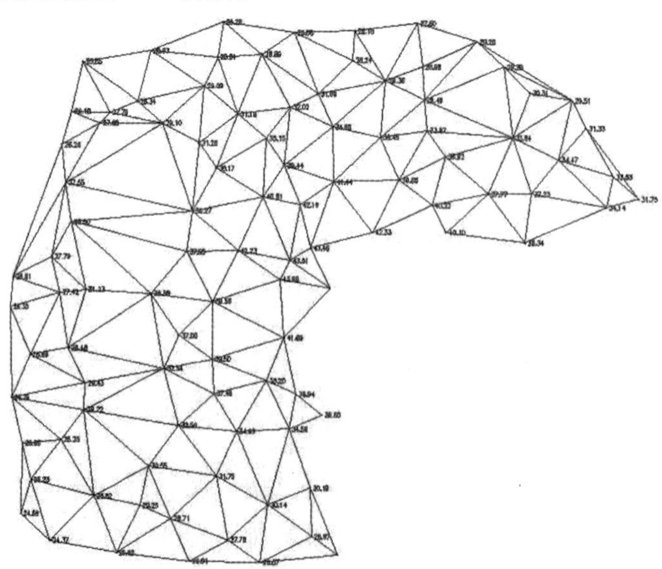

图 5-45　将右下角的三角形删除

(2)过滤三角形

可根据用户需要输入符合三角形中最小角的度数或三角形中最大边长最多大于最小边长的倍数等条件的三角形。如果出现 CASS 9.0 在建立三角网后点无法绘制等高线,可过滤掉部分形状特殊的三角形。另外,如果生成的等高线不光滑,也可以用此功能将不符合要求的三角形过滤掉再生成等高线。

(3)增加三角形

如果要增加三角形,可选择“等高线”菜单中的“增加三角形”项,依照屏幕的提示在要增加三角形的地方用鼠标点取,如果点取的地方没有高程点,系统会提示输入高程。

(4)三角形内插点

选择此命令后,可根据提示输入要插入的点,之后在三角形中指定点(可输入坐标或用鼠标直接点取),这时提示:“高程(米)=”,输入插入点的高程,即可看到三角形内插入了新的点,即增加了相应的三角形。通过此功能可将此点与相邻的三角形顶点相连构成新的三角形,同时原三角形会自动被删除。

(5)删三角形顶点

用此功能可将所有由该点生成的三角形删除。因为一个点会与周围很多点构成三角形,如果手工删除三角形,不仅工作量较大而且容易出错。这个功能常用在发现某一点坐标错误时,要将它从三角网中剔除的情况下。

(6)重组三角形

指定两相邻三角形的公共边,系统自动将两三角形删除,并将两三角形的另两点连接起来构成两个新的三角形,这样做可以改变不合理的三角形连接。如果因两三角形的形状特殊无法重组,会提示出错。

(7)删三角网

生成等高线后就不再需要三角网了,这时如果要对等高线进行处理,三角网比较碍事,可以用此功能将整个三角网全部删除。

(8)修改结果存盘

通过以上命令修改了三角网后,选择“等高线”菜单中的“修改结果存盘”项,把修改后的数字地面模型存盘。这样,绘制的等高线不会内插到修改前的三角形内。

注意:修改了三角网后一定要进行此步操作,否则修改无效。当命令区显示“存盘结束”表明操作成功。

3. 绘制等高线

完成本节的第一、二步准备操作后,便可进行等高线绘制。等高线的绘制可以在绘平面图的基础上叠加,也可以在“新建图形”的状态下绘制。如在“新建图形”状态下绘制等高线,系统会提示输入绘图比例尺。完成绘制等高线的图形如图 5-46 所示。

4. 等高线的修饰

(1)注记等高线

用“窗口缩放”项得到局部放大图,如图 5-47 所示,再选择“等高线”下拉菜单之“等高线注记”的“单个高程注记”项,选择需注记的等高(深)线:移动鼠标至要注记高程的等高线位置,如图 5-47 所示位置 A,按左键;依法线方向指定相邻一条等高(深)线:移动鼠标至如图 5-47 所示等高线位置 B,按左键。等高线的高程值即自动注记在 A 处,且字头朝 B 处。

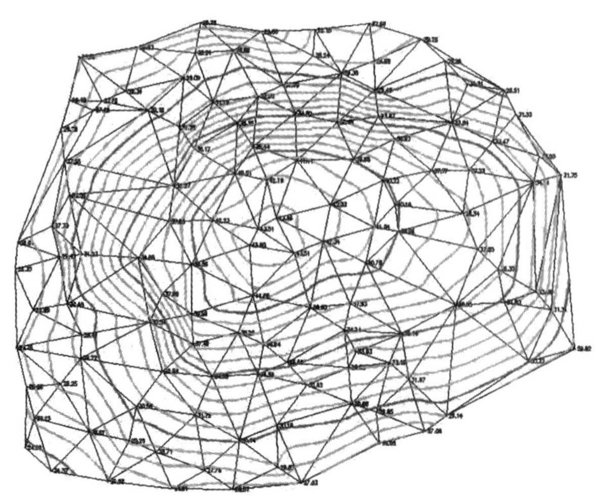

图 5-46　完成绘制等高线的图形

(2)等高线修剪

左键点击“等高线/等高线修剪/批量修剪等高线”，弹出如图 5-48 所示对话框。

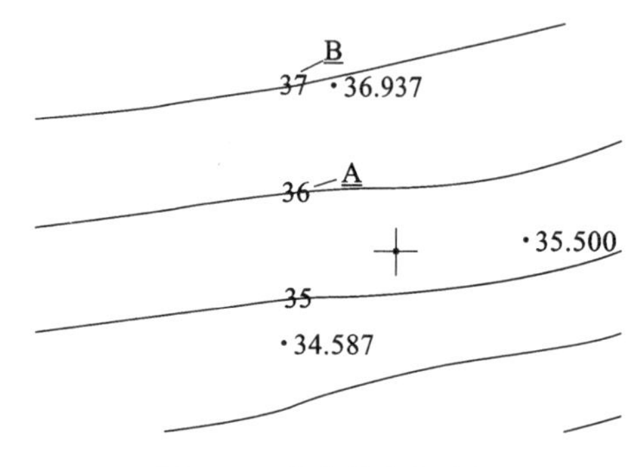

图 5-47　等高线高程注记

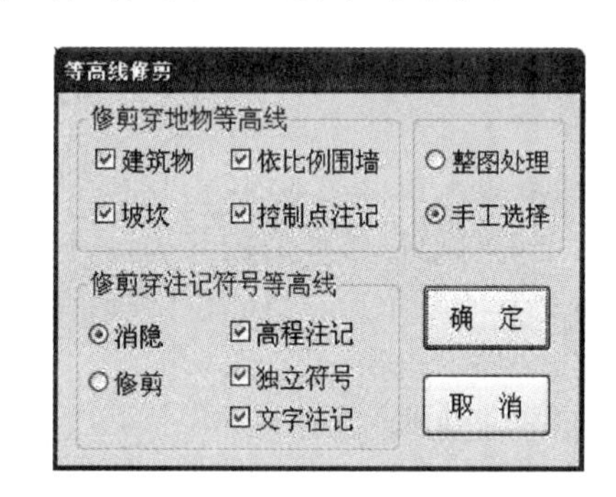

图 5-48　等高线修剪对话框

首先选择是消隐还是修剪等高线，然后选择是整图处理还是手工选择需要修剪的等高线，最后选择地物和注记符号，单击“确定”后会根据输入的条件修剪等高线。

(3)切除指定二线间等高线

选择第一条线：用鼠标指定一条线，例如选择公路的一边。选择第二条线：用鼠标指定第二条线，例如选择公路的另一边。程序将自动切除等高线穿过此二线间的部分。

(4)切除指定区域内等高线

选择一条封闭复合线，系统会将该复合线内所有等高线切除。注意，封闭区域的边界一定要是复合线，如果不是，系统将无法处理。

(5)等值线滤波

此功能可在很大程度上给绘制好等高线的图形文件“减肥”。一般的等高线都是用样条拟合的，这时虽然从图上看出来的节点数很少，但是事实却并非如此。以高程为 38 的等高线为例说明，如图 5-49 所示。

选中等高线，会发现图上出现了一些夹持点，千万不要认为这些点就是这条等高线上实际的点。这些只是样条的锚点。要还原它的真面目，请选择“等高线”菜单下的“切除穿高程注记等高线”，然后看结果，如图 5-50 所示。

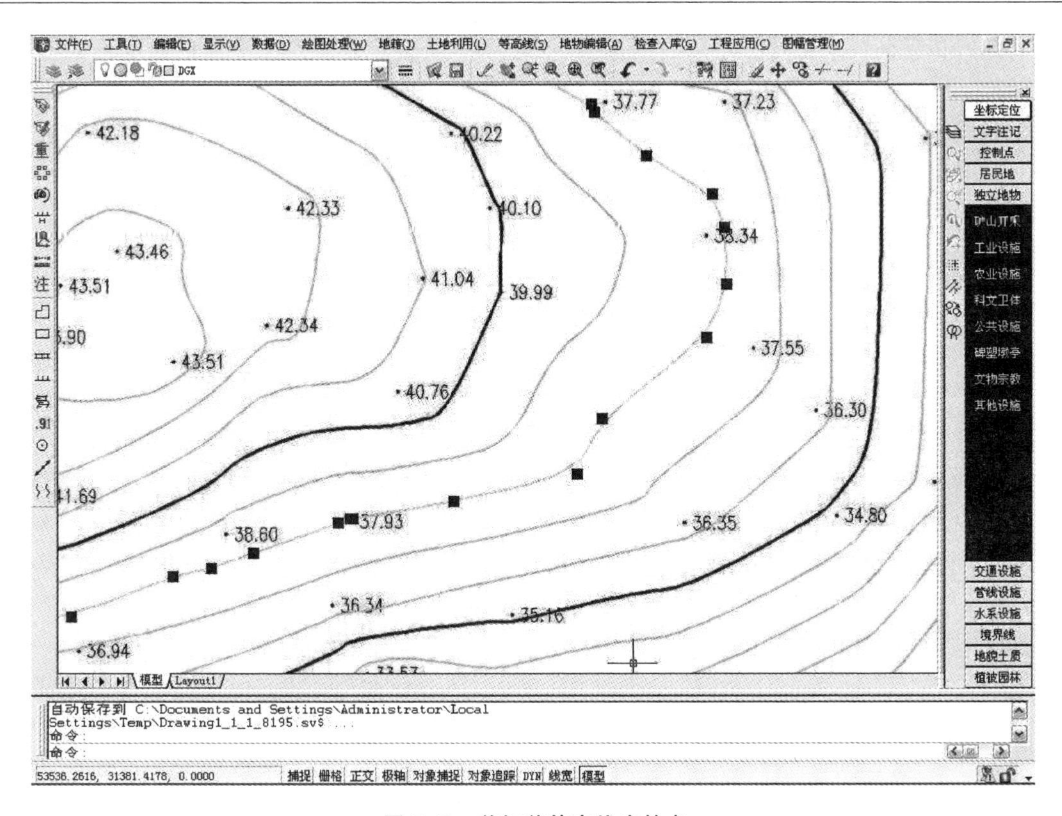

图 5-49 剪切前等高线夹持点

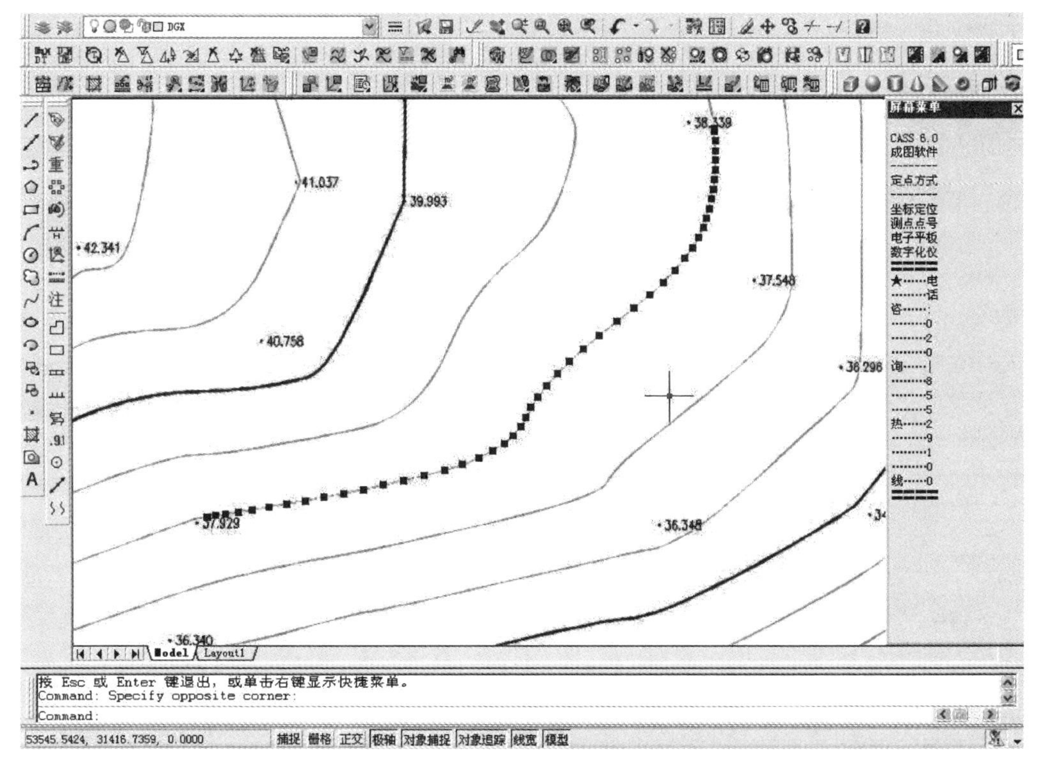

图 5-50 剪切后等高线夹持点

这时，在等高线上出现了密布的夹持点，这些点才是这条等高线上真正的特征点，所以如果看到一个很简单的图在生成了等高线后变得非常大，原因就在这里。如果想将这幅图的尺寸变小，用“等值线滤波”功能就可以了。输入滤波阈值:〈0.5 米〉，这个值越大，精简的程度就越大，但是会导致等高线失真(即变形)，因此，用户可根据实际需要选择合适的值。一般选系统默认的值就可以了。

5.2.5　地形图的整饰与输出

在图形分幅前，应做好分幅的准备工作，先要了解图形数据文件中的最小坐标和最大坐标。注意:在 CASS 9.0 下侧信息栏显示的数学坐标和测量坐标是相反的，即 CASS 9.0 系统中前面的数为 Y 坐标(东方向)，后面的数为 X 坐标(北方向)。

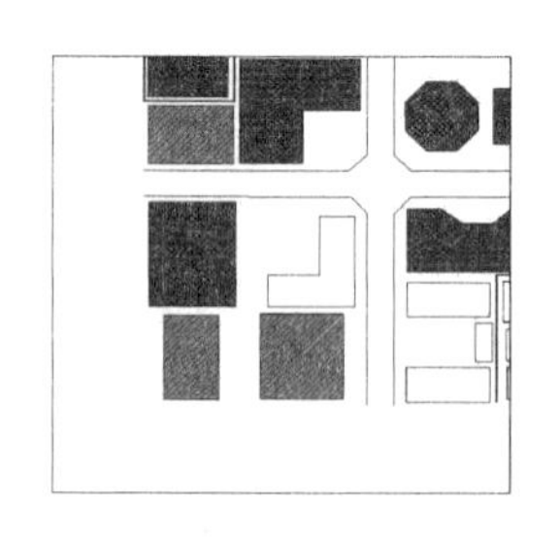

图 5-51　打开 SOUTH1. DWG 的平面图

把图形分幅时所保存的图形打开，选择“文件”的“打开已有图形...”项，在对话框中输入 SOUTH1. DWG 文件名，确认后 SOUTH1. DWG 图形即被打开，如图 5-51 所示。

选择“绘图处理”中“标准图幅(50350CM)”项，显示如图 5-52 所示的对话框。输入图幅的名字、邻近图名、批注，在左下角坐标的“东”“北”栏内输入相应坐标，例如此处输入 40000、30000，回车。在“删除图框外实体”前打钩则可删除图框外实体，按实际要求选择。最后用鼠标单击“确认”按钮即可。

因为 CASS 9.0 系统所采用的坐标系统是测量坐标，即 1∶1 的真坐标，加入图廓后的平面图如图 5-53 所示。

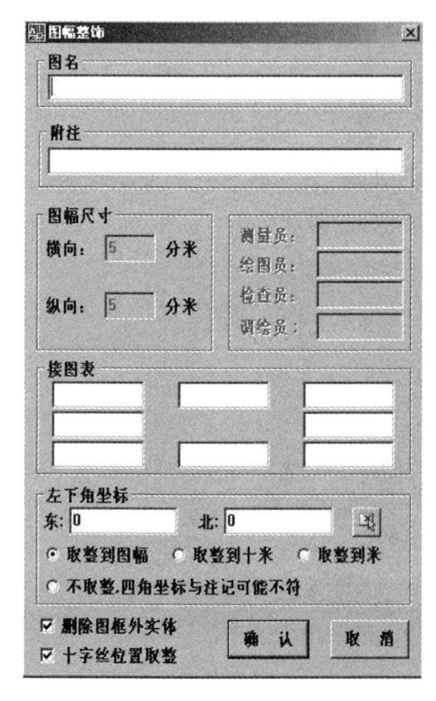

图 5-52　输入图幅信息对话框

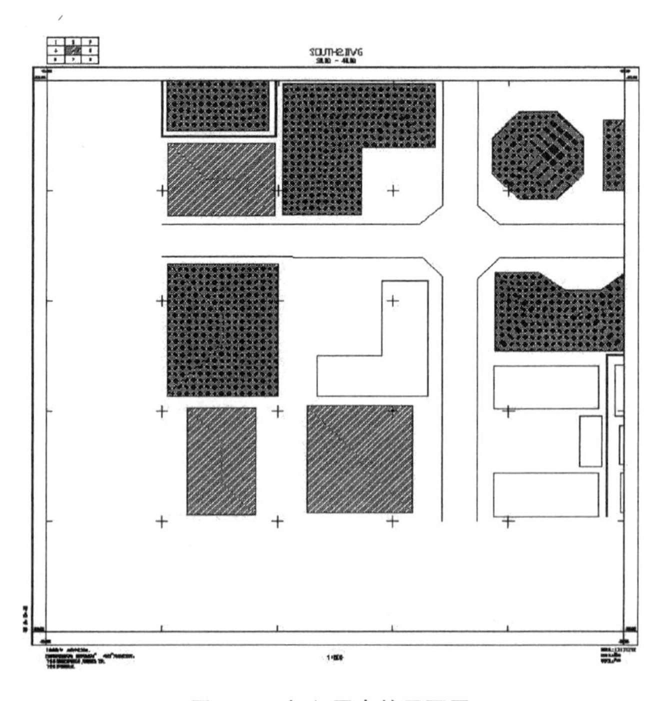

图 5-53　加入图廓的平面图

5.2.6 地形图质量检验

1.大比例尺数字地形图的基本要求

大比例尺数字地形图的平面坐标系采用以“1980年西安坐标系”为大地基准、高斯-克吕格投影的平面直角坐标系,按3°分带,亦可选择任意经度作为中央子午线的高斯-克吕格投影。特殊情况下,1∶500～1∶2000可采用独立坐标系。高程基准采用“1985国家高程基准”。

大比例尺数字地形图地物点的平面位置精度,要求地物点相对最近野外控制点的图上点位中误差在平地和丘陵地区不得大于0.6mm。高程精度要求高程注记点相对最近野外控制点的高程中误差在平地和丘陵地区,1∶500不得大于0.4m,1∶1000和1∶2000不得大于0.5m;等高线对最近野外控制点的高程中误差在平地和丘陵地区,1∶500不得大于0.5m,1∶1000和1∶2000不得大于0.7m。高程注记点密度为图上每100cm^{2}内8～20个。

2.大比例尺数字地形图的质量要求

大比例尺数字地形图的质量要求通过对产品的数据说明、数学基础、数据分类与代码、位置精度、属性精度、逻辑一致性、完备性等质量特性的要求来描述。

数据说明包括:产品名称和范围说明、存储说明、数学基础说明、采用标准说明、数据采集方法说明、数据分层说明、产品生产说明、产品检验说明、产品归属说明和备注等。

数学基础是指地形图采用的平面坐标和高程基准、等高线、等高距。

大比例尺数字地形图数据分类与代码应按照GB 14804—93《1∶500 1∶1000 1∶2000地形图要素分类与代码》等标准执行,补充的要素及代码应在数据说明备注中加以说明。

位置精度包括:地形点、控制点、图廓点和格网点的平面精度,高程注记点和等高线的高程精度,形状保真度,接边精度等。

地形图属性数据的精度是指描述每个地形要素特征的各种属性数据必须正确无误。

地形图数据的逻辑一致性是指各要素相关位置应正确,并能正确反映各要素的分布特点及密度特征,线段相交,无悬挂或过头现象,面状区域必须封闭等。

地形要素的完备性是指各种要素不能有遗漏或重复现象,数据分层要正确,各种注记要完整,并指示明确等。

数字地形图模拟显示时,其线画应光滑、自然、清晰、无抖动、重复等现象。符号应符合相应比例尺地形图图式规定。注记应尽量避免压盖地物,其字体、字号、字向等一般应符合地形图图式规定。

3.大比例尺数字地形图平面和高程精度的检查和质量评定

(1)检测方法和一般规定

野外测量采集数据的数字地形图,当比例尺大于1∶5000时,检测点的平面坐标和高程采用外业散点法按测站点精度施测,每幅图一般各选取20～50个点。用钢尺或测距仪量测相邻地物点间距离,量测边数每幅图一般不少于20处。平面检测点应为均匀分布、随机选取的明显地物点。

(2)检测点的平面坐标和高程中误差计算

地物点的平面坐标中误差按下式计算:

$$\left.\begin{aligned}M_x &= \pm\sqrt{\frac{\sum_{i=1}^{n}(X'_i - X_i)^2}{n-1}}\\ M_y &= \pm\sqrt{\frac{\sum_{i=1}^{n}(Y'_i - Y_i)^2}{n-1}}\end{aligned}\right\}$$

式中，M_x 为坐标 X 的中误差，M_y 为坐标 Y 的中误差，X'_i 为坐标 X 的检测值，X_i 为坐标 X 的原测值。Y'_i 为坐标 Y 的检测值，Y_i 为坐标 Y 的原测值。n 为检测点个数。

相邻地物点之间间距中误差计算：

$$M_s = \pm\sqrt{\frac{\sum_{i=1}^{n}\Delta S_i^2}{n-1}}$$

式中，ΔS_i 为相邻地物点实测边长与图上同名边长较差，n 为量测边条数。

高程中误差计算：

$$M_h = \pm\sqrt{\frac{\sum_{i=1}^{n}(H'_i - H_i)^2}{n-1}}$$

式中，H'_i 为检测点的实测高程；H_i 为数字地形图上相应内插点高程；n 为高程检测点个数。

4. 大比例尺数字地形图的检查验收

对大比例尺数字地形图的检查验收实行过程检查、最终检查和验收制度，验收工作应在最终检查合格后进行。在验收时，一般按检验批中的单位产品数量的 10% 抽取样本。检验批一般应由同一区域、同一生产单位的产品组成，同一区域范围较大时，可以按生产时间不同分别组成检验批。在验收中对样本进行详查，并进行产品质量核定，对样本以外的产品一般进行概查。如样本中经验收有质量为不合格产品时，须进行二次抽样详查。验收工作完成后，编写验收报告，随产品归档。

任务 5.3　CASS 3D 地形图内业编绘

随着无人机倾斜摄影测量技术的发展，地形图测绘的方法由传统的平板聚酯薄膜测图、经纬仪测图发展到全站仪、GNSS-RTK 全野外数字测图模式，再发展到以无人机倾斜摄影测量三维模型的基于三维模型的数字测图作业模式，在成图精度和速度上都有了很大的改进和提高。特别是近年来，无人机倾斜摄影测量技术的发展，推动着数字地形图测绘向着高科技、基于立体模型、内业测绘方向发生革命性的变化。

5.3.1　CASS 3D 软件安装

(1)运行环境

CASS 3D 是挂接安装在 CASS 平台的软件，因此安装 CASS 3D 前需确保操作系统内已安装好 AutoCAD 及 CASS 软件。CASS 3D 运行环境如下：AutoCAD 适配版本为 32 位

CAD2005—2018版本、64位CAD2010—2020版本；CASS适配版本为CASS 7.1/2008/9.2/10.1；操作系统为Windows 7及以上。

(2)安装说明

软件安装过程中请关闭CASS，安装失败可尝试以管理员身份运行。解压CASS 3D压缩包，双击解压文件夹内"Cass3DInstall.exe"，弹出CASS 3D安装界面，如图5-54所示。

图5-54　CASS 3D安装界面

在安装界面上，点击"同意"，再点击"下一步"，继续安装。依据安装向导提示安装CASS 3D。若操作系统内安装了多个CASS版本，还可选择需安装CASS 3D的CASS版本，如图5-55所示。

图5-55　选择合适的CASS版本安装CASS 3D

(3)软件授权

CASS 3D 支持深思硬件锁授权(现仅支持深思五代蓝色硬件狗)、云授权和软授权。详细授权方法可参考深思授权操作说明。授权完成后,即可正常使用。

5.3.2　基于倾斜摄影测量三维模型的 CASS 3D 地形图内业编绘

(1)绘图的主要操作步骤

打开 CASS 3D,加载已经通过无人机倾斜摄影测量作业方式建立的三维模型,如图 5-56 所示,目前支持的三维模型数据格式有 osgb、obj、xml、s3c 等,在测图前一般要求利用建模如 CC,将生成的三维模型转换为 osbg 格式。

图 5-56　CASS 3D 加载三维模型

(2)绘制图形

CASS 3D 的数据采集模式分为二维绘图模式(2D)和三维绘图模式(3D),可通过工具条上的 2D/3D 模式切换键进行切换,二维模式与南方 CASS 平台绘制一致。3D 和 2D 模式如图 5-57 所示。

图 5-57　3D 和 2D 模式

三维模式下,绘制地物时可使用的快捷键会有部分差异,这里以绘制房屋为例进行说明。选择房屋编码进行绘制,根据命令行提示可选择所需快捷键提高采集效率,这里主要介绍直角绘图 W 键、重定向 S 键、捕点 D 键三个快捷键。

W 键:进入直角绘图方式,采集两点(同一墙面上任意两点)为首边定向,随后依次采集其他边线单点(其他墙面任意一点)至完成图形采集。直角绘图操作可连续进行,再按"W"键可退出直角绘图方式。绘制房屋的方式可采用右侧屏幕菜单或命令行输入命令模式绘制,或者采用 DD 命令输入编码(如 141101)绘制。

命令行:输入 ff,也可以直接从南方 CASS 右侧屏幕菜单调用居民地→一般房屋→多点混房调用菜单绘制[(1)一般房/(2)混凝土房/(3)砖房/(4)铁房/(5)钢房/(6)木房/(7)混房/(8)简单房/(9)建筑房/(10)破坏房/(11)棚房]〈1〉。

直角绘图 W/直线绘图 S/请输入第一个点：W，输入后在第一个面上选择两个点，然后在其他面各选择一个点，最后一个面点击后选择 c 闭合，如图 5-58 所示。

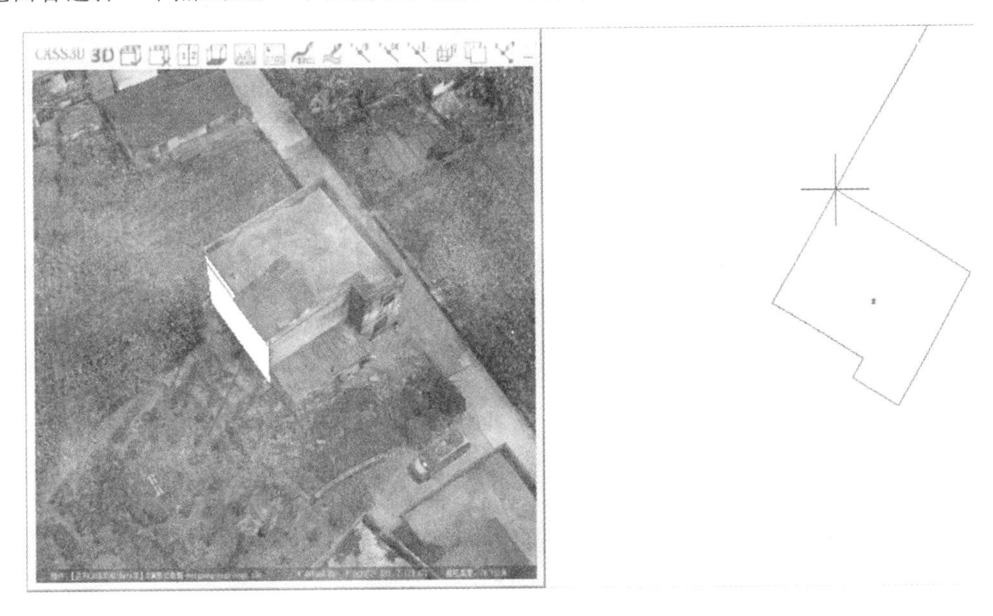

图 5-58　居民地绘制

(3)智能绘制房屋

对于规则房屋，房屋边界清楚，可以通过 CASS 3D 设置项实现智能绘制房屋，设置智能绘制房屋选项，如图 5-59 所示。

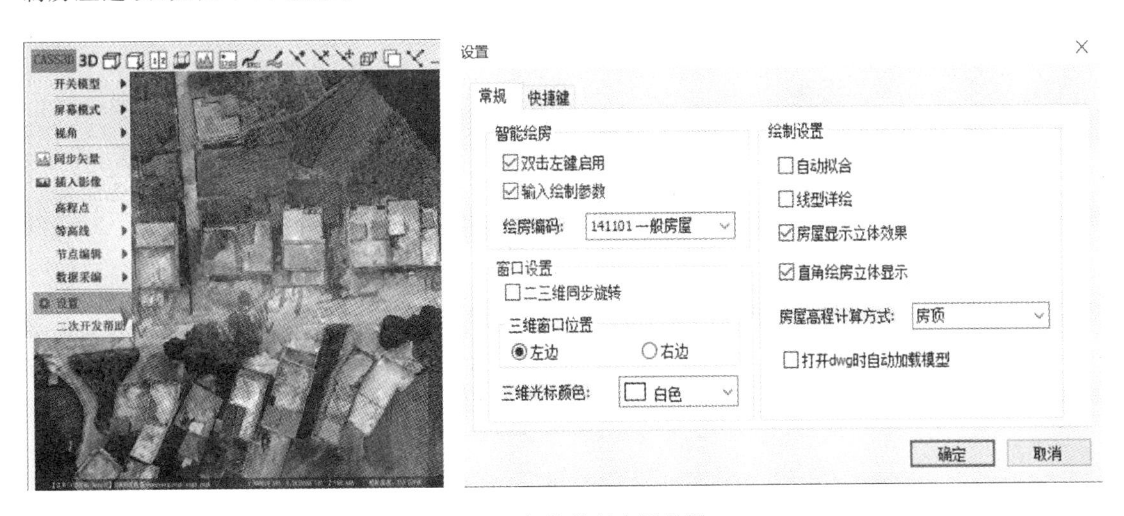

图 5-59　智能绘制房屋设置

智能绘房以双击处的水平切面提取矢量边界，启用工具后，模型上和界面左下可预览 DLG 采集效果，在选择房屋双击后，如果当前显示的房屋边界提取效果不理想，可通过滑动鼠标滚轮调整采集切面，使红线到达合适位置，然后点击右键确定即可。根据 CASS 3D 的提示，可采用的快捷键如下，这些快捷键操作方式在实时显示的界面上有提示，如图 5-60 所示。

【墙面双击左键】或者【CTRL＋墙面双击右键】即为房屋轮廓重新提取边界。

【滚轮】调整双击左键的房屋轮廓高程。

【右键】确认实体合格。

图 5-60　CASS 3D 模式下的快捷键操作提示

(4)道路的绘制

道路的绘制与南方 CASS 下的画法一样，在右侧选择对应的道路绘制屏幕菜单，沿模型道路边缘画。如图 5-61 所示。

图 5-61　道路绘制

(5)高程点提取

线上高程提取，点击 CASS 3D 工具栏上的“线上提取高程点”，如图 5-62 所示。

按对话框的提示设置好线上提取高程点的提取方式，是按等分方式还是等距方式提取，通常设置按等距方式提取，按地形图的高程点密度图上 2.5cm 一个高程注记点提取即可，提取出的高程点效果图如图 5-63 所示。

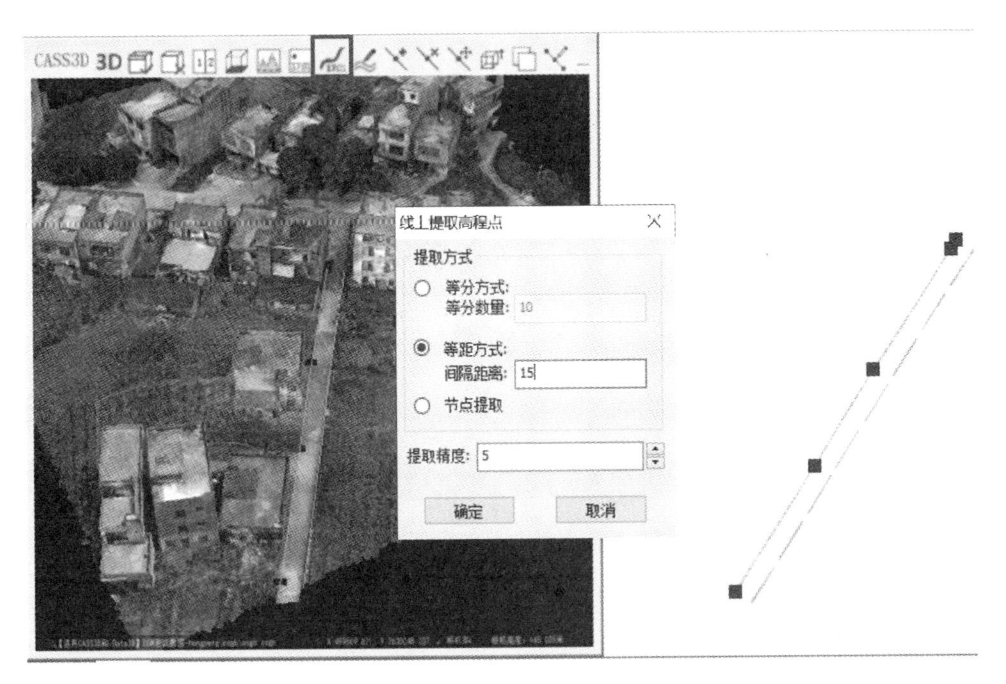

图 5-62　线上提取高程点

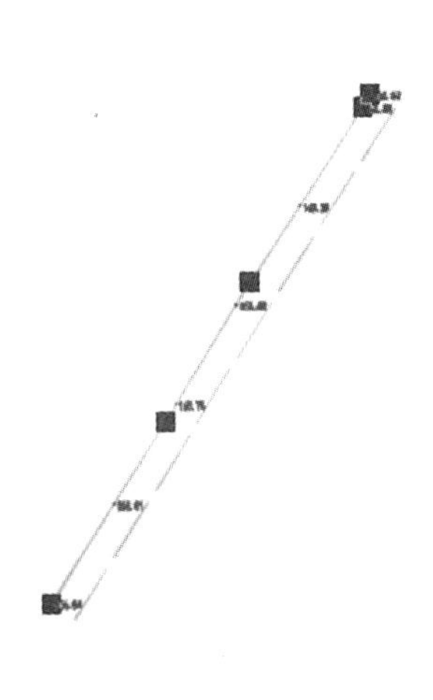

图 5-63　线上提取高程点效果图

闭合区域内提取高程点同理，点击“闭合区域提取高程点”，点击闭合区域的 PL 线，设置采点间距，提取精度采用默认值即可。根据设定的高程点间距，在模型上指定的或绘制的闭合范围线内，按照指定方向等距生成高程点，适用于裸地或建筑物和植被不多的模型。

操作方法：

①点击“面内提取高程点”，直接选择闭合线，或者输入 D 键并按回车键确认，绘制闭合线；

②弹出“面内高程点参数设置”对话框，如图 5-64 所示，输入采点间距和提取精度，点击“确定”等待生成完毕。

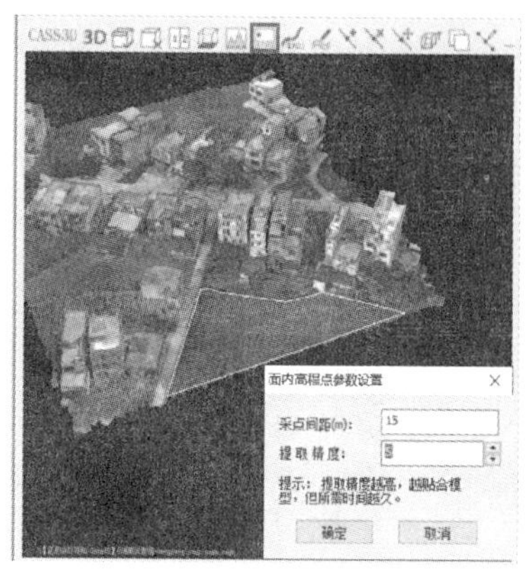

图 5-64　闭合区域提取高程点

(6)围墙的绘制

绘制围墙时，要注意围墙与房屋转角特征点的捕捉连接。如图 5-65 所示，选择完“绘制围墙”菜单后，命令行输入 Y，即选择二维最近点进行捕捉连接，点击鼠标左键确认后，围墙的起始点就自动捕捉到房屋角点上，对于相连的房屋也可以用此方法绘制。捕捉方式实时提示在操作界面上。

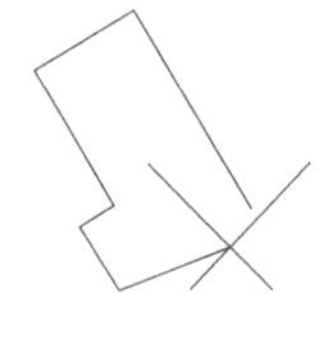

图 5-65　围墙绘制捕捉方式的使用

(7)图形绘制过程中的快捷键使用

CASS 3D 沿用 CAD 与 CASS 编辑功能，但窗口内不支持框选，也不可直接编辑节点，在绘图过程中捕捉方式根据需要有如下几种：

E 键：捕捉离光标最近的线上点，包括这个线上点的高程。

B 键：捕捉离光标最近的线上端点，包括这个线上点的高程。

P 键：捕捉离光标最近的线上垂足点，包括这个线上点的高程。

T 键:捕捉离光标最近的线上点,仅取该点的 X、Y 坐标,高程取光标点击的模型位置。

Y 键:捕捉离光标最近的线上端点,仅取该点的 X、Y 坐标,高程取光标点击的模型位置。

捕捉快捷键还可在设置功能中进行自定义和重置。除了 CASS 3D 窗口左上角提示的命令外,其他操作命令均可用 CASS 快捷键完成。

(8)节点编辑处理

点击 CASS 3D 工具条上的实体插入点,如图 5-66 所示,根据 CAD 命令行的提示,选择所需增加节点的实体,之后可根据需要对节点进行移动和删除处理。

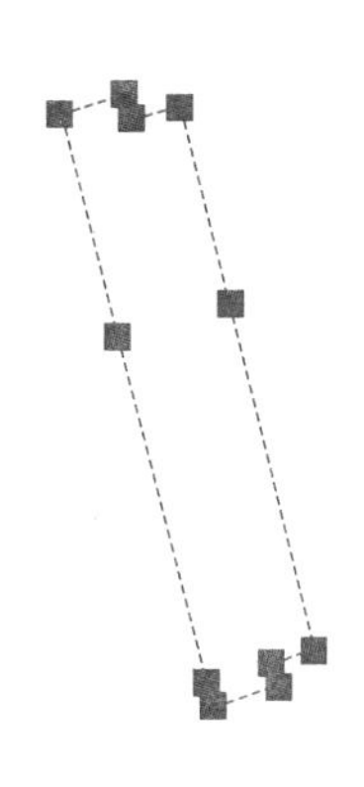

图 5-66　节点编辑处理

线实体增加节点,操作方法如下:

①选中需增加节点的线实体,点击"增加节点"。

②在需增加节点的位置单击鼠标左键(可连续操作)。

命令:3D_AP

请选择需要增加节点的实体。

请点击新增的节点 598121.8921673340,2754156.6364592821,1965.1441939261。

已经新增节点。节点增加前后变化如图 5-67 所示。

(a)

(b)

图 5-67　增加节点前后图

(a)增加节点前;(b)增加节点后

删除实体节点，点击 CASS 3D 工具条上的删除节点工具，如图 5-68 所示，操作方法如下：

图 5-68　删除实体节点工具条

①选中需删除节点的线实体，点击“删除节点”。

②在需删除的节点上单击鼠标左键(可连续操作)。

删除节点前后变化如图 5-69 所示。

图 5-69　删除实体节点前后图

(a)删除节点前；(b)删除节点后

移动实体点，点击 CASS 3D 工具条上的移动节点工具，如图 5-70 所示，操作方法如下：

①选中需移动节点的线实体，点击“移动节点”。

②点击选择待移动节点，点击节点目标位置(可连续操作)。

图 5-70　移动实体节点工具条

移动节点前后的变化如图 5-71 所示。

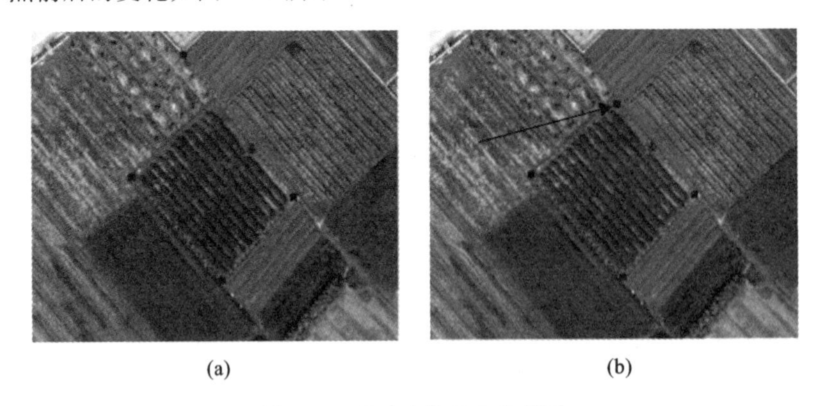

图 5-71　移动实体节点前后图

(a)移动节点前；(b)移动节点后

(9)修线功能

执行 CASS 3D 工具条上的修线功能，如图 5-72 所示，接着选择需要修线或续接的实体，修线完毕后选择保留的方向，即可完成修线。修线主要是修正或续接已绘制完成的线性地理实体。注意：绘制修正线的第一个节点需与原实体相交或尽量靠近，若偏离太远会导致修线失败。具体操作方法如下：

①点击“修线”，选择需要修改的线实体。

②绘制修正后边界，按命令提示进行后续操作。

CASS3D 3D

图5-72 修线工具

点击修线后命令行提示：3D_join

请选择需要修线或续接的实体：(利用鼠标选择拾取要续接或修线的线条实体)

598094.9907123115,2754067.3629796063,1952.4940142477

下一点：598085.7587964624,2754054.8979806383,1952.4334721008

下一点：598083.6189865827,2754039.3138953601,1951.4488577274

下一点：598083.9436389912,2754018.4662422366,1949.5848363212

下一点：(回车)

请选择保留方向：(点击已绘制的实体方向则为续接，反向选择则为修线)

598114.3154864728,2754079.7930397023,1956.9196912645

请选择需要修线或续接的实体(完成后还可以多次执行该命令，步骤同上)，续接表示本次绘制的线条和已经绘制的线条间能进行自动连接，修线表格可依据本次绘制的线条修改已有的线条实体的走向。

修线要求绘制完需选择原实体保留端方向。操作结果如图5-73所示。

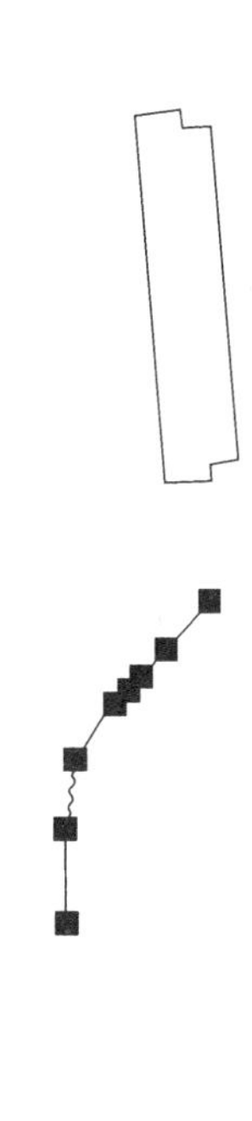

图5-73 两次绘制的修线续接线条

(10)修角

修复智能绘房房棱角点。提取高度、模型精度均会对自动提取产生一定影响,如多层阳台建筑,使用上下层阳台之间的高度提取矢量,房棱处可能提取为折线角,菜单栏如图 5-74 所示。

操作方法如下:

①点击“修角”。

②点击修角折线段(程序自动识别线段两侧边线并将其延长至交点)。

操作结果如图 5-75 所示。

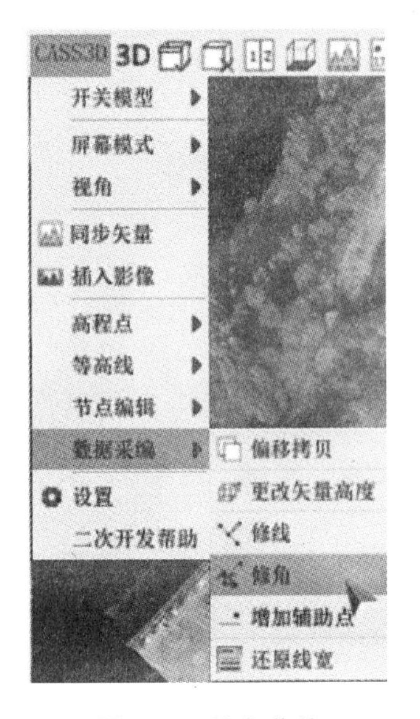

图 5-74　修角菜单

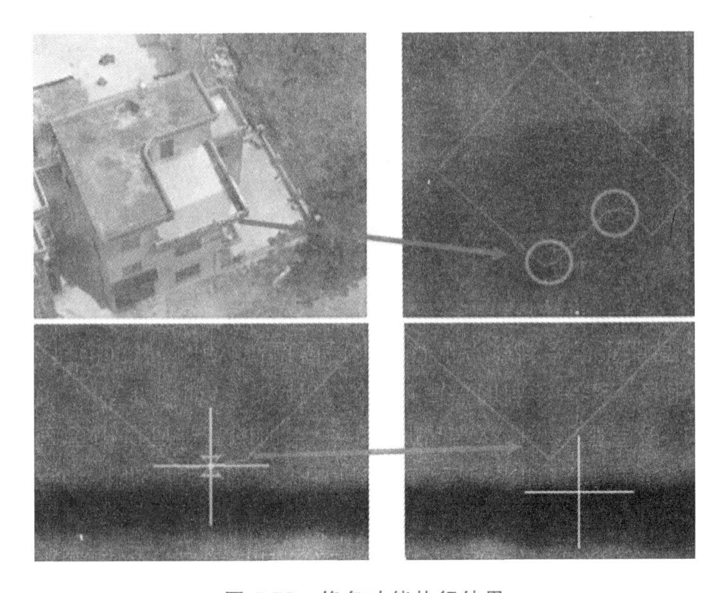

图 5-75　修角功能执行结果

5.3.3　CASS 3D 的常规设置

CASS 3D 菜单栏的设置项,可通过点击 CASS 3D 工具栏上的工具,在下拉菜单中选择打开设置项,对数据采集中的某些功能或操作进行设置,也可以直接点击 CASS 3D 上的工具栏,找到最后的设置项进行设置,如图 5-76 所示。

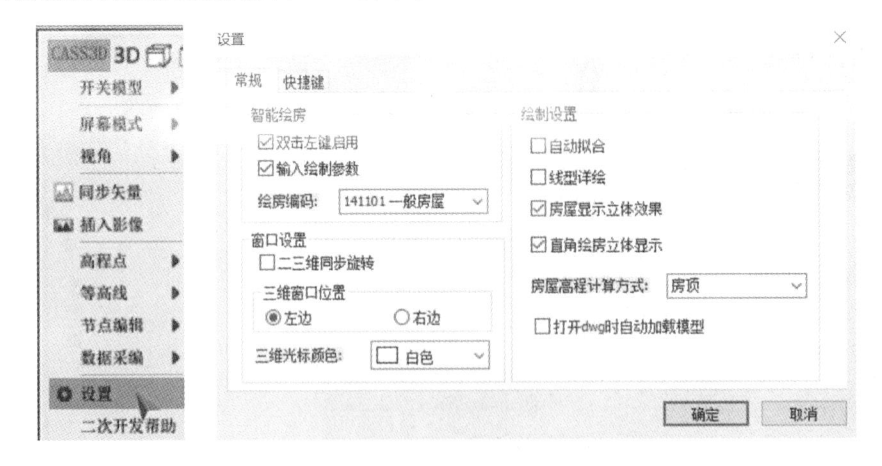

图 5-76　CASS 3D 常规设置选项

双击左键启用:如果勾选,在房屋表面上双击鼠标左键,可自动获取房屋边界;如果不勾选,不启用智能自动绘房的功能。

输入绘制参数:如果勾选,在绘制房屋后,会提示输入房屋结构类型、房屋层数等属性字段;如果不勾选,则绘制结束后,属性字段不赋值。

绘房编码:用于选择只能绘房时使用的实体编码。

二三维同步旋转:若勾选,表示二维窗口与三维窗口保持同步旋转状态。

三维窗口位置:选择分屏模式下,三维窗口在视口中的左边或者右边显示。

三维光标颜色:设置三维窗口中十字光标的颜色。

自动拟合:若勾选,表示直角绘房后自动进行拟合重算,使采集的范围线贴近实际房屋模型表面,但要求房屋模型质量较高。一般可不勾选。

线型详绘:如果勾选,三维窗口中将显示线型,如不勾选,三维窗口中不显示线实体的线型。

房屋显示立体效果:如果勾选,当前的三维窗口中房屋将显示房屋侧面的立体效果,并且使用智能绘房绘制的房屋也显示立体效果,如图 5-77(a)所示;如果不勾选,则只显示房屋边界,智能绘房绘制效果也只显示房屋边界,如图 5-77(b)所示。

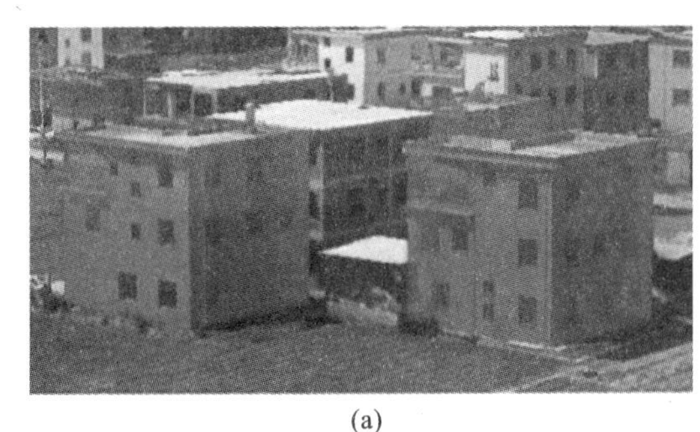

(a)

(b)

图 5-77　房屋立体效果的选择使用

直角绘房立体显示:若勾选,在使用直角绘图或重定向绘图方式时,实时显示当前边线所在的立面白膜。如图 5-78 所示。

图 5-78　直角绘房的立体显示

房屋高程计算方式：设置三维窗口中采集的房屋标高计算方式，支持四种方式，即房顶、房底、第一点、最后一点。

房顶：房屋模型的最高位置。

房底：房屋模型的最低位置。

第一点：采集的第一点。

最后一点：采集的最后一点。

打开 dwg 时自动加载模型：勾选表示打开 dwg 文件时，自动加载上一次关闭该 dwg 文件时 3D 窗口打开的模型。

捕捉快捷键的设置：可以自定义三维窗口的捕捉快捷键，如图 5-79 所示。

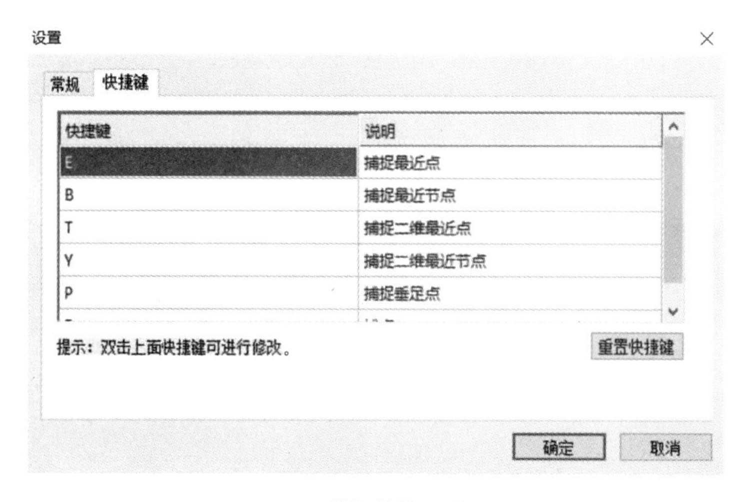

图 5-79　捕捉快捷键的设置

【职业能力训练】

1. 掌握南方 CASS 9.0 数字测图系统软件的安装方法，并能使用软件进行数字化地形图的编绘。

2. 结合本项目的学习，对校区内一定区域的数字化地形图能进行内业外的工作，重点掌握常见地物的编绘、等高线的绘制、地形图质量检验的基本要求，利用 CASS 3D 和三维模型绘制地形图的能力。

【项目小结】

通过本项目的学习，主要掌握南方 CASS 9.0 数字测图系统的安装过程，能使用数字测图系统软件进行数字化地形图的编绘，对常见地物的编绘、等高线的绘制、过坎等能熟练掌握和运用，掌握地形图质量检验的主要内容，掌握利用 CASS 3D 进行地形图绘制的常用技巧和方法。

练习与思考题

1. 简述 CASS 9.0 成图方式。

2. 简述"点号定位法"成图的作业流程。

3. 简述"坐标定位法"成图的作业流程。

4. "简码法"成图的方法和步骤是什么?

5. 简述等高线绘制的过程。

6. 简述地形图分幅的几种方式。

7. 简述数字地形图的检查内容有哪些。

8. 利用 CASS 3D 软件和三维模型绘制地形图,简述利用三维模型成图与全野外数字成图的区别。

项目6　地形图扫描矢量化

本项目主要掌握地形图矢量化的基本概念和矢量化的方式和方法，地形图扫描矢量化的过程以及图像处理等。

通过本项目的学习，学会用矢量化平台软件如南方 CASSSCASN 矢量化软件或 CASS 9.0 数字测图系统进行地形图扫描矢量化；掌握常用的地形图数字化方法，掌握纸质地形图扫描矢量化的作业流程及作业注意事项。

任务6.1　地形图矢量化认识

6.1.1　矢量化的基本概念

在计算机中常采用的数据编码方式有矢量模型或栅格模型。在这两种模型中，关键任务是如何表达其空间位置，反映该位置的数据(例如土地分类、坡度等)则称为属性数据。栅格与矢量数据模型均能存储空间与属性数据，区别在于采用不同的表达方式。

所谓矢量数据，是指采用一系列 x-y 位置来存储信息，如图 6-1 所示。基本矢量对象有三种，分别是点、线和多边形(面)，这些对象常称为要素(Feature)。点要素用于表示没有维度的对象(例如井或者采样点)，线要素表示一维维度对象(例如道路或者公共设施管线)，多边形要素表示二维区域(例如地块或者行政区域)。在所有这些情况下，要素都采用一个或更多 x-y 坐标位置进行表达，点由单个 x-y 坐标对所组成，线包括两对或者更多对坐标(线的端点称为节点，每一个中间点称为拐点)，多边形是定义闭合区域的一组拐点。

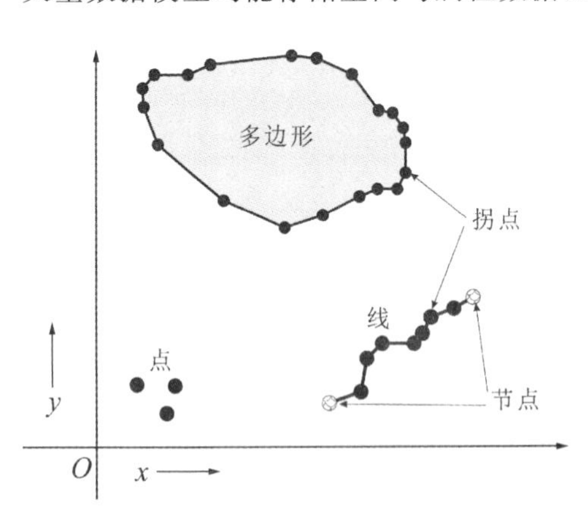

图 6-1　点、线和多边形区域矢量数据模型

栅格模型是将空间数据(例如土地利用图)表示为一系列称为像元(Cell)或像素(Pixel)的小方格，如图 6-2 所示。每个像元具有标明土地用途的一个数字编码，整个栅格被存储为一个数字阵列，并且为了显示而给每个代码值分配了一种不同的颜色。

图形数据的数据结构分为矢量数据和栅格数据，它们各有其自身的优势和不足，都能方便

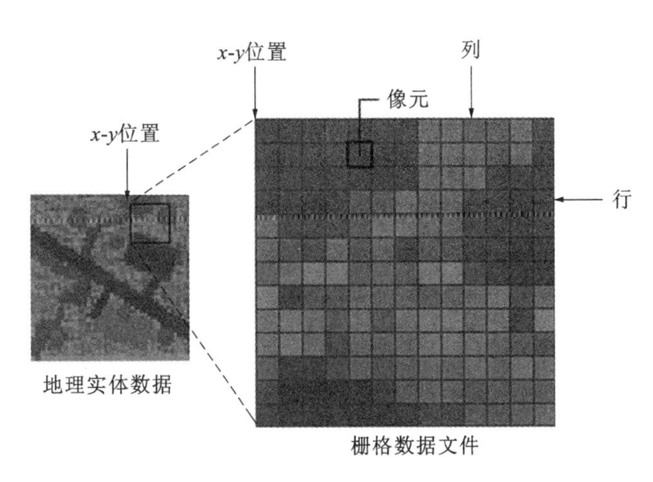

图 6-2　栅格数据模型使用数值阵列来表示地图

地被计算机存储、识别和处理，都可以作为数字化成图系统的数据源。就目前实际使用的情况来看，可能是基于精度和存储量方面的考虑，在大比例尺数字化成图系统中，一般很少将栅格数据结构作为其内部数据结构，而是将其作为一种可以支持的外部数据源(例如扫描仪产生的图像文件)。具体的做法是将栅格数据转化为矢量数据后导入系统之中，也就是进行图形矢量化。一般在数字化成图系统的外部，就需要实现矢量数据与栅格数据的转换。

6.1.2　矢量化的两种主要方式

数字地形图除了采用常规数字测图的方法获取数据外，也可以采用地形图数字化的方法。目前，国家通过各种工作，测制了大量的各种比例尺的纸质地形图，这些都是非常宝贵的地理信息原始资料。为了充分利用这些资料，在再生产工作中，需要将大量的纸质地形图通过图形数字化仪和扫描仪等输入设备输入到计算机中，之后用专业的制图软件进行处理和编辑，将其转换为计算机能存储和处理的数字地形图，这个过程称为地形图的数字化。但是通过地形图数字化方法得到的数字地形图，因受原图精度的影响，加上数字化过程中所产生的各种误差，其数据精度不会高于原图的精度，而且它所反映的只是白纸成图时地表上的各种地物地貌，现势性不是很好。常用的地形图数字化方法有两种：手扶跟踪数字化和扫描矢量化。

1. 手扶跟踪数字化

手扶跟踪数字化是从硬拷贝地图中获取矢量对象的最常见、最简单和最廉价的方法。

目前，流行的数字化仪有多种不同的设计、尺寸和形状。它的工作原理是通过在镶嵌着网格线的数字化板上移动游标或轨迹球来获取位置信息。通常，精度在 0.004in(0.01mm)到 0.01in(0.25mm)之间。12in×24in(30cm×60cm)的小数字化板可以处理小型任务，配备了独立数字化板[44in×60in(112cm×152cm)]的数字化仪用来处理大型任务。小数字化板和独立数字化板都有游标和按键，游标安装在玻璃上的交叉瞄准线上，而按键可以控制数据的获取。手扶数字化仪如图 6-3 所示。

手扶跟踪或流跟踪数字化是捕获点、线和多边形对象顶点的两种方法。手扶跟踪数字化需要利用游标的十字丝中心点去对准每个对象顶点的位置，然后点击游标按键来记录顶点位置。流跟踪数字化是半自动化的过程，通过对数字化仪控制软件发布指令，使其每隔一定的时

图 6-3　手扶数字化仪

间或距离就自动记录采集经过点的位置(如每隔 0.02in 或 0.5s)。流跟踪方法的速度比手扶跟踪方法快,但会产生大量的冗余信息。

2. 扫描矢量化

扫描地图主要是为矢量化做前期准备,矢量化是将栅格数据转换成矢量数据的过程。对栅格图层进行矢量化的简单方法就是在电脑屏幕上直接用鼠标或游标数字化对象。这种方法称为抬头(屏幕)数字化,因为地图本身就是垂直放置的,不需要低头就可以看见。这种数据获取技术广泛地应用在有选择地进行数据采集的领域中。

利用软件进行自动矢量化是一种快速连续的方法,有批处理和交互式处理两种模式。批处理矢量化通过单独的程序就可将整个栅格文件转化为矢量格式。矢量化是通过软件中的算法来实现的,该算法是从原点像素值开始绘制出简单线。各条线被进一步处理以便产生拓扑关系正确的多边形。采用现代的软硬件技术对一张典型的地图矢量化仅需要花费几分钟。扫描地图的自动矢量化如图 6-4 所示。

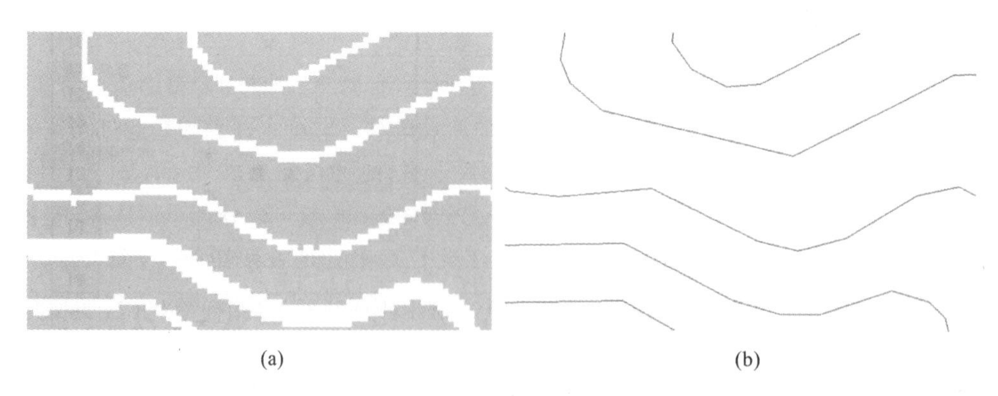

(a)　　(b)

图 6-4　扫描地图的自动矢量化

(a)原始光栅文件;(b)自动矢量化线段

遗憾的是，批处理矢量化的软件尚不成熟，仍需要通过事后编辑来清除错误。为避免大规模的矢量编辑工作，在矢量化之前常常需对栅格文件进行预处理，以清除会影响整个矢量化进程的噪声。例如，需要删除原文件中相互重叠的线，将虚线修改为实线。矢量化之后，需要建立对象间的拓扑关系，这个过程会发现前面工作中没有注意到的错误，对于这种错误必须进行额外的编辑处理。

批处理矢量化对简单的二值地图最为实用，如轮廓线、河流和高速公路等。而对于较复杂的地图和有选择地进行矢量化的地图而言，采用交互式矢量化（也称半自动矢量化）方法更为合适。在交互式矢量化中利用软件进行自动矢量化，操作员需指出矢量化的线段及矢量的移动方向，然后软件将会自动地对该线段数字化，在寻找不到满足矢量参数所要求的目标时，会停顿等待操作员进一步指示。虽然这也需要一些人力，但是交互式矢量化一般都比手扶跟踪或屏幕数字化的效率高。它同样也能产生高质量的数据，因为与人相比，软件能够更精确、更连续地描绘线。因此，与手扶跟踪数字化相比，专业的数据获取更加倾向于矢量化。

扫描矢量化过程实质上是一个解释栅格图像并用矢量数据代替的过程。扫描矢量化的作业流程如图 6-5 所示。

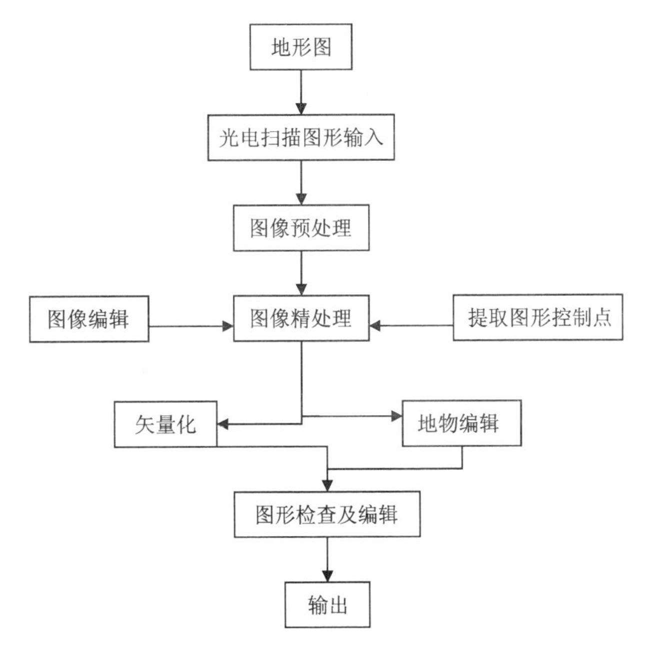

图 6-5　扫描矢量化作业流程图

任务 6.2　地形图扫描

在绘制地形图中，矢量化是常规性方法，也是作业单位用得最多的技术手段。无论地图扫描矢量化还是遥感影像数据信息提取，都是一个复杂过程，其包括地图的扫描、配准和裁剪、图像拼接、图形要素的跟踪采集、属性字段的录入等环节，每个环节都会影响到矢量化的质量和效率。

地图扫描是利用扫描仪将地图扫描，形成按一定的分辨率且按行和列规则划分的栅格数据。光栅数据的内容被表示成黑点和白点或彩色点组成的一个矩阵(点阵)。扫描时应注意以下几点：

(1)保证地形图质量

以纸图形式存在的地形图经过扫描之后，就可以得到以栅格格式存储在计算机中的数字图像。这种数字地图可以以极快的速度进行无数次的复制，而不会丢失任何信息。而且扫描的过程理论上只需要进行一次，前提是扫描图的质量足够好，能够满足工作的需要。

为了使扫描成果图达到最好的效果，在可能的情况下，应当首先选择质量最好的底图。所谓底图的质量好，主要指的是以下几个方面：

①底图平整：准备进行扫描的底图如果已经被使用过，往往会留下不同程度的折叠痕迹，在折叠的区域，由于纸张的拉伸会造成一定程度的变形，使得局部区域的空间相对位置失准，因此建议尽量使用新的或很少使用的底图。如果没有，最好在扫描之前将地图在平整的台面上用玻璃等压平一段时间。如果变形比较严重，则需要将变形区域进行局部的几何矫正。

②印刷清晰无污点：地图经过一定时间的使用后，会对原先的印刷线条造成一定程度的磨损。扫描后，磨损或有污点的区域可能会难以识别，从而给后续的数字化工作带来不便。因此，如果有选择的可能性，就应当选择印刷最清晰、最干净的地图。

(2)后续步骤事先做准备

在进行扫描之前，就应当对扫描图将来的用途做比较充分的考虑，从而对地图做一些必要的处理，如添加地理坐标标记等。同时在扫描的过程中，还需要注意在扫描区域中包括地形图的边框。

一个经常遇到的情况是扫描仪的幅面小于地图的幅面，即扫描仪的有效扫描面积不足以覆盖整幅地图，因此同一幅图需要扫描多次，如图 6-6 所示。

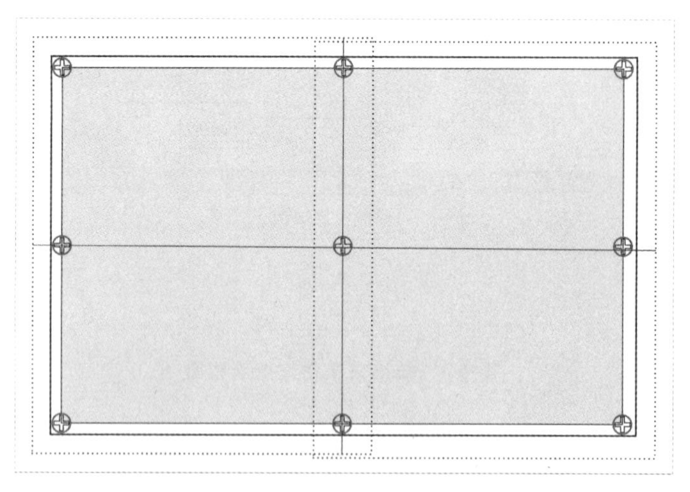

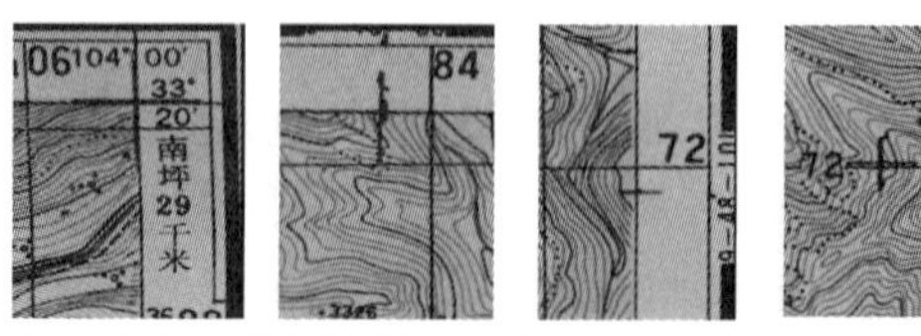

留出边框、坐标数字，以及标出四边和中心坐标点

图 6-6　图形处理过程

为了能够给扫描后的图像添加地理坐标，最好能够在扫描前做一些标记，标出一定数量的坐标点。1∶25 万的地形图上通常会印有经纬线，所以不需要另外加点，而 1∶10 万、1∶5 万的地图通常需要另外添加一些点，以供添加地理坐标和进行几何矫正时使用。

(3)图像大小和分辨率

在扫描的过程中，有两个比较重要的参数：图像大小和分辨率。这两个参数决定了扫描出的图像的大小。图像越大，或分辨率越高，目标图像就越大。目前，我们常用的组合为图像大小为 100%，分辨率为 300dpi。

(4)数据存储格式

扫描出的图像可以以不同的格式来存储，如存储为 TIF、BMP、JPG 等常用的格式。JPG 格式的文件是经过压缩的图像，文件大小要比 TIF 或 BMP 格式的文件小得多，然而其在压缩的过程中会丢失一些数据。因此如果对扫描图像的真实性要求很高，建议采用 TIF 或 BMP 的格式存储。如果以节省存储空间为优先考虑，那么可以考虑以 JPG 的格式来存储。图像格式之间的转换是图像处理软件的基本功能。

任务 6.3 图像处理

由于原图纸的各种误差及图纸存放条件、扫描本身误差的原因，地图扫描后得到的是有误差甚至有错误的成果，所以要对扫描得到的原始数据进行必要的处理及改正后才能进行矢量化。图像处理主要分图像预处理及图像细处理。

1. 图像预处理

扫描的图片，尤其是采用中、低档扫描仪扫描的图片，在经过校正的屏幕上通过 Photoshop 打开后，与原稿对比观察，发现并未获得与原稿一样清晰亮丽的数字图像，数字图像总是发灰、不够清晰、偏色、缺乏层次等，但也并非高档扫描仪扫出的数字图像就是完美的，所有的扫描图片都是要经过 Photoshop 进行后处理的。这里所讲的后处理是指使扫描后的图片保持原稿的效果和质量，而非艺术加工，当然也可以弥补原稿本身的不足。

对原始光栅文件的预处理实际上就是对原始数据进行修正，经过修正后得到可进行矢量化的光栅数据。预处理过程主要包括以下三点：

①采用消声和边缘处理技术去除原始数据文件中因工作底图图面不洁、线条不光滑及扫描仪分辨率不高等的影响带来的图像画线带有的黑斑、孔洞、毛刺、凹陷等，减小由此造成的对后续细化工作的影响和防止图像失真。

②对原始图像进行图幅定位坐标纠正，修正图纸坐标的变差。由于矢量化最终采用的是原工作底图采用的坐标系统，因此还要进行图幅定向，将扫描后形成的栅格图图像坐标转换到原地形图坐标系中。

③进行图层、颜色设置，地物编码处理，以方便矢量化地形图的后续应用。

2. 图像细处理

细处理其实是细化处理数据，细化处理过程是在正式栅格数据中，寻找扫描图像线条的中心线及中心点的过程。衡量细化质量的指标有细化处理所需内存容量、处理精度、细化畸变、处理速度等。细化处理时要保证图像中线段的连通性，但由于原图和扫描的因素，在图像上总会存在一些毛刺和断点，因此要进行必要的毛刺剔除和人工补段，细化的结果应为原线条的中心线。细化的方法很多，如最大数值计算法和边缘跟踪剥皮法等。以下介绍利用最大数值计算法进行细化处理的过程。

最大数值计算法是计算原始栅格数据线交点的 V 值，每点的 V 值是该点左上、右上、左下、右下四个栅格灰度值的和，其中要素栅格灰度值为1，背景栅格灰度值为0。因此每点周围至多有四个1，所以最大 V 值为4。然后保留最大 V 值的点，并将那些消除后不破坏连通性的点消除，否则也保留。如果经一次细化仍嫌太粗，还可以将所有最大 V 值点的灰度值赋值为1，其他点赋值为0，继续进行细化处理。

任务6.4　地形图矢量化

矢量化是在细化处理的基础上，将图像转换为矢量图形的过程。在栅格图像矢量化的过程中，大部分线段的矢量化过程可实现自动跟踪，而对一些重叠、交叉、文字注记、特殊符号等较复杂的线段，自动跟踪矢量化比较困难且精度低，此时采用人机交互式与自动跟踪相结合的方法进行矢量化。

1.线段自动跟踪矢量化

扫描的栅格图像经过预处理、细化处理，形成了由骨架像素组成的数字图像。再进行矢量化，即是栅格数据表示的线画图转换为由坐标序列表示的线画图，以线段或封闭曲线为单位进行跟踪处理，求出线段和曲线的矢量坐标序列。线段跟踪算法的操作步骤如下：

①指定线段的起点，记录其坐标。

②以起点为中心，顺时针方向按上、右上、右、右下、下、左下、左、左上八个方向依次对像素点进行跟踪矢量化，搜索下一个未跟踪过的点，搜索到后即记录其坐标，若未搜索到点则退出。

③以新找到的点作为新的判别中心，重复②操作。按此循环，追踪到线段的另一端点，此时线段上的所有点都被自动追踪出来，结束追踪。对于封闭曲线的追踪，方法与线段追踪相同，只是追踪的终点坐标就是起点坐标。

在线段追踪过程中，当遇到线段的断点或交叉点时，自动跟踪停止；此时若要追踪进行下去，就必须采用人工干预与自动化跟踪相结合的方法，在人工干预跨过断点或指定跟踪方向后继续完成后面的跟踪。

2.人机交互方式矢量化

大比例尺地形图的地物、地貌要素符号以单一线条表示的较少，多数符号是以各种线型表示的。在矢量化时，不仅要进行图形数字化，而且同时要赋予如地物属性和等高线的高程等内容。对于大比例尺地形图，由于其自身的特点及满足建立大比例尺地形图数据库的要求，大部分地形要素栅格数据的矢量化是采用人机交互方式来完成的。

人机交互方式矢量化方法是在计算机屏幕上显示扫描图，将其适当放大后，根据所使用的软件功能，用鼠标标志效仿地形图手扶跟踪数字化的方法进行数字化。对于独立地物数字化定位点、线状地物数字化定位线的特征点、面状地物数字化轮廓线的特征点，在数字化前或后输入地形要素代码，对于等高线还应输入高程值，由程序将数字化的图像特征点的像元坐标转换成测量坐标，生成相应的矢量图形坐标、矢量图形文件，并在计算机屏幕上显示矢量化的符号图形。

地形图图形矢量化结束后，要对照原图进行注记符号的输入及适当的检查与编辑工作，完成图形的数字化，输出或转入其他系统如 CAD、GIS 等应用。

任务 6.5 地形图扫描屏幕数字化方法的精度分析

地形图扫描数字化方法的主要误差来源包括原图固有误差和扫描屏幕数字化方法产生的误差。地形图扫描屏幕数字化方法本身的误差主要包含：图纸扫描误差、图幅定向误差、图像细化误差、矢量化误差等。

1. 图纸扫描误差

图纸扫描误差也称扫描仪响应误差，主要由扫描仪的性能参数、扫描对象的均匀度、原图中线的粗细、线画的密度、曲线复杂程度、图面洁净程度和处理扫描图的软件所决定。在图纸扫描误差中，扫描仪的几何分辨率误差是该项误差中的主要误差来源，要减小该误差，只有提高扫描仪的几何分辨率。但是当提高扫描仪分辨率时，栅格数据量将以平方级速度增加，数据处理时间也平方级延长，这对计算机的配置提出了更高的要求，因此对扫描仪分辨率的提高必须加以限制。

当以分辨率为 300dpi 的仪器扫描时，点间距离的相对精度为 1.4/1000 左右。对全自动矢量化细化过程，由扫描仪扫描产生的点位误差为 1～2 个像素点；对交互式跟踪矢量化而言，点位误差可以控制到一个像素点距。若按 300dpi 计，每个像素点相当于图上 0.09mm，由此可确定图纸扫描误差取±0.1mm 是合适的。

2. 图幅定向误差

地形图经扫描后得到的是一帧栅格图像，矢量化时要从栅格图像中对地形图要素进行采集，首先得到的是采样点在图像坐标系中的量测坐标，需要将其转换成地形图坐标系坐标，这项工作是通过图幅定向来完成的。这些用于计算转换系数的若干已知点(如内图廓点、图幅内的控制点等)叫作定向点，它们在地形图坐标系中的坐标是已知的，在图像坐标系中点的坐标是通过量测获得的。工作底图定向误差由定向点误差和采样点测量误差构成，定向点误差与扫描分辨率的大小成反比，提高扫描分辨率可减少该项误差的影响；采样点测量误差与点的量测精度有关，点的量测精度可以通过量测过程中的一种称为自动对中算法的方法提高，达到量测精度极限，此项误差可以忽略不计。

当用分辨率为 300dpi 的扫描仪扫描大比例尺地形图时，其误差约为 0.1mm，根据大量的实验结果分析，图幅定向误差一般取±0.12mm。

3. 图像细化误差

许多扫描数字化软件都能正确地获得线段的中心线，即使在线段交叉处变形也是很小的，细化误差产生的点位误差为 1 个像素点。

按 300dpi 计算所产生的图上误差约为 0.09mm，因此图像细化误差可取为±0.1mm。

4. 矢量化误差

在跟踪矢量化过程中，一般采用变步长保精度跟踪矢量化法，有折线代替曲线所产生的最大点位误差是 1 个像素点距。

用分辨率为 300dpi 计算所产生的图上误差约为 0.09mm，取矢量化误差为±0.1mm。

5. 地形图扫描屏幕数字化方法的精度估算

根据误差传播定律，地形图扫描屏幕数字化方法的综合精度可由下式计算：

$$M_{扫} = \pm \sqrt{m_y^2 + m_d^2 + m_x^2 + m_s^2} \tag{6-1}$$

式中 $M_{扫}$——地形图扫描屏幕数字化方法的中误差；

m_y——图纸扫描误差；

m_d——图幅定位误差；

m_x——图像细化误差；

m_s——矢量化误差。

根据上述分析，将各项误差的取值代入式(6-1)得：

$$M_{扫} = \pm 0.211\text{mm}$$

上述计算是在扫描光学分辨率为300dpi的情况下，对地形图扫描屏幕数字化方法作出的精度估算。

【职业能力训练】

通过本项目的学习，可使用扫描仪扫描一幅完整的地形图，扫描时分辨率为300dpi以上，能利用南方CASS 9.0数字测图系统软件进行已有图纸扫描矢量化作业。

【项目小结】

通过本项目的学习，主要掌握利用南方CASS 9.0进行矢量化的作业流程和图形编绘时的注意事项。

练习与思考题

1. 什么是地形图的矢量化？
2. 栅格数据和矢量数据的区别是什么？
3. 如何进行一幅地形图的矢量化？请简述其作业流程和注意事项。

项目7　数字地形图的应用

数字地形图在工程建设中的应用主要包括：测量图上点的平面坐标和高程、量测(算)两点间的距离、量测(算)直线的坐标方位角、确定两点间的坡度、按一定方向绘制断面图、面积量算、土石方量计算、按限制坡度选线等。目前用于数字成图的软件很多，大多数都具有在工程中应用的某些功能。有些功能是CAD平台本身已经具备的，本项目以CASS 9.0为例，介绍数字地形图在工程建设中的应用。

掌握数字地形图在工程上的应用，具体包括：基本几何要素的查询、土石方量计算、区域土方平衡、断面图的绘制、图数转换。

任务7.1　数字地形图在工程建设中的应用

7.1.1　地形图常见几何要素查询

本节主要介绍如何查询指定点坐标，查询两点距离及方位，查询线长，查询实体面积，计算表面积等。

1. 查询指定点坐标

用鼠标点取“工程应用”菜单中的“查询指定点坐标”，用鼠标点取所要查询的点即可。也可以先进入点号定位方式，再输入要查询的点号。

说明：系统左下角状态栏显示的坐标是笛卡尔坐标系中的坐标，与测量坐标系的X和Y的顺序相反。用此功能查询时，系统在命令行给出的X、Y是测量坐标系的值。

2. 查询两点距离及方位

用鼠标点取“工程应用”菜单下的“查询两点距离及方位”，用鼠标分别点取所要查询的两点即可。也可以先进入点号定位方式，再输入两点的点号。

说明：CASS 9.0所显示的坐标为实地坐标，所以所显示的两点间的距离为实地距离。

3. 查询线长

用鼠标点取“工程应用”菜单下的“查询线长”。用鼠标点取图上曲线即可。

4. 查询实体面积

用鼠标点取待查询的实体的边界线即可，要注意实体应该是闭合的。

5. 计算表面积

对于不规则地貌，其表面积很难通过常规的方法来计算，在这里可以通过建模的方法来计算,系统通过 DTM 建模,在三维空间内将高程点连接为带坡度的三角形,再通过每个三角形面积累加得到整个范围内不规则地貌的面积。

要计算矩形范围内地貌的表面积需先选定计算区域,如图 7-1 所示。

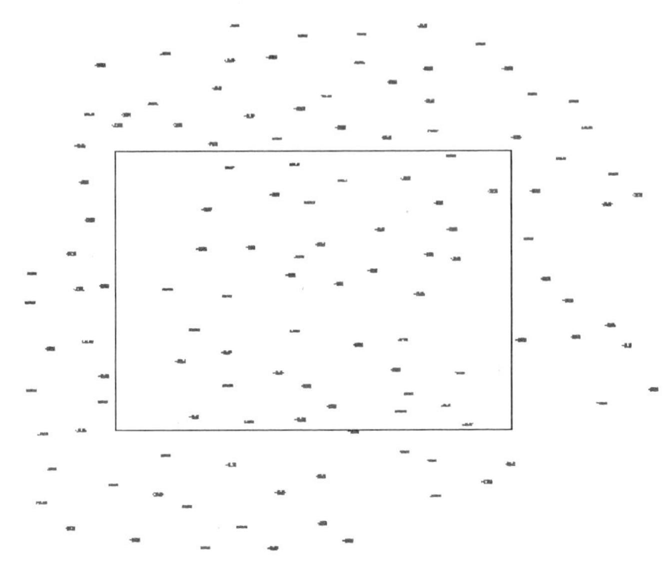

图 7-1　选定计算区域

点击“工程应用\计算表面积\根据坐标文件”命令,命令区提示:

请选择:(1)根据坐标数据文件(2)根据图上高程点:回车,选 1;

选择土方边界线,用拾取框选择图上的复合线边界;

请输入边界插值间隔(米):〈20〉5,输入在边界上插点的密度;

表面积=15863.516m^2,详见 surface.log 文件显示的计算结果,surface.log 文件保存在\CASS9.0\SYSTEM 目录下面。表面积计算结果如图 7-2 所示。

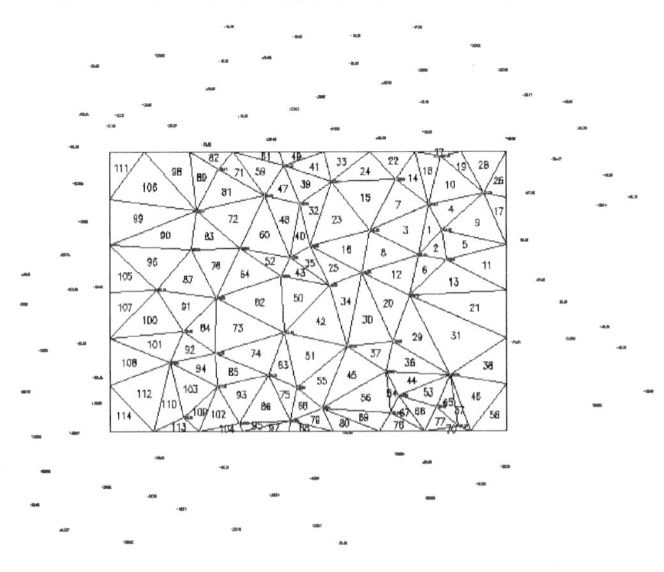

图 7-2　表面积计算结果

另外，还可以根据图上高程点计算表面积，操作步骤相同，但计算的结果会有差异，因为根据坐标文件计算时，边界上内插点的高程由全部的高程点参与计算得到，而根据图上高程点来计算时，边界上内插点只与被选中的点有关，故边界上点的高程会影响到表面积的结果。到底用哪种方法计算合理与边界线周边的地形变化条件有关，变化越大，越趋向于根据图上高程点来计算。

7.1.2　土方量计算

7.1.2.1　DTM法土方计算

由DTM模型来计算土方量是根据实地测定的地面点坐标(X,Y,Z)和设计高程，通过生成三角网来计算每一个三棱锥的填挖方量，最后累计得到指定范围内填方和挖方的土方量，并绘出填挖方分界线。

DTM法土方计算共有三种方法，第一种是根据坐标数据文件计算，第二种是根据图上高程点进行计算，第三种是根据图上的三角网进行计算。前两种算法包含重新建立三角网的过程，第三种方法直接采用图上已有的三角形，不再重建三角网。下面分述三种方法的操作过程：

1.根据坐标计算

用复合线画出所要计算土方的区域，一定要闭合，但是尽量不要拟合。因为拟合过的曲线在进行土方计算时会用折线迭代，影响计算结果的精度。

用鼠标点取"工程应用\DTM法土方计算\根据坐标文件"。

提示：选择边界线。用鼠标点取所画的闭合复合线，弹出如图7-3所示土方计算参数设置对话框。

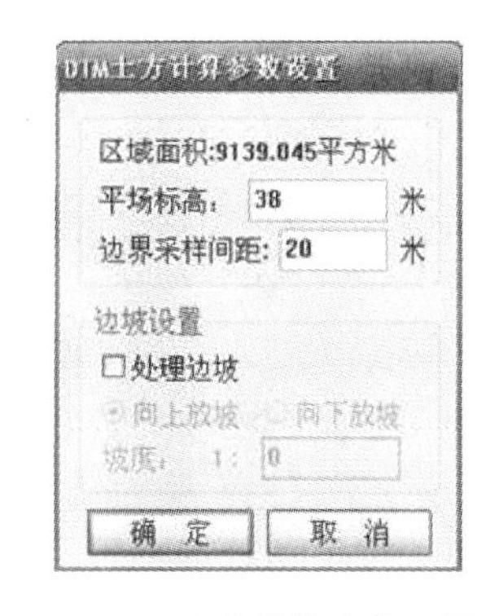

图7-3　土方计算参数设置

区域面积：该值为复合线围成的多边形的水平投影面积。

平场标高：指设计要达到的目标高程。

边界采样间距：边界插值间距的设定，默认值为20米。

边坡设置：选中"处理边坡"复选框后，则坡度设置功能变为可选，选中放坡的方式(向上或向下：指平场高程相对于实际地面高程的高低，平场高程高于地面高程则设置为向下放坡，注意不能计算向内放坡，即不能计算向范围线内部放坡的土方工程)，然后输入坡度值。

设置好计算参数后屏幕上显示填挖方的提示框，命令行显示：

挖方量=××××立方米，填方量=××××立方米

同时图上绘出所分析的三角网、填挖方的分界线(白色线条)。

填挖方提示框如图7-4所示。计算三角网构成详见cass\system\dtmtf.log文件。

关闭对话框后系统提示：请指定表格左下角位置：<直接回车不绘表格>。用鼠标在图上适当位置点击，CASS 9.0会在该处绘出一个表格，包含平场面积、最大高程、最小高程、平场标高、填方量、挖方量和图形。

填挖方量计算结果表格如图7-5所示。DTM土方计算结果如图7-6所示。土方计算放边坡效果图如图7-7所示。

2.根据图上高程点计算

首先要展绘高程点，然后用复合线画出所要计算土方的区域，要求同DTM法。

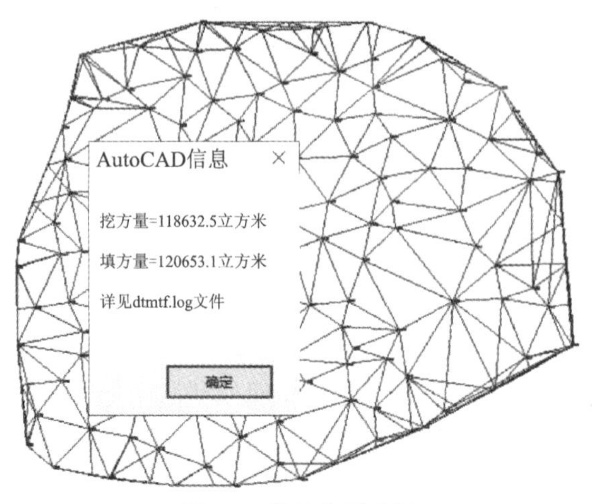

图 7-4　填挖方提示框

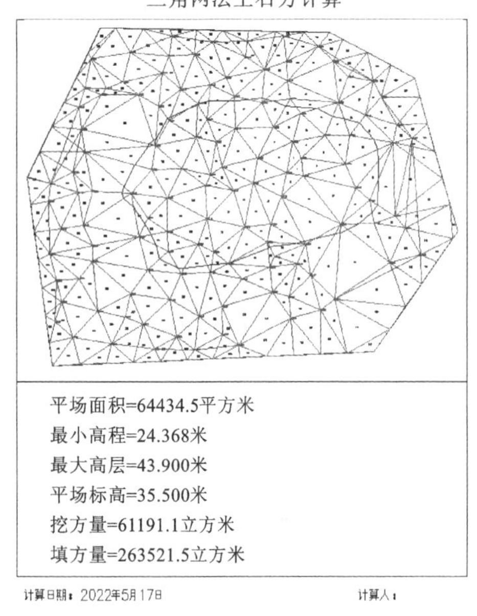

图 7-5　填挖方量计算结果表格

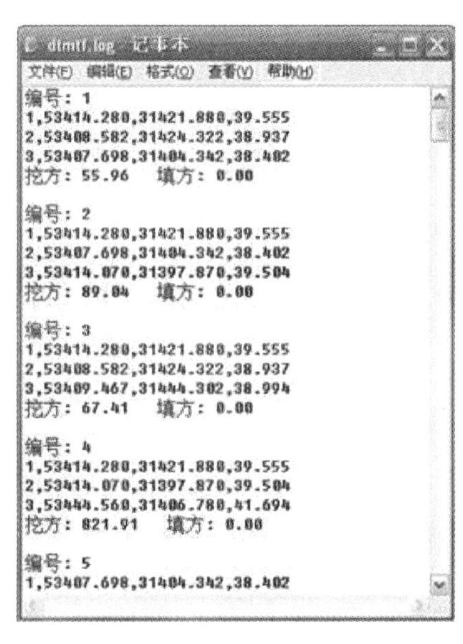

图 7-6　DTM 土方计算结果

用鼠标点取“工程应用”菜单下“DTM 法土方计算”子菜单中的“根据图上高程点计算”。

提示：选择边界线。用鼠标点取所画的闭合复合线。

提示：选择高程点或控制点。此时可逐个选取要参与计算的高程点或控制点，也可拖框选择。如果键入“ALL”回车，将选取图上所有已经绘出的高程点或控制点。弹出土方计算参数设置对话框，之后的操作则与根据坐标计算方法一样。

3. 根据图上的三角网计算

对已经生成的三角网进行必要的添加和删除，使结果更接近实际地形。

用鼠标点取“工程应用”菜单下“DTM 法土方计算”子菜单中的“依图上三角网计算”。

提示：平场标高(米)：输入平整的目标高程。

提示：请在图上选取三角网：用鼠标在图上选取三角形，可以逐个选取，也可拉框批量选取。

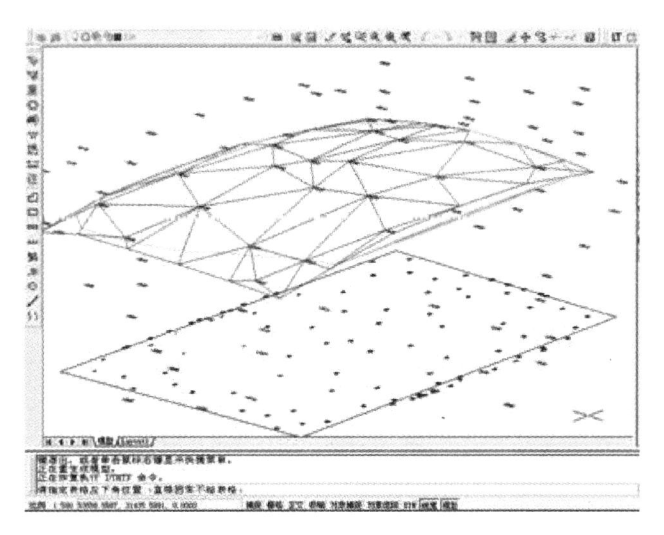

图 7-7 土方计算放边坡效果图

回车后屏幕上显示填挖方的提示框，同时图上绘出所分析的三角网、填挖方的分界线(白色线条)。

注意：用此方法计算土方量时不要求给定区域边界，因为系统会分析所有被选取的三角形，因此在选择三角形时一定要注意不要漏选或多选，否则计算结果有误，且很难检查出问题所在。

4. 两期土方计算

两期土方计算指的是对同一区域进行了两期测量，利用两次观测得到的高程数据建模后叠加，计算出两期之中的区域内土方的变化情况。适用的情况是两次观测时该区域都是不规则表面。

两期土方计算之前，要先对该区域分别进行建模，即生成 DTM 模型，并将生成的 DTM 模型保存起来。然后点取"工程应用\DTM 法土方计算\计算两期土方量"，命令区提示：

第一期三角网：(1)图面选择(2)三角网文件〈2〉。图面选择表示当前屏幕上已经显示的 DTM 模型，三角网文件指保存到文件中的 DTM 模型。

第二期三角网：(1)图面选择(2)三角网文件〈1〉1。同上，默认选 1。则系统弹出计算结果，如图 7-8 所示。

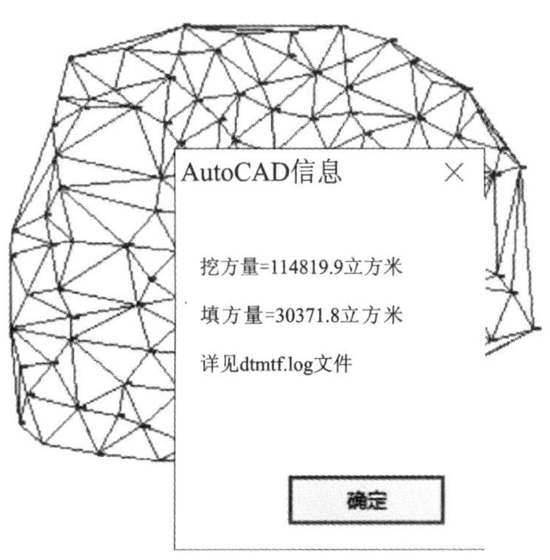

图 7-8 两期土方计算结果

点击“确定”后，屏幕出现两期三角网叠加的效果，如图 7-9 所示，蓝色部分表示此处的高程已经发生变化，红色部分表示没有变化。

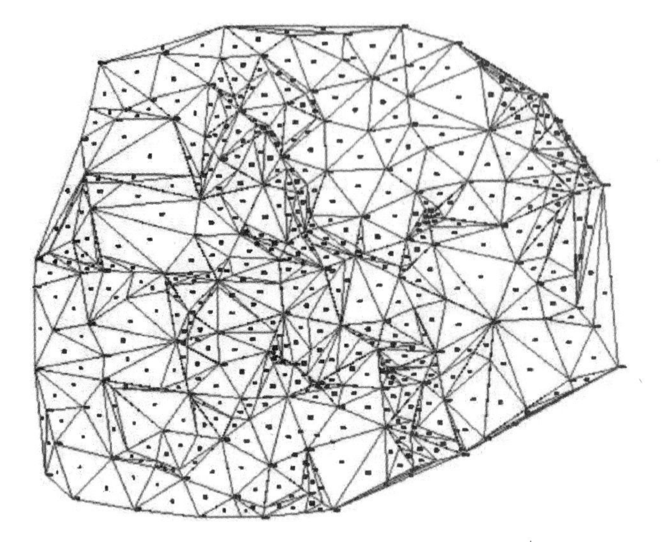

二期间土方计算

	一期	二期
平场面积	51083.6平方米	51083.6平方米
最大高程	49.548米	43.900米
最小高程	20.546米	24.368米
挖方量	114819.9立方米	
填方量	30371.8立方米	

计算日期：2022年5月17日　　计算人：
审核人：

图 7-9　两期土方计算效果图

7.1.2.2　用断面法进行土方量计算

断面法土方计算主要用在公路土方计算和区域土方计算，对于特别复杂的地方可以用任意断面设计方法。断面法土方计算主要有道路断面、场地断面和任意断面三种计算土方量的方法。

1. 道路断面法土方计算

(1)生成里程文件

里程文件用离散的方法描述了实际地形。接下来的所有工作都是在分析里程文件中的数据后才能完成。

点取菜单“工程应用”，在弹出的菜单里选“生成里程文件”，CASS 9.0 提供了五种生成里程文件的方法，如图 7-10 所示。

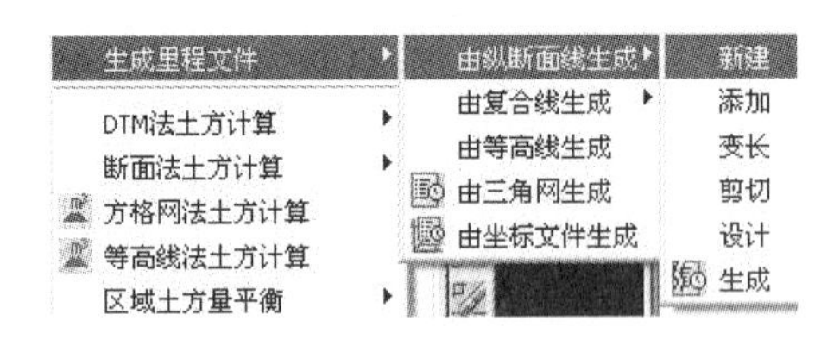

图 7-10　生成里程文件菜单

①由纵断面线生成

在 CASS 9.0 中综合了以前版本由图面生成和由纵断面生成两者的优点。在生成的过程中充分体现灵活、直观、简捷的设计理念，将图纸设计的直观和计算机处理的快捷紧密结合在一起。

在生成里程文件之前，要事先用复合线绘制出纵断面线。

用鼠标点取“工程应用\生成里程文件\由纵断面线生成\新建”。

屏幕提示：请选取纵断面线：用鼠标点取所绘纵断面线，弹出如图 7-11 所示对话框。

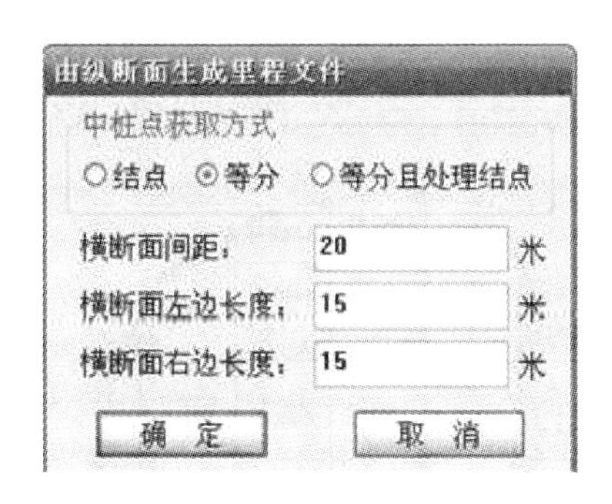

图 7-11　由纵断面生成里程文件对话框

中桩点获取方式："结点"表示结点上要有断面通过；"等分"表示从起点开始用相同的间距；"等分且处理结点"表示用相同的间距且要考虑不在整数间距上的结点。

横断面间距：两个断面之间的距离，此处输入 20。

横断面左边长度：输入大于 0 的任意值，此处输入 15。

横断面右边长度：输入大于 0 的任意值，此处输入 15。

选择其中的一种方式后则自动沿纵断面线生成横断面线，如图 7-12 所示。

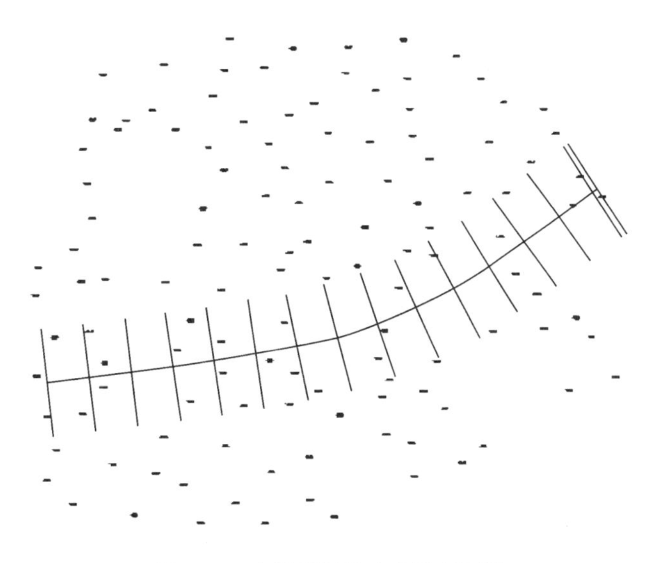

图 7-12　由纵断面线生成横断面线

横断面线编辑命令如图 7-13 所示。

编辑命令的功能、用法如下：

添加：在现有基础上添加横断面线。执行"添加"功能，命令行提示：

选择纵断面线。用鼠标选择纵断面线。

输入横断面左边长度：(米)。输入 20。

输入横断面右边长度：(米)。输入 20。

选择获取中桩位置方式：(1)鼠标定点 (2)输入里程〈1〉 (1)表示直接用鼠标在纵断面线上定点，(2)表示输入线路加桩里程。

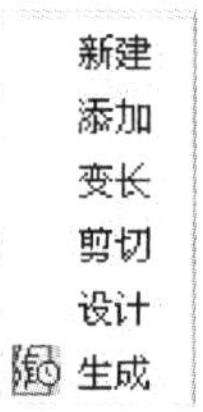

新建
添加
变长
剪切
设计
生成

图 7-13　横断面线编辑命令

指定加桩位置:用鼠标定点或输入里程。

变长:可将图上横断面左右长度进行改变。执行“变长”功能,命令行提示:

选择纵断面线:

选择横断面线:

选择对象:找到一个

选择对象:

输入横断面左边长度:(米) 21

输入横断面右边长度:(米) 21,输入左、右的目标长度后该断面变长。

剪切:指定纵断面线和剪切边后剪掉断面多余部分。

设计:直接给横断面指定设计高程。首先绘出横断面线的切割边界,选定横断面线后弹出设计高程输入框。

生成:当横断面设计完成后,点击“生成”将设计结果生成里程文件。

②由复合线生成

这种方法用于生成纵断面的里程文件。它从断面线的起点开始,按间距依次记下每一交点在纵断面线上离起点的距离和所在等高线的高程。

③由等高线生成

这种方法只能用来生成纵断面的里程文件。它从断面线的起点开始,处理断面线与等高线的所有交点,依次记下每一交点在纵断面线上离起点的距离和所在等高线的高程。

在图上绘出等高线,再用轻量复合线绘制纵断面线(可用 PL 命令绘制)。

用鼠标点取“工程应用\生成里程文件\由等高线生成”,屏幕提示:请选取断面线:用鼠标点取所绘纵断面线。

屏幕上弹出“输入断面里程数据文件名”的对话框,选择断面里程数据文件。这个文件将保存要生成的里程数据。

屏幕提示:输入断面起始里程:〈0.0〉如果断面线起始里程不为 0,在这里输入“。”回车,里程文件生成完毕。

④由三角网生成

这种方法只能用来生成纵断面的里程文件。它从断面线的起点开始,处理断面线与三角网的所有交点,依次记下每一交点在纵断面线上离起点的距离和所在三角形的高程。

在图上生成三角网,再用轻量复合线绘制纵断面线(可用 PL 命令绘制)。

用鼠标点取“工程应用\生成里程文件\由三角网生成”,屏幕提示:请选取断面线;用鼠标点取所绘纵断面线。

屏幕上弹出“输入断面里程数据文件名”的对话框,选择断面里程数据文件。这个文件将保存要生成的里程数据。

屏幕提示:输入断面起始里程:〈0.0〉。如果断面线起始里程不为 0,在这里输入“。”回车,里程文件生成完毕。

⑤由坐标文件生成

用鼠标点取“工程应用”菜单下的“生成里程文件”子菜单中的“由坐标文件生成”。

屏幕上弹出“输入简码数据文件名”的对话框,选择简码数据文件。这个文件的编码必须按以下方法定义,具体例子见“DEMO”子目录下的“ZHD.DAT”文件。

总点数点号,M1,X 坐标,Y 坐标,高程

点号,1,X 坐标,Y 坐标,高程

……

点号,M2,X 坐标,Y 坐标,高程

点号,2,X 坐标,Y 坐标,高程

……

点号,Mi,X 坐标,Y 坐标,高程

点号,i,X 坐标,Y 坐标,高程

……

其中,代码 Mi 表示道路中心点,代码 i 表示该点是对应 Mi 的道路横断面上的点。

注意:M1、M2、M3 各点应按实际的道路中线点顺序,而同一横断面的各点可不按顺序。

屏幕上弹出“输入断面里程数据文件名”的对话框,选择断面里程数据文件。这个文件将保存要生成的里程数据。

命令行出现提示:输入断面序号:<直接回车处理所有断面>。如果输入断面序号,则只转换坐标文件中该断面的数据;如果直接回车,则处理坐标文件中所有断面的数据。

严格来说,生成里程文件还可以用手工输入和编辑。手工输入就是直接在文本中编辑里程文件,在某些情况下这比由图面生成等方法还要方便、快捷。

(2)选择土方计算类型

用鼠标点取“工程应用\断面法土方计算\道路断面”,如图 7-14 所示。

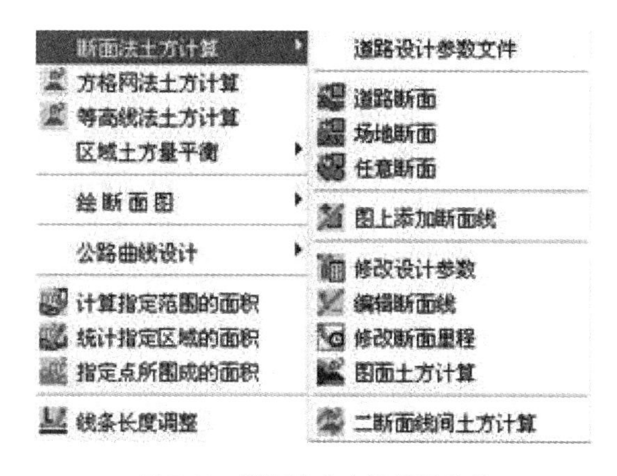

图 7-14　断面法土方计算子菜单

点击后弹出对话框,道路断面的初始参数都可以在这个对话框中进行设置,如图 7-15 所示。

(3)给定计算参数

接下来就是在上一步弹出的对话框中输入道路的各种参数。

选择里程文件:点击“确定”左边的按钮(上面有三点的),出现“选择里程文件名”的对话框,选定第一步生成的里程文件。

横断面设计文件:横断面的设计参数可以事先写入到一个文件中,点击“工程应用\断面法土方计算\道路设计参数文件”,弹出如图 7-16 所示界面。

断面设计参数

选择里程文件

横断面设计文件

确 定　取 消

左坡度 1: 1　右坡度 1: 1

左单坡限高: 0　左坡间宽: 0　左二级坡度 1: 0

右单坡限高: 0　右坡间宽: 0　右二级坡度 1: 0

道路参数

中桩设计高程: -2000

☑路宽 0　左半路宽: 0　右半路宽: 0

☑横坡率 0.02　左超高: 0　右超高: 0

左碎落台宽: 0　右碎落台宽: 0

左边沟上宽: 1.5　右边沟上宽: 1.5

左边沟下宽: 0.5　右边沟下宽: 0.5

左边沟高: 0.5　右边沟高: 0.5

绘图参数

断面图比例　横向1: 200　纵向 1: 200

行间距(毫米) 80　列间距(毫米) 300

每列断面个数: 5

☐绘制格网　宽(米): 1　高(米): 1

图 7-15　断面设计参数输入对话框

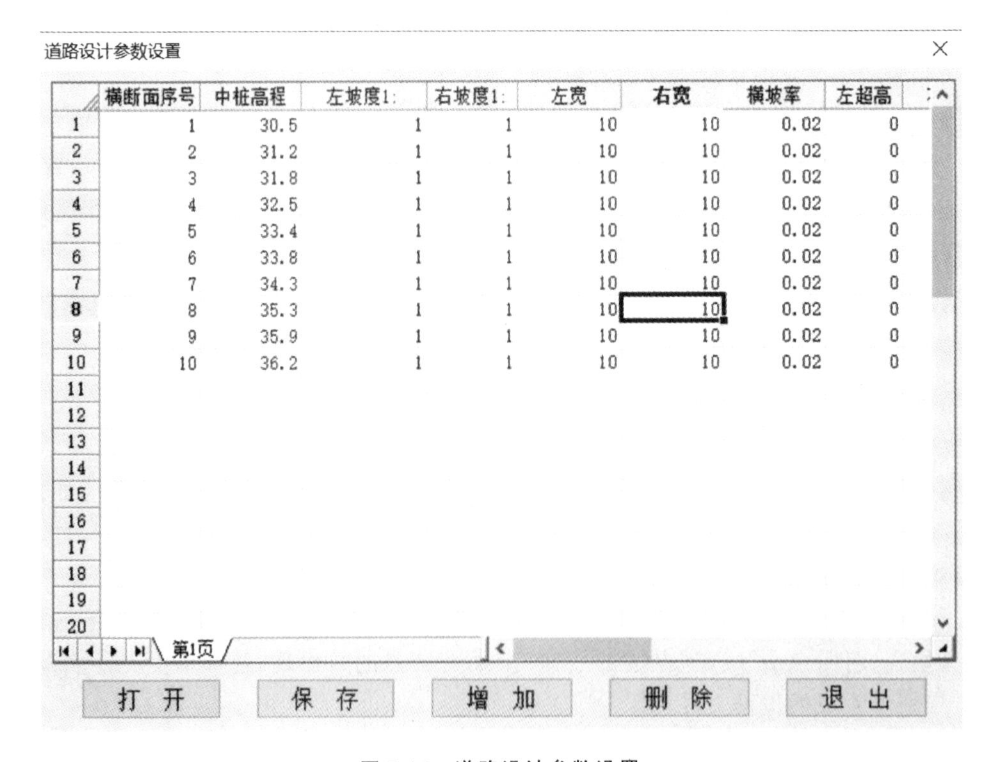

道路设计参数设置

	横断面序号	中桩高程	左坡度1:	右坡度1:	左宽	右宽	横坡率	左超高
1	1	30.5	1	1	10	10	0.02	0
2	2	31.2	1	1	10	10	0.02	0
3	3	31.8	1	1	10	10	0.02	0
4	4	32.5	1	1	10	10	0.02	0
5	5	33.4	1	1	10	10	0.02	0
6	6	33.8	1	1	10	10	0.02	0
7	7	34.3	1	1	10	10	0.02	0
8	8	35.3	1	1	10	10	0.02	0
9	9	35.9	1	1	10	10	0.02	0
10	10	36.2	1	1	10	10	0.02	0
11								
12								
13								
14								
15								
16								
17								
18								
19								
20								

第1页

打 开　保 存　增 加　删 除　退 出

图 7-16　道路设计参数设置

如果不使用道路设计参数文件，则在图 7-17 中把实际设计参数填入各相应的位置。注意：单位均为米。

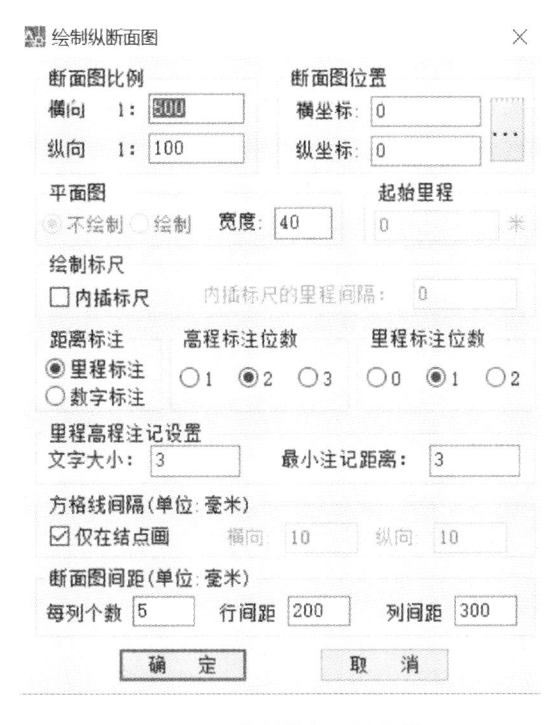

图 7-17　绘制纵断面图设置

点击“确定”按钮后，系统根据上一步给定的比例尺，在图上绘出道路的纵断面，

至此，图上已绘出道路的纵断面图及每一个横断面图，结果如图 7-18 所示。

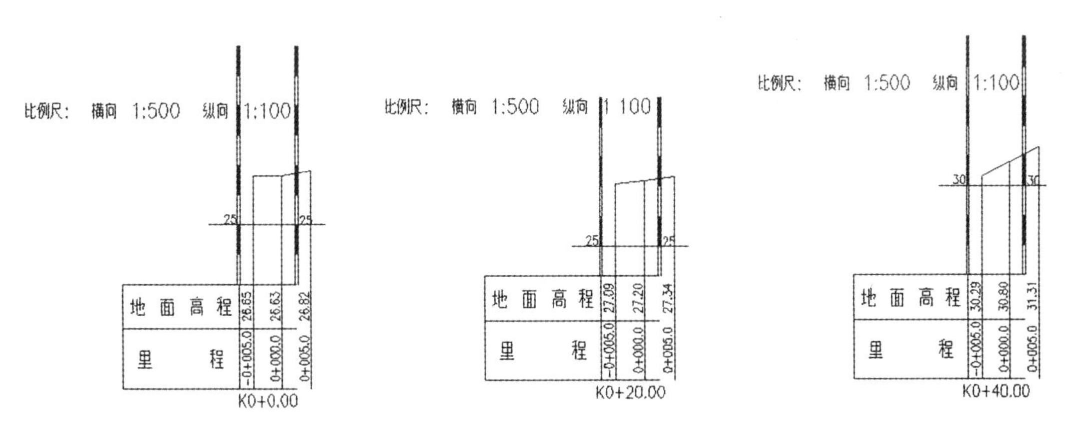

图 7-18　纵横断面图成果示意图

如果设计道路时该区段的中桩高程全部一样，就不需要下一步的编辑工作了。但实际上，有些断面的设计高程可能和其他的不一样，这样就需要手工编辑这些断面。

如果生成的部分断面设计参数需要修改，用鼠标点取“工程应用\断面法土方计算\修改设计参数”，如图 7-19 所示。

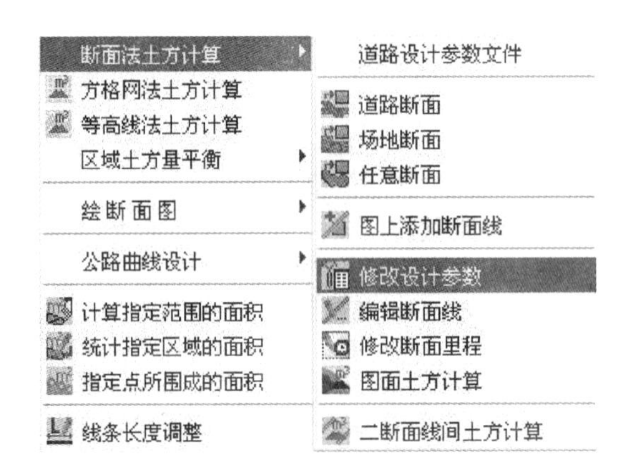

图 7-19　修改设计参数子菜单

屏幕提示:选择断面线。这时可用鼠标点取图上需要编辑的断面线,选设计线或地面线均可。选中后弹出如图 7-20 所示对话框,可以非常直观地修改相应参数。

图 7-20　设计参数输入对话框

修改完毕后点击“确定”按钮,系统取得各个参数,自动对断面图进行重算。

如果生成的部分实际断面线需要修改,用鼠标点取“工程应用\断面法土方计算\编辑断面线”功能。

屏幕提示:选择断面线。这时可用鼠标点取图上需要编辑的断面线,选设计线或地面线均可(但编辑的内容不一样)。选中后弹出如图 7-21 所示对话框,可以直接对参数进行编辑。

如果生成的部分断面线的里程需要修改,用鼠标点取“工程应用\断面法土方计算\修改断面里程”。

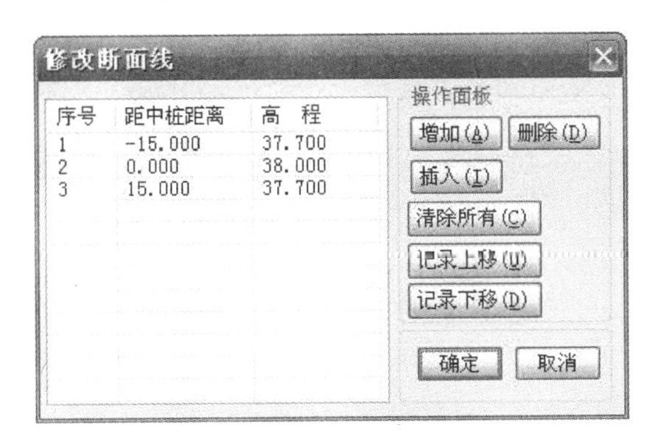

图 7-21　修改实际断面线高程

屏幕提示:选择断面线。这时可用鼠标点取图上需要修改的断面线,选设计线或地面线均可。

断面号:×,里程:××.×××,请输入该断面新里程:输入新的里程即可完成修改。

将所有的断面编辑完后,就可进入第四步。

(4)计算工程量

用鼠标点取"工程应用\断面法土方计算\图面土方计算",如图 7-22 所示。

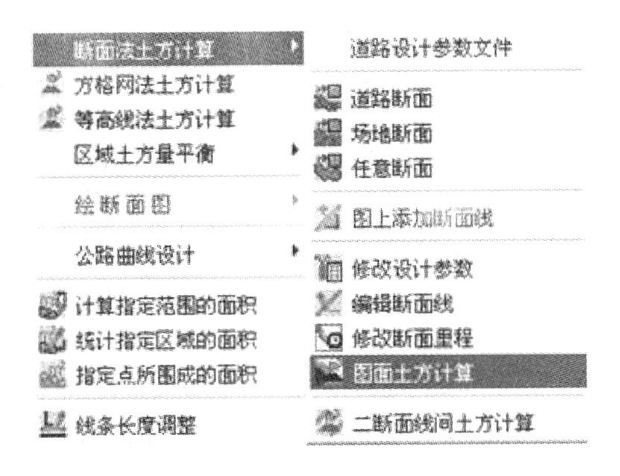

图 7-22　图面土方计算子菜单

命令行提示:

选择要计算土方的断面图:拖框选择所有参与计算的道路横断面图。

指定土石方计算表左上角位置:在屏幕适当位置点击鼠标定点。

系统自动在图上绘出土石方计算表,如图 7-23 所示。

并在命令行提示:

总挖方=××××立方米,总填方=××××立方米

至此,该区段的道路填挖方量已经计算完成,可以将道路纵横断面图和土石方计算表打印出来,作为工程量的计算结果。

2.场地断面土方计算

(1)生成里程文件

在场地的土方计算中,常用的里程文件生成方法同道路断面法中由纵断面线生成方法一样,不同的是在生成里程文件之前利用"设计"功能加入断面线的设计高程。

土石方数量计算表

里程	中心高(m)		横断面积(m^2)		平均面积(m^2)		高	总数量(m^2)	
	填	挖	填	挖	填	挖	(m)	填	挖
K0+0.00	1.38		0.23	32.38					
					6.23	32.38	0.00	0.00	0.00
K0+0.00	1.38		0.23	32.38					
					3.21	40.56	20.00	64.17	911.19
K0+20.00	0.18		0.19	58.74					
					0.10	58.74	0.00	0.00	0.00
K0+20.00	0.18		0.19	58.74					
					0.00	103.00	20.00	1.86	2080.03
K0+40.00		4.277	0.00	147.77					
					0.00	147.27	0.00	0.00	0.00
K0+40.00		4.27	0.00	147.77					
					0.00	188.25	20.00	0.00	3765.01
K0+60.00		7.87	0.00	228.24					
					0.00	220.24	0.00	0.00	0.00
K0+60.00		7.87	0.00	228.24					
					0.00	200.07	20.00	0.00	0111.47
K0+80.00		10.03	0.00	281.91					
					0.00	281.81	0.00	0.00	0.00
K0+80.00		10.03	0.00	281.91					
					0.00	318.20	20.00	0.00	6364.01
K0+100.00		13.62	0.00	354.49					
					0.00	354.49	0.00	0.00	0.00
K0+100.00		13.62	0.00	354.49					
					0.00	370.81	20.00	0.00	7412.28
K0+120.00		14.54	0.00	388.74					
					0.00	386.74	0.00	0.00	0.00
K0+120.00		14.54	0.00	388.74					
					0.00	387.20	20.00	0.00	7745.14
K0+140.00		14.85	0.00	387.78					
					0.00	337.78	0.00	0.00	0.00
K0+140.00		14.85	0.00	387.78					
					0.00	377.70	20.00	0.00	7554.01
K0+160.00		14.00	0.00	367.63					
					0.00	367.63	0.00	0.00	0.00
K0+160.00		14.00	0.00	367.63					
					0.00	380.37	20.00	0.00	7807.32
K0+180.00		12.68	0.00	413.11					
					0.0	413.11	0.00	0.00	0.00
K0+180.00		12.68	0.00	413.11					

土石方数量计算表

里程	中心高(m)		横断面积(m^2)		平均面积(m^2)		高	总数量(m^2)	
	填	挖	填	挖	填	挖	(m)	填	挖
K0+180.00		12.68	0.00	413.11					
					0.00	358.53	20.00	0.00	7130.88
K0+200.00		10.88	0.00	288.90					
					0.00	298.85	0.00	0.00	0.00
K0+200.00		10.88	0.00	288.90					
					0.00	278.84	20.00	0.00	5586.88
K0+220.00		9.02	0.00	258.73					
					0.00	258.73	0.00	0.00	0.00
K0+220.00		9.02	0.00	258.73					
					0.00	241.77	20.00	0.00	4530.38
K0+240.00		7.53	0.00	223.81					
					0.00	223.81	0.00	0.00	0.00
K0+240.00		7.53	0.00	223.81					
					0.00	198.18	20.00	0.00	3923.23
K0+260.00		4.84	0.00	188.51					
					0.00	158.51	0.00	0.00	0.00
K0+260.00		4.84	0.00	188.51					
					0.00	168.23	8.84	0.00	1487.87
K0+268.84		4.38	0.00	167.95					
					0.00	167.95	0.00	0.00	0.00
K0+268.84		4.38	0.00	167.95					
合计								66.0	71704.3

图 7-23　土石方计算表

(2)选择土方计算类型

用鼠标点取“工程应用\断面法土方计算\场地断面”，如图 7-24 所示。

图 7-24　场地断面子菜单

点击后弹出对话框，场地断面的所有参数都是在如图 7-25 所示对话框中进行设置的。

可能用户会认为图 7-25 这个对话框和道路土方计算的对话框是一样的。实际上在这个对话框中，道路参数设置项全部变灰，不能使用，只有坡度等参数可设置使用。

(3)给定计算参数

接下来就是在图 7-25 所示的对话框中输入各种参数。

选择里程文件：点击“确定”左边的按钮(上面有三点的)，出现“选择里程文件名”对话框，选定第一步生成的里程文件。

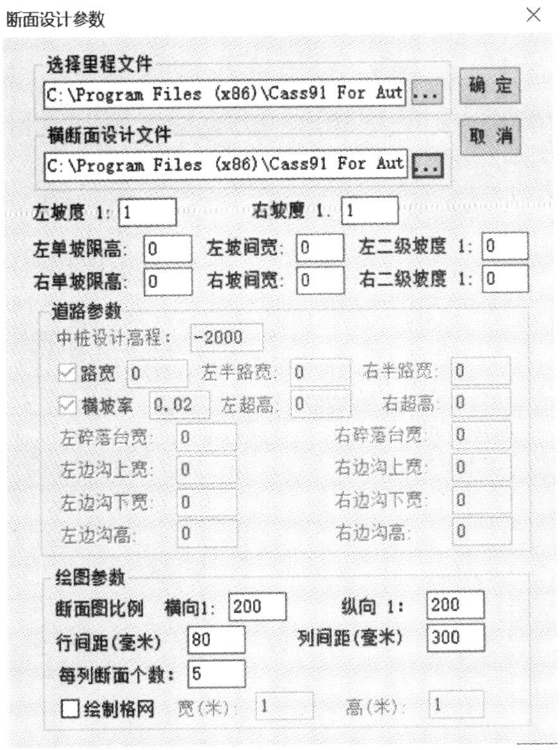

断面设计参数

选择里程文件
C:\Program Files (x86)\Cass91 For Aut　...　确 定
横断面设计文件
C:\Program Files (x86)\Cass91 For Aut　...　取 消
左坡度 1: 1　右坡度 1: 1
左单坡限高: 0　左坡间宽: 0　左二级坡度 1: 0
右单坡限高: 0　右坡间宽: 0　右二级坡度 1: 0
道路参数
中桩设计高程: -2000
☑路宽 0　左半路宽: 0　右半路宽: 0
☑横坡率 0.02　左超高: 0　右超高: 0
左碎落台宽: 0　右碎落台宽: 0
左边沟上宽: 0　右边沟上宽: 0
左边沟下宽: 0　右边沟下宽: 0
左边沟高: 0　右边沟高: 0
绘图参数
断面图比例　横向1: 200　纵向 1: 200
行间距(毫米) 80　列间距(毫米) 300
每列断面个数: 5
☐绘制格网　宽(米): 1　高(米): 1

图 7-25　断面设计参数输入对话框

把横断面设计文件或实际设计参数填入各相应的位置。注意:单位均为米。点“确定”按钮后,出现如图 7-26 所示的对话框。

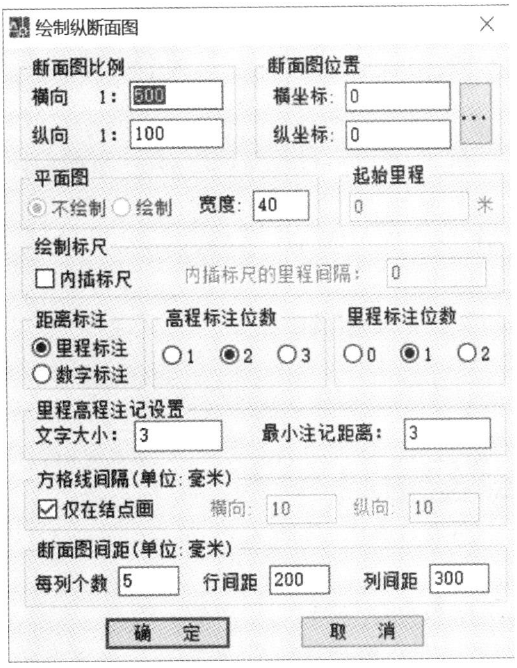

绘制纵断面图

断面图比例
横向 1: 500
纵向 1: 100
断面图位置
横坐标: 0
纵坐标: 0
平面图
◉不绘制 ○绘制　宽度: 40
起始里程
0 米
绘制标尺
☐内插标尺　内插标尺的里程间隔: 0
距离标注
◉里程标注
○数字标注
高程标注位数
○1 ◉2 ○3
里程标注位数
○0 ◉1 ○2
里程高程注记设置
文字大小: 3　最小注记距离: 3
方格线间隔(单位:毫米)
☑仅在结点画　横向: 10　纵向: 10
断面图间距(单位:毫米)
每列个数 5　行间距 200　列间距 300
确 定　取 消

图 7-26　断面图要素设置

点击“确定”，在图上绘出场地的纵横断面图，结果如图 7-27 所示。

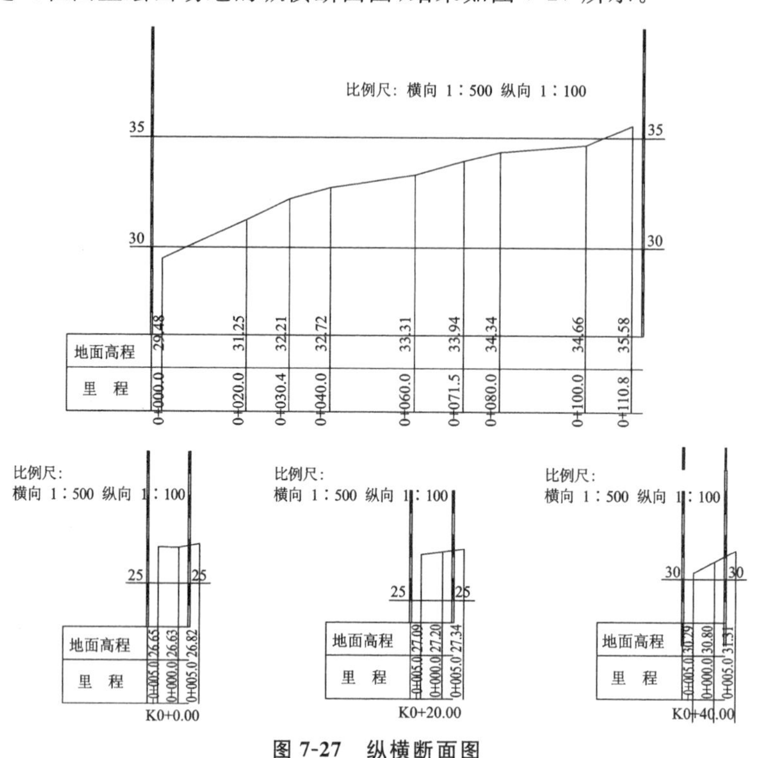

图 7-27 纵横断面图

如果进行场地设计时该区段的中桩高程全部一样，就不需要下一步的编辑工作了。但实际上，有些断面的设计高程可能和其他的不一样，这样就需要手工编辑这些断面。

如果生成的部分断面参数需要修改，用鼠标点取“工程应用\断面法土方计算\修改设计参数”。

屏幕提示：选择断面线。这时可用鼠标点取图上需要编辑的断面线，选设计线或地面线均可。弹出修改参数对话框，则可以非常直观地修改相应参数。

修改完毕后点击“确定”按钮，系统取得各个参数，自动对断面图进行修正，这一步骤不需要用户干预，实现了“所改即所得”。

将所有的断面编辑完后，就可进入第四步。

(4)计算工程量

用鼠标点取“工程应用”菜单下的“断面法土方计算”子菜单中的“图面土方计算”，如图 7-28 所示。

命令行提示：

选择要计算土方的断面图：拖框选择所有参与计算的场地横断面图。

指定土石方计算表左上角位置：在适当位置点击鼠标左键。

系统自动在图上绘出土石方计算表，如图 7-29 所示。

然后在命令行提示：

总挖方＝××××立方米，总填方＝××××立方米

至此，该区段的场地填挖方量已经计算完成，可以将场地纵横断面图和土石方计算表打印出来，作为工程量的计算结果。

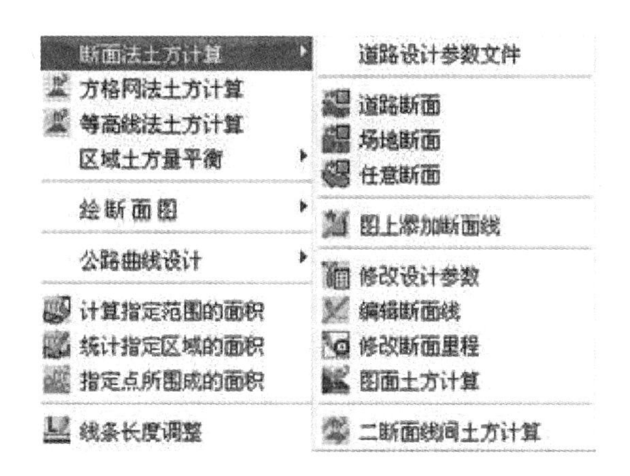

图 7-28　图面土方计算子菜单

土石方数量计算表

里程	中心高(m)		横断面积(m^2)		平均面积(m^2)		高(m)	总数量(m^2)	
	填	挖	填	挖	填	挖		填	挖
K0+0.00	5.87		55.52	0.00					
					47.69	0.00	20.00	953.82	0.00
K0+20.00	3.55		39.85	0.00					
					28.41	0.20	20.00	528.11	3.93
K0+40.00		0.15	12.95	0.39					
					6.68	9.87	20.00	133.63	193.43
K0+60.00		4.17	0.41	18.85					
					0.21	28.88	20.00	4.14	533.28
K0+80.00		6.27	0.00	34.36					
					0.00	44.20	20.00	0.00	883.93
K0+100.00		9.03	0.00	54.01					
					0.00	50.50	20.00	0.00	1212.02
K0+120.00		10.71	0.00	87.19					
					0.00	54.18	20.00	0.00	1283.51
K0+140.00		9.86	0.00	81.18					
					0.00	58.55	20.00	0.00	1171.00
K0+160.00		9.08	0.00	55.84					
					0.00	50.17	20.00	0.00	1003.42
K0+180		7.56	0.00	44.40					
					0.00	35.96	20.00	0.00	712.23
K0+200		5.25	0.00	27.52					
					1.57	18.02	20.00	31.38	350.38
K0+220		2.29	3.14	8.52					
					4.97	5.41	20.00	99.38	108.21
K0+240		0.78	6.80	2.30					
					7.37	1.99	20.00	147.39	39.74
K0+260		0.59	7.94	1.67					
					12.54	0.83	20.00	250.88	16.69
K0+280	1.10		17.15	0.00					
					18.33	0.00	20.00	388.88	0.00
K0+300	0.93		19.52	0.00					
					17.77	0.00	12.81	227.88	0.00
K0+312.81	0.49		16.02	0.00					

图 7-29　土石方计算成果表

3.任意断面土方计算

(1)生成里程文件

生成里程文件有四种方法,根据情况选择合适的方法生成里程文件。

(2)选择土方计算类型

用鼠标点取"工程应用"菜单下的"断面法土方计算"子菜单中的"任意断面",如图7-30所示。

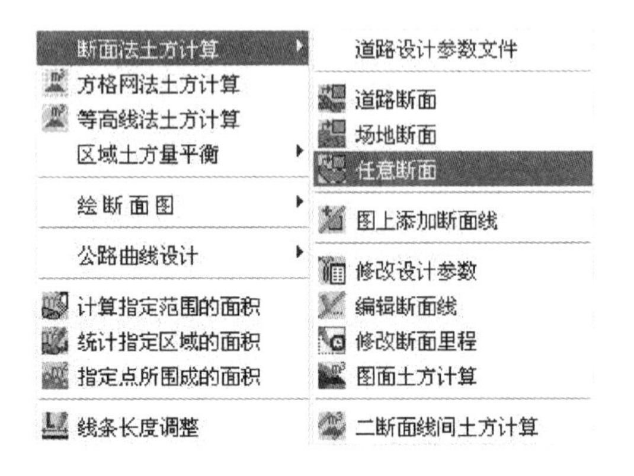

图7-30　任意断面子菜单

点击后弹出如图7-31所示对话框,进行任意断面设计参数的设置。

图7-31　任意断面设计参数对话框

在"选择里程文件"中选择第一步中生成的里程文件,左右两边的显示框中是对设计道路的横断面的描述,都是从中桩开始向两边描述的,如图7-32所示。

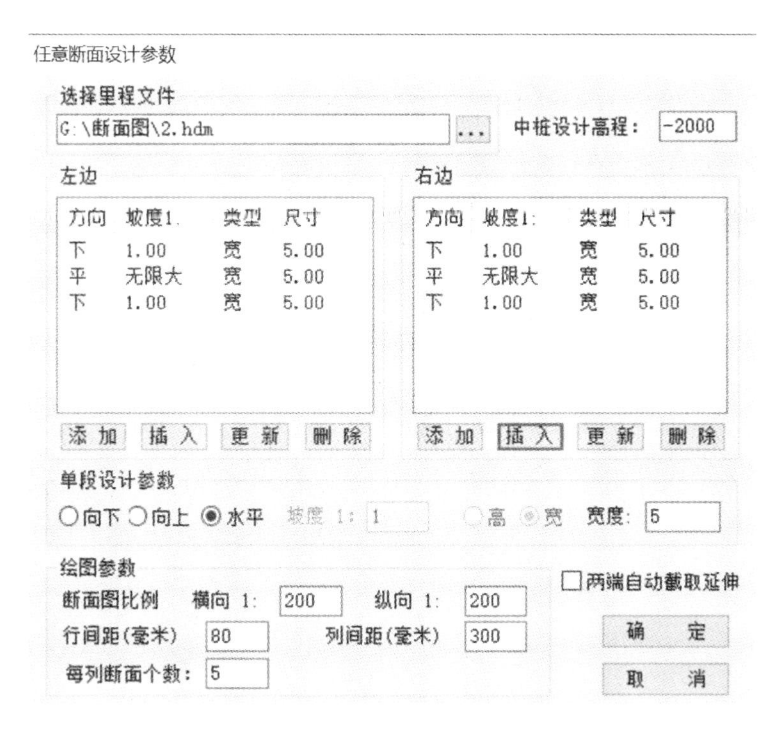

图 7-32 任意断面设计参数设置

如图 7-32 所描述的是从中桩向上或向下放坡的坡度和宽度，录入断面设计参数后，点击“确定”按钮，弹出如图 7-33 所示对话框。

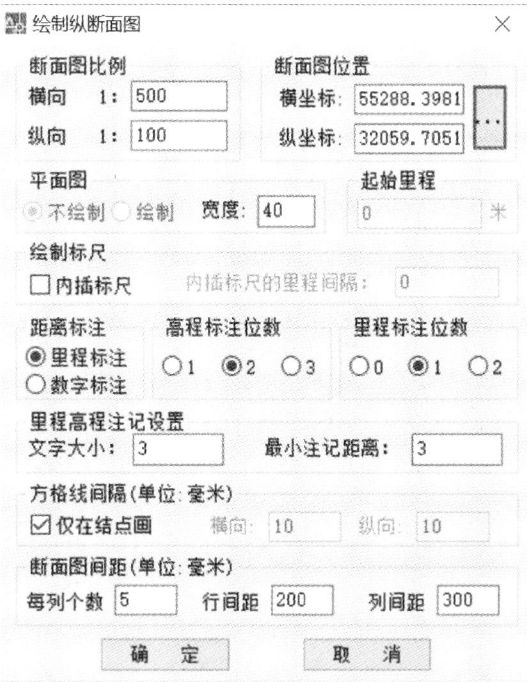

绘制纵断面图
断面图比例
横向 1: 500
纵向 1: 100
断面图位置
横坐标: 55288.3981
纵坐标: 32059.7051
平面图
不绘制 绘制 宽度: 40
起始里程
绘制标尺
内插标尺
距离标注
里程标注
数字标注
高程标注位数
1 2 3
里程标注位数
0 1 2
里程高程注记设置
文字大小： 3
最小注记距离： 3
方格线间隔(单位:毫米)
仅在结点画
断面图间距(单位:毫米)
每列个数 5
行间距 200
列间距 300
确 定
取 消

图 7-33 绘制纵断面图的参数设置

设置好绘制纵断面图的参数，点击"确定"，图上已绘出道路的纵横断面图，结果如图 7-34 所示。

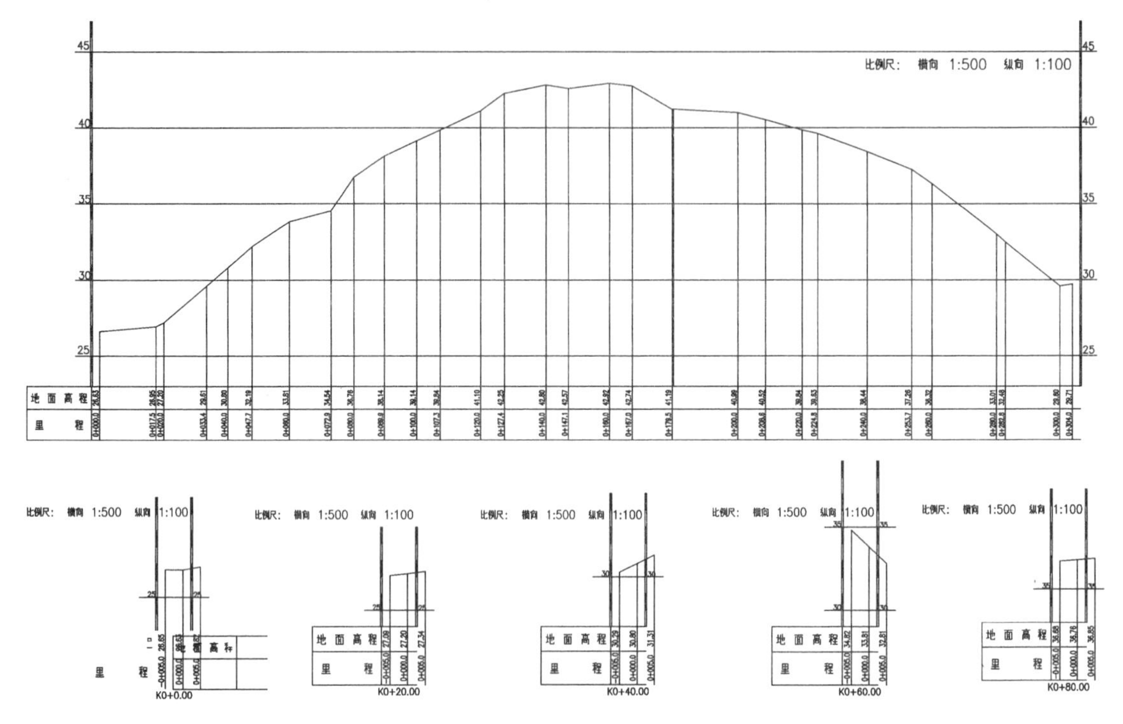

图 7-34　纵横断面图成果

(3)计算工程量

计算土方如上例所述。

4. 二断面线间土方计算

二断面线间土方计算是计算两工期之间或土石方分界土方的工程量。

(1)生成里程文件

用第一期工程、第二期工程(或是土质层、石质层)的高程文件分别生成里程文件一和里程文件二。

(2)生成纵横断面图

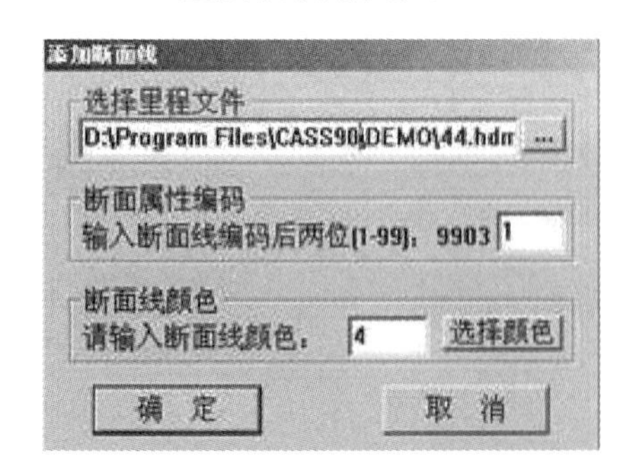

图 7-35　添加断面线对话框

使用其中一个里程文件生成纵横断面图。用一个里程文件生成的横断面图，只有一条横断面线，另外一期工程的横断面线需要使用"工程应用"菜单下的"断面法土方计算"子菜单中的"图上添加断面线"命令。点击"图上添加断面线"菜单，系统弹出如图 7-35 所示对话框。

在"选择里程文件"中填入另一期工程的里程文件，点击"确定"按钮，命令行显示：

选择要添加断面的断面图：框选需要添加横断面线的断面图。

回车确认，断面图上就有两条横断面线了。

(3)计算两期工程间工程量

用鼠标点取“工程应用”菜单下的“断面法土方计算”子菜单中的“二断面线间土方计算”，如图 7-36 所示。

图 7-36　二断面线间土方计算

点击菜单命令后，命令行显示：

输入第一期断面线编码(C)/〈选择已有地物〉：选择第一期的断面线。

输入第二期断面线编码(C)/〈选择已有地物〉：选择第二期的断面线。

选择要计算土方的断面图：框选需要计算的断面图。

回车确认，命令行显示：

指定土石方计算表左上角位置：点取插入土方计算表的左上角。

总挖方=×××.××立方米，总填方=×××.××立方米。

至此，二断面线间土方计算已完成了，结果如图 7-37 所示。

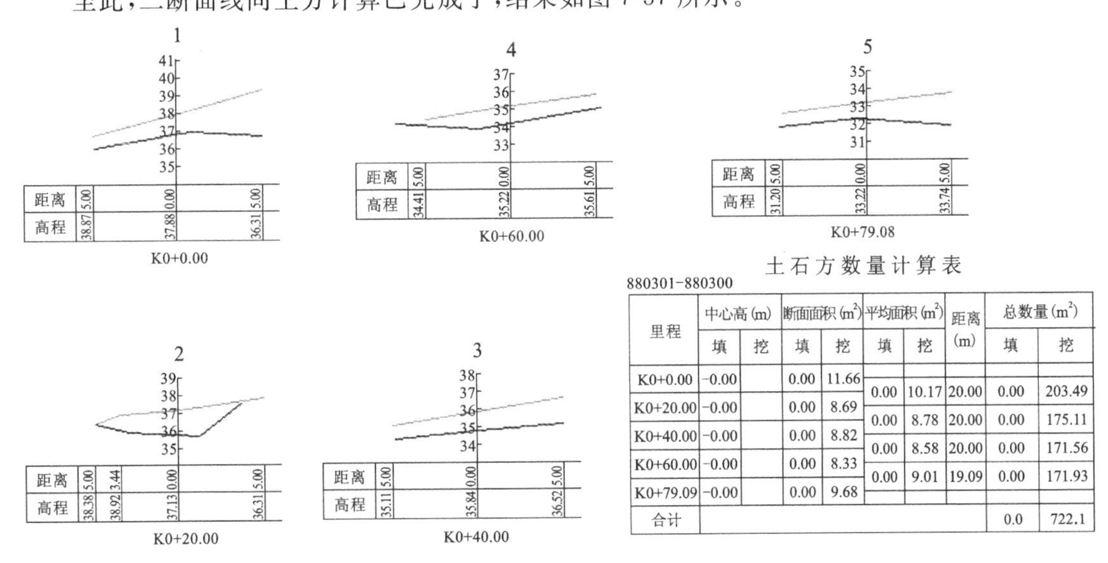

土石方数量计算表

880301-880300

里程	中心高(m) 填	中心高(m) 挖	断面面积(m^2) 填	断面面积(m^2) 挖	平均面积(m^2) 填	平均面积(m^2) 挖	距离(m)	总数量(m^2) 填	总数量(m^2) 挖
K0+0.00	-0.00		0.00	11.66					
					0.00	10.17	20.00	0.00	203.49
K0+20.00	-0.00		0.00	8.69					
					0.00	8.78	20.00	0.00	175.11
K0+40.00	-0.00		0.00	8.82					
					0.00	8.58	20.00	0.00	171.56
K0+60.00	-0.00		0.00	8.33					
					0.00	9.01	19.09	0.00	171.93
K0+79.09	-0.00		0.00	9.68					
合计								0.0	722.1

图 7-37　二断面线间土方计算结果

7.1.2.3　方格网法土方计算

方格网法土方计算是根据实地测定的地面点坐标(X,Y,Z)和设计高程，通过生成方格网来计算每一个方格内的填挖方量，最后累计得到指定范围内填方和挖方的土方量，并绘出填挖方分界线。

系统首先将方格的四个角上的高程相加(如果角上没有高程点,通过周围高程点内插得出其高程),取平均值与设计高程相减。然后通过指定的方格边长得到每个方格的面积,再用长方体的体积计算公式得到填挖方量。方格网法简便直观,易于操作,因此这一方法在实际工作中应用非常广泛。

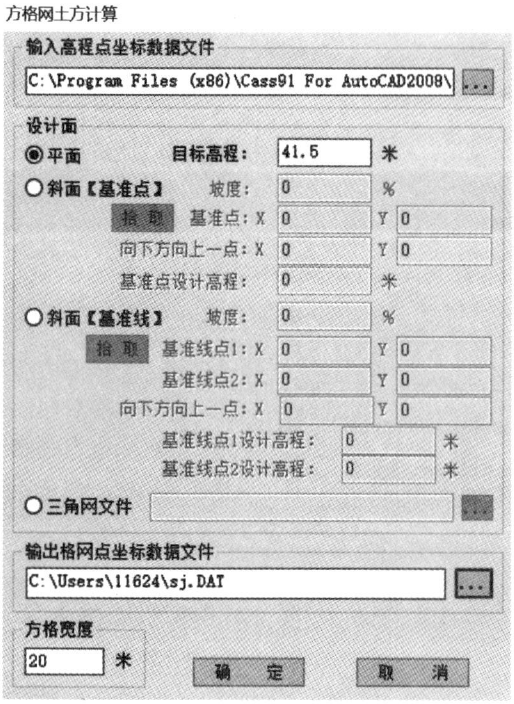

方格网土方计算
输入高程点坐标数据文件
C:\Program Files (x86)\Cass91 For AutoCAD2008\
设计面
◉平面　目标高程: 41.5 米
○斜面【基准点】　坡度: 0 %
拾取　基准点: X 0 Y 0
向下方向上一点: X 0 Y 0
基准点设计高程: 0 米
○斜面【基准线】　坡度: 0 %
拾取　基准线点1: X 0 Y 0
基准线点2: X 0 Y 0
向下方向上一点: X 0 Y 0
基准线点1设计高程: 0 米
基准线点2设计高程: 0 米
○三角网文件
输出格网点坐标数据文件
C:\Users\11624\sj.DAT
方格宽度
20 米　确定　取消

图 7-38　方格网土方计算对话框

用方格网法算土方量,设计面可以是平面,也可以是斜面,还可以是三角网,方格网土方计算对话框如图 7-38 所示。

1. 设计面是平面时的操作步骤

用复合线画出所要计算土方的区域,一定要闭合,但是尽量不要拟合。因为拟合过的曲线在进行土方计算时会用折线迭代,影响计算结果的精度。

选择"工程应用\方格网法土方计算"命令。

命令行提示:选择计算区域边界线。选择土方计算区域的边界线(闭合复合线)。

屏幕上将弹出如图 7-38 所示方格网土方计算对话框,在对话框中选择所需的坐标文件;在"设计面"栏选择"平面",并输入目标高程;在"方格宽度"栏,输入方格网的宽度,这是每个方格的边长,默认值为 20 米。方格的宽度越小,计算精度越高。但如果给的值太小,超过了野外采集的点的密度也是没有实际意义的。

点击"确定",命令行提示:

最小高程=××.×××,最大高程=××.×××

总填方=××××.×立方米,总挖方=×××.×立方米

同时图上绘出所分析的方格网、填挖方的分界线(绿色折线),并给出每个方格的填挖方、每行的挖方和每列的填方。结果如图 7-39 所示。

2. 设计面是斜面时的操作步骤

设计面是斜面的时候,操作步骤与平面的时候基本相同,区别在于在方格网土方计算对话框的"设计面"栏中,选择"斜面【基准点】"或"斜面【基准线】"。

如果设计的面是斜面(基准点),需要确定坡度、基准点和向下方向上一点的坐标,以及基准点的设计高程。

点击"拾取",命令行提示:

点取设计面基准点:确定设计面的基准点。

指定斜坡设计面向下的方向:点取斜坡设计面向下的方向。

如果设计的面是斜面(基准线),需要输入坡度并点取基准线上的两个点以及基准线向下方向上的一点,最后输入基准线上两个点的设计高程即可进行计算。

点击"拾取",命令行提示:

点取基准线第一点:点取基准线的一点。

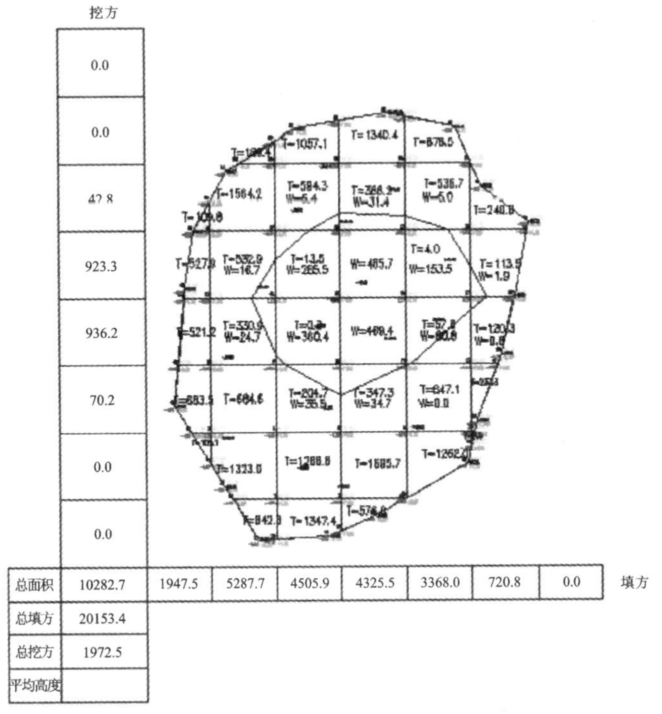

图 7-39　方格网法土方计算结果图

点取基准线第二点:点取基准线的另一点。

指定设计高程低于基准线方向上的一点:指定基准线方向两侧低的一边。方格网计算的结果如图 7-39 所示。

3. 设计面是三角网文件时的操作步骤

选择设计的三角网文件,点击"确定",即可进行方格网土方计算。三角网文件由"等高线"菜单生成。

7.1.2.4　等高线法土方计算

用户将白纸图扫描矢量化后可以得到图形。但这样的图都没有高程数据文件,所以无法用前面的几种方法计算土方量。

一般来说,这些图上都会有等高线,所以,CASS 9.0 开发了根据等高线计算土方量的功能,专为这类用户设计。

用此功能可计算任两条等高线之间的土方量,但所选等高线必须闭合。由于两条等高线所围面积可求,两条等高线之间的高差已知,因此可求出这两条等高线之间的土方量。

点取"工程应用"下的"等高线法土方计算"。

屏幕提示:选择参与计算的封闭等高线。可逐个点取参与计算的等高线,也可按住鼠标左键拖框选取。但是只有封闭的等高线才有效。

回车后屏幕提示:输入最高点高程:〈直接回车不考虑最高点〉

回车后,屏幕弹出如图 7-40 所示总方量消息框。

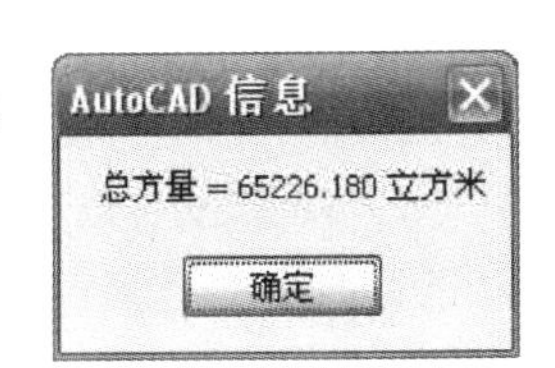

图 7-40　等高线法土方计算总方量消息框

回车后屏幕提示:请指定表格左上角位置:〈直接回车不绘制表格〉在图上空白区域点击鼠标右键,系统将在该点绘出计算结果表格,如图 7-41所示。

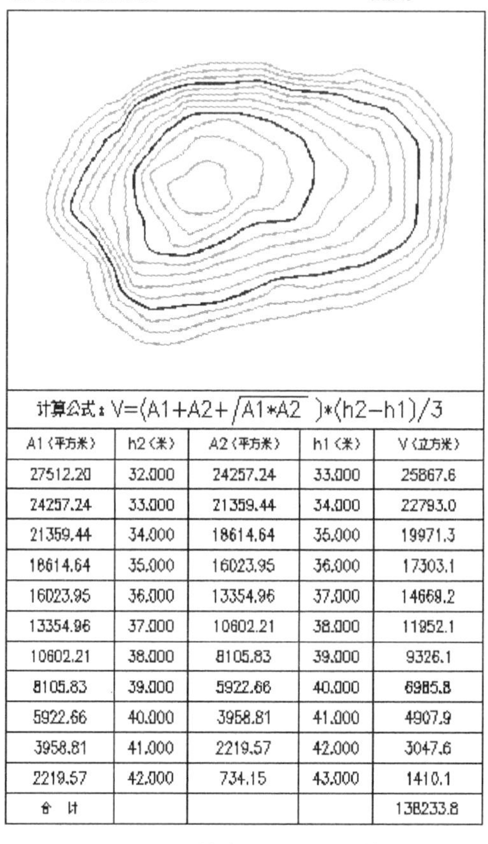

等高线法土石方计算

计算日期：2022年5月12日　　　　计算人：

计算公式：$V=(A1+A2+\sqrt{A1*A2})*(h2-h1)/3$

A1（平方米）	h2（米）	A2（平方米）	h1（米）	V（立方米）
27512.20	32.000	24257.24	33.000	25867.6
24257.24	33.000	21359.44	34.000	22793.0
21359.44	34.000	18614.64	35.000	19971.3
18614.64	35.000	16023.95	36.000	17303.1
16023.95	36.000	13354.96	37.000	14669.2
13354.96	37.000	10602.21	38.000	11952.1
10602.21	38.000	8105.83	39.000	9326.1
8105.83	39.000	5922.66	40.000	6985.8
5922.66	40.000	3958.81	41.000	4907.9
3958.81	41.000	2219.57	42.000	3047.6
2219.57	42.000	734.15	43.000	1410.1
合　计				138233.8

图 7-41　等高线法土方计算

可以从表格中看到每条等高线围成的面积和两条相邻等高线之间的土方量，另外，还有计算公式等。

7.1.2.5　区域土方量平衡

土方平衡的功能常在场地平整时使用。当一个场地的土方平衡时，挖掉的土石方刚好等于填方量。以填挖方边界线为界，从较高处挖得的土石方直接填到区域内较低的地方，就可完成场地平整，这样可以大幅度减少运输费用。此方法只考虑体积上的相等，并未考虑砂石密度等因素。

在图上展出点，用复合线绘出需要进行土方平衡计算的边界。

点取“工程应用\区域土方平衡\根据坐标数据文件(根据图上高程点)”，如果要分析整个坐标数据文件，可直接回车；如果没有坐标数据文件，而只有图上的高程点，则选“根据图上高程点”。

命令行提示：选择边界线。点取第一步所画闭合复合线。

输入边界插值间隔(米)：〈20〉

这个值将决定边界上的取样密度，如前面所说，如果密度太大，超过了高程点的密度，实际意义并不大。一般用默认值即可。

如果前面选择“根据坐标数据文件”，这里将弹出对话框，要求输入高程点坐标数据文件名。如果前面选择的是“根据图上高程点”，此时命令行将提示：

选择高程点或控制点：用鼠标选取参与计算的高程点或控制点。

回车后弹出如图 7-42 所示对话框。

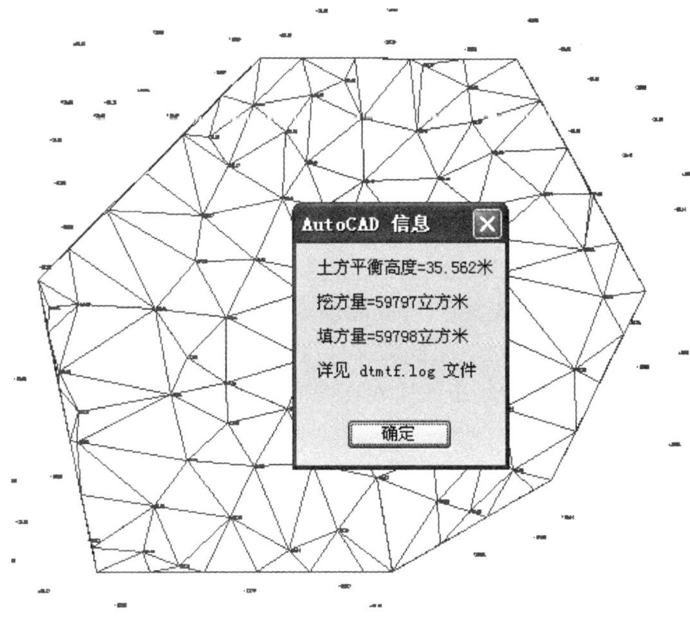

图 7-42　土方量平衡

同时命令行出现提示：

平场面积＝××××平方米

土方平衡高度＝×××米，挖方量＝×××立方米，填方量＝×××立方米

点击对话框的“确定”按钮，命令行提示：请指定表格左下角位置：〈直接回车不绘制表格〉，在图上空白区域点击鼠标左键，绘出计算结果表格，如图 7-43 所示。

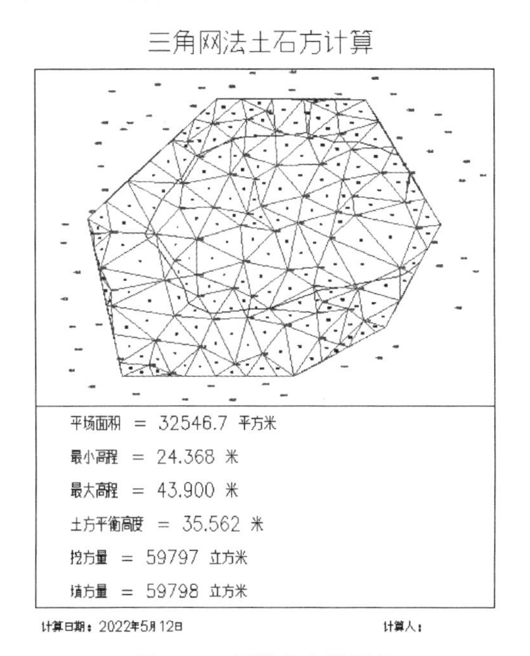

图 7-43　区域土方量平衡

7.1.3　断面图绘制

绘制断面图的方法有四种：①由坐标文件生成；②根据里程文件；③根据等高线；④根据三角网。

1. 由坐标文件生成

坐标文件指由野外实测得到的包含点位平面坐标和高程的数据文件，由坐标文件生成断面图的方法如下：

先用复合线生成断面线，点取“工程应用\绘断面图\根据已知坐标”功能。

提示：选择断面线。用鼠标点取上一步所绘制的断面线。屏幕上弹出“断面线上取值”的对话框，如图7-44所示，如果在“选择已知坐标获取方式”栏中选择“由数据文件生成”，则在“坐标数据文件名”栏中选择对应的坐标数据文件。

如果选“由图面高程点生成”，此步则为在图上选取高程点，前提是图面存在高程点，否则此方法无法生成断面图。

采样点间距：输入采样点的间距，系统的默认值为20米。采样点间距的含义是复合线上两顶点之间若大于此间距，则每隔此间距内插一个点。

起始里程：系统默认起始里程为0。

点击“确定”之后，屏幕弹出绘制纵断面图对话框，如图7-45所示。

图 7-44　根据已知坐标绘断面图

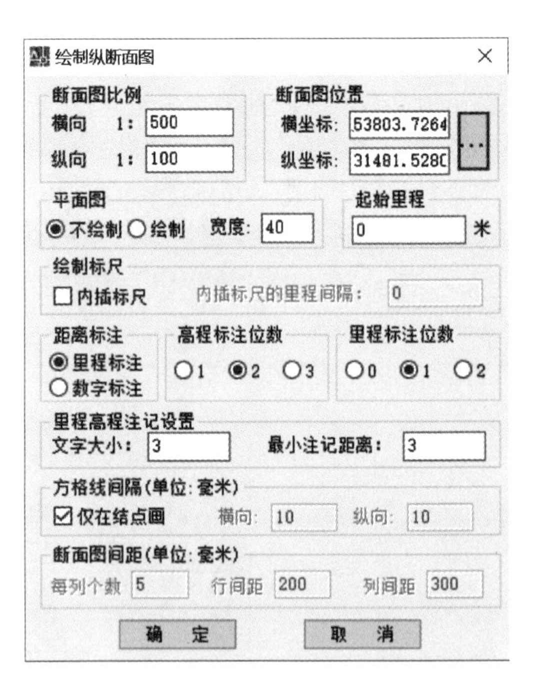

图 7-45　绘制纵断面图对话框

在图7-45的“断面图比例”对话框中输入相关参数，如：

横向比例为1:〈500〉，即系统对话框的默认值为1∶500，若需修改横向比例则按需要输入。

纵向比例为1:〈100〉，即系统对话框的默认值为1∶100，若需修改纵向比例则按需要输入。

断面图位置：可以手工输入，亦可在图面上拾取。

可以选择是否绘制平面图、标尺、标注，还有一些关于注记的设置。

点击“确定”之后，在屏幕上出现所选断面线的断面图，如图 7-46 所示。

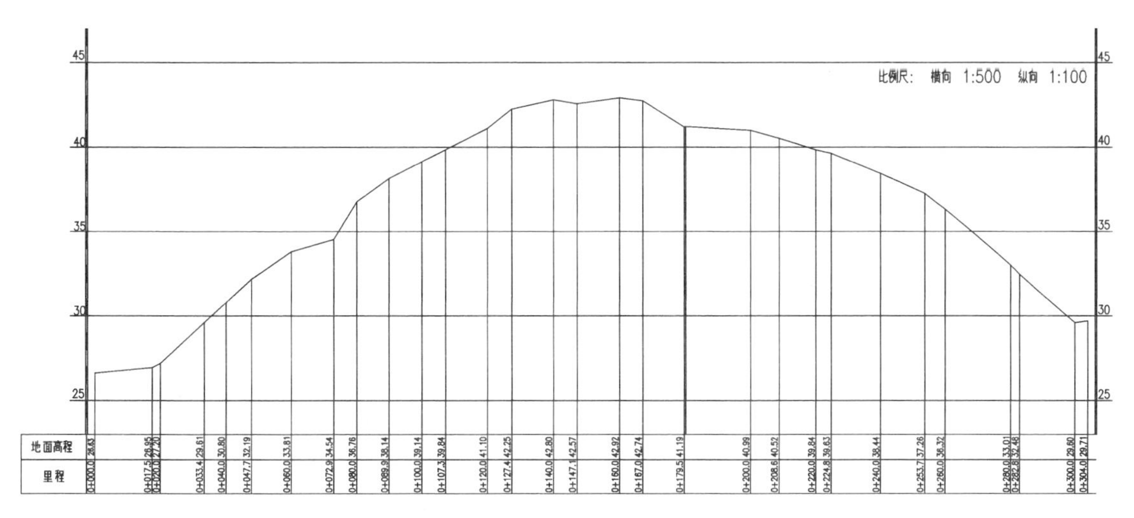

图 7-46　纵断面图

2. 根据里程文件

一个里程文件可包含多个断面的信息，此时绘断面图就可一次绘出多个断面。里程文件的一个断面信息内允许有该断面不同时期的断面数据，这样绘制这个断面时就可以同时绘出实际断面线和设计断面线。

3. 根据等高线

如果图面存在等高线，则可以根据断面线与等高线的交点来绘制纵断面图。

选择“工程应用\绘断面图\根据等高线”命令，命令行提示：

请选取断面线：选择要绘制断面图的断面线。

屏幕弹出绘制纵断面图对话框，如图 7-45 所示，操作方法详见上述“由坐标文件生成”。

4. 根据三角网

如果图面存在三角网，则可以根据断面线与三角网的交点来绘制纵断面图。

选择“工程应用\绘断面图\根据三角网”命令，命令行提示：

请选取断面线：选择要绘制断面图的断面线。

7.1.4　面积应用

1. 长度调整

通过选择复合线或直线，程序自动计算所选线的长度，并调整到指定的长度。

选择“工程应用\线条长度调整”命令。

提示：请选择想要调整的线条。

提示：起始线段长×××.×××米，终止线段长×××.×××米。

提示：请输入要调整到的长度(米)。输入目标长度。

提示：需调整(1)起点(2)终点〈2〉。默认为终点。

回车或点击“确定”,完成长度调整。

2. 面积调整

面积调整菜单如图 7-47 所示。

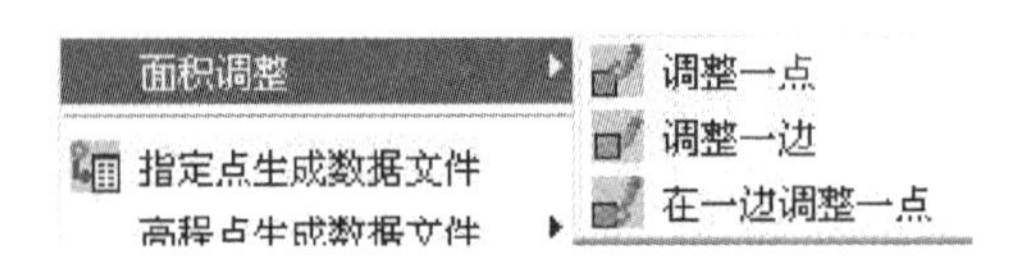

图 7-47 面积调整菜单

通过调整封闭复合线的一点或一边,把该复合线面积调整成所要求的目标面积。复合线要求是未经拟合的。

如果选择调整一点,复合线被调整顶点将随鼠标的移动而移动,整个复合线的形状也会跟着发生变化,同时可以看到屏幕左下角实时显示变化着的复合线面积,待该面积达到所要求数值,点击鼠标左键确定被调整点的位置。如果面积数变化太快,可将图形局部放大,再使用本功能。

如果选择调整一边,复合线被调整边将会平行向内或向外移动,以达到所要求的面积值。

如果选择在一边调整一点,该边会根据目标面积而缩短或延长,另一顶点固定不动。原来连到此点的其他边会自动重新连接。

3. 计算指定范围的面积

选择“工程应用\计算指定范围的面积”命令。

提示:1. 选目标/2. 选图层/3. 选指定图层的目标〈1〉。

输入 1:即要求用鼠标指定需计算面积的地物,可用窗选、点选等方式,计算结果注记在地物重心上,且用青色阴影线标示;

输入 2:系统提示输入图层名,结果把该图层的封闭复合线地物面积全部计算出来并注记在重心上,且用青色阴影线标示;

输入 3:则先选图层,再选择目标,特别采用窗选时系统自动过滤,只计算注记指定图层被选中的以复合线封闭的地物。

提示:是否对统计区域加青色阴影线?〈Y〉默认为“是”。

提示:总面积=×××××.××平方米。

4. 统计指定区域的面积

该功能用来将上面注记在图上的面积累加起来。

用鼠标点取“工程应用\统计指定区域的面积”。

提示:面积统计—可用:窗口(W.C)/多边形窗口(WP.CP)/...等多种方式选择已计算过面积的区域选择对象:选择面积文字注记:用鼠标拉一个窗口即可。

提示:总面积=×××××.××平方米。

5. 计算指定点所围成的面积

用鼠标点取“工程应用\指定点所围成的面积”。

提示:输入点:用鼠标指定想要计算的区域的第一点,底行将一直提示输入下一点,直到按鼠标的右键或回车键确认指定区域封闭(结束点和起始点并不是同一个点,系统将自动地封闭结束点和起始点)。

提示：总面积＝×××××.××平方米。

7.1.5　图数转换

1. 数据文件

(1)指定点生成数据文件

用鼠标点取“工程应用\指定点生成数据文件”。

屏幕上弹出“输入坐标数据文件名”对话框来保存数据文件，如图 7-48 所示。

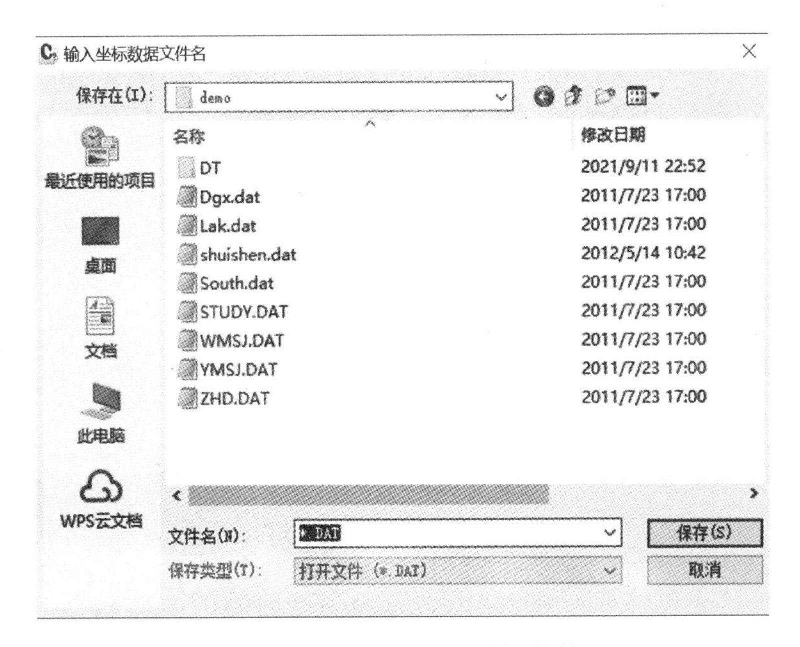

图 7-48　输入坐标数据文件名对话框

提示：指定点：用鼠标点需要生成数据的指定点。

地物代码：输入地物代码，如房屋为 F0 等。

高程：输入指定点的高程。

测量坐标系：X＝31.121m Y＝53.211m Z＝0.000m Code：111111，此提示为系统自动给出。

请输入点号：＜9＞，默认的点号是由系统自动追加，也可以自己输入。

是否删除点位注记？(Y/N) ＜N＞，默认不删除点位注记。

一个点的数据文件已生成。

(2)高程点生成数据文件

高程点生成数据文件菜单如图 7-49 所示。

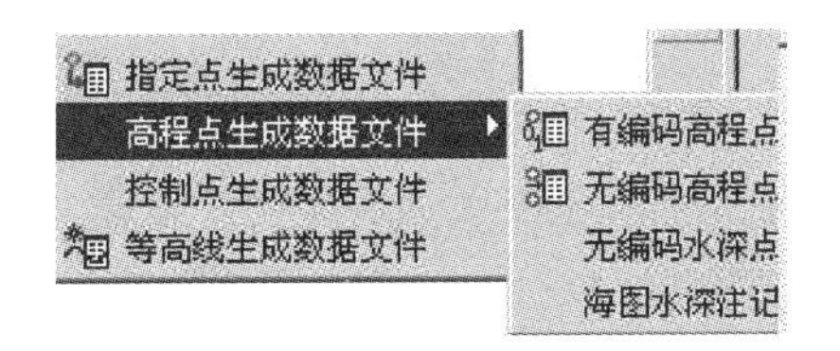

图 7-49　高程点生成数据文件菜单

用鼠标点取“工程应用\高程点生成数据文件\有编码高程点(无编码高程点、无编码水深点、海图水深注记)”。

屏幕上弹出“输入数据文件名”对话框,来保存数据文件。

提示:请选择:(1)选取区域边界(2)直接选取高程点或控制点〈1〉。

选择获得高程点的方法,系统的默认设置为选取区域边界。

选择1,提示:请选取建模区域边界:用鼠标点取区域的边界。

选择2,提示:选择对象:(选择物体)用鼠标点取要选取的点。

如果选择无编码高程点生成数据文件,则首先要保证高程点和高程注记必须各自在同一层中(高程点和注记可以在同一层),执行该命令后命令行提示:

请输入高程点所在层:输入高程点所在的层名。

请输入高程注记所在层:〈直接回车取高程点实体Z值〉,输入高程注记所在的层名。

共读入X个高程点,有此提示时表示成功生成了数据文件。

如果选择无编码水深点生成数据文件,则首先要保证水深高程点和高程注记必须各自在同一层中(水深高程点和注记可以在同一层),执行该命令后命令行提示:

请输入水深点所在图层:输入高程点所在的层名。

共读入X个水深点,有该提示时表示成功生成了数据文件。

(3)控制点生成数据文件

用鼠标点取“工程应用”菜单下的“控制点生成数据文件”。

屏幕上弹出“输入数据文件名”的对话框,来保存数据文件。

提示:共读入×××个控制点。

(4)等高线生成数据文件

用鼠标点取“工程应用”菜单下的“等高线生成数据文件”。

屏幕上弹出“输入数据文件名”的对话框,来保存数据文件。

提示:(1)处理全部等高线结点,(2)处理滤波后等高线结点〈1〉。

等高线滤波后结点数会少很多,这样可以缩小生成数据文件的大小。

执行完后,系统自动分析图上绘出的等高线,将所在结点的坐标记入第一步给定的文件中。

2.交换文件

CASS为用户提供了多种文件形式的数字地图,除AutoCAD的dwg文件外,还提供了CASS本身定义的数据交换文件(后缀为.cas)。这为用户的各种应用带来了极大的方便。dwg文件一般方便于用户作各种规划设计和图库管理,cas文件方便于用户将数字地图导入GIS。由于cas文件是全信息的,因此在经过一定的处理后便可以将数字地图的所有信息毫无遗漏地导入GIS。由于cas文件的数据格式是公开的,用户很容易根据自己的GIS平台的文件格式开发出相应的转换程序。

CASS的数据交换文件也为用户的其他数字化测绘成果进入CASS系统提供了方便之门。CASS的数据交换文件与图形的转换是双向的,它的操作菜单中提供了这种双向转换的功能,即“生成交换文件”和“读入交换文件”。这就是说,不论用户的数字化测绘成果是以何种方法、何种软件、何种工具得到的,只要能转换为(生成)CASS系统的数据交换文件,就可以将它导入CASS系统,就可以为数字化测图工作利用。另外,CASS系统本身的“简码识别”功能就是把从电子手簿传过来的简码坐标数据文件转换成 cas 交换文件，然后用“绘平面图”功能读出该文件而实现自动成图的。

(1)生成交换文件

用鼠标点取“数据处理”菜单下的“生成交换文件”，如图 7-50 所示。

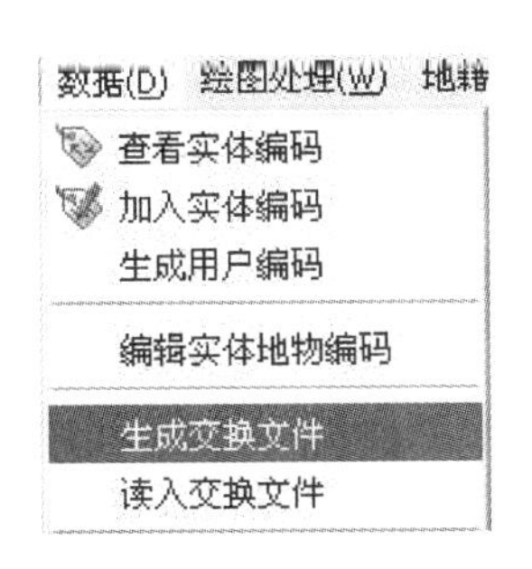

图 7-50 生成交换文件菜单

屏幕上弹出“输入数据文件名”的对话框，来选择数据文件。

提示：绘图比例尺 1：输入比例尺，回车。

可用“编辑”下的“编辑文本”命令查看生成的交换文件。

(2)读入交换文件

用鼠标点取“数据处理”菜单下的“读入交换文件”。

屏幕上弹出“输入 CASS 交换文件名”的对话框，来选择数据文件。如当前图形还没有设定比例尺，系统会提示用户输入比例尺。

系统根据交换文件的坐标设定图形显示范围，这样，交换文件中的所有内容都可以包含在屏幕显示区中了。

系统逐行读出交换文件的各图层、各实体的各项空间或非空间信息，并将其画出来，同时，各实体的属性代码也被加入。

注意：读入交换文件将在当前图形中插入交换文件中的实体，因此，如不想破坏当前图形，应在此之前打开一幅新图。

任务 7.2 数据格式交换

7.2.1 CASS 9.0 与 GIS 的接口

1. GIS(地理信息系统)简介

地理信息系统(Geographic Information System)是集地球科学、信息科学与计算机技术为一体的高新技术，其作为有关空间数据管理、空间信息分析及传播的计算机系统，现已广泛应用于土地利用、资源管理、环境监测、城市与区域规划等众多领域，成为社会可持续发展的有效的辅助决策支持工具。

在众多的地理信息软件中，影响最广、功能最强、市场占有率最高的产品首推美国环境系统研究所(ESRI)开发的 Arc/info 系统。

2. GIS(地理信息系统)对数字地图的要求

GIS 的广泛应用对数字地图提出了新的要求。一个最基本的要求就是数字地图中的地物空间数据只能以“骨架线”数据的形式出现,不能附带地物符号。“骨架线”是南方测绘仪器公司在 CASS 4.0 中就已经实现了的概念。在 CASS 9.0 中,骨架线得到了进一步的完善,它不仅是数字地图的底层概念,同时也使数字地图中地物的编辑更加直观与实用。GIS 对数字地图的要求还与 GIS 软件平台有关,Arc/info 是一个典型的地理信息系统软件,本节介绍地理信息系统与 CASS 9.0 的接口将主要以 Arc/info 为例。

Arc/info 系统提供了用于地理数据的自动输入、处理、分析和显示的强大功能。它有点、线、面三种要素。点、线地物的性质由这些地物的代码表示;面状地物如房屋,区域填充由周围边界及中间的一个标识点(称为“label”点)构成,属性由标识点的代码表示。

Arc/info 具有强大的地理分析及处理功能,因而对数据的要求也很高。下面是几类常见数据错误:

①地物放错图层。指地物符号未放到指定层。如:地理信息系统分为七个层,分别对应七大类地物,房屋应放于 B 层,如果放于 L 层,GIS 就会有错误标识。

②代码值错误。指代码不合理,如代码为零。

③地物属性错误或不合理。如高程点高程为零、房屋层数为零等,都会有此类错误标识。

④多边形标号错。指一个多边形内无标识点或有多于一个标识点的情形。后一种情况常发生在一个多边形有多个标识点或多边形未闭合的情况。

⑤悬挂点和伪节点。悬挂点形成原因:A. 同图层线画相交,应在交点处各自断开,否则就有悬挂点。B. 定位不准,未接上或未相交。CASS 9.0 提供点号或捕捉精确定位,基本可避免。如不慎出现,用关键点编辑及捕捉或延伸、裁剪即可消除。伪节点形成原因:同类线画间的交点处再无第三条线交于此(同类线画指代码相同的线)。两条同类线画间不能有节点,必须连续。三条及三条以上的同类线画交于此点则是合理的伪节点。

从上面的叙述可知 GIS 对数字化图的精确性、准确性有很高的要求,不同于一般的机助制图。

面状区域的闭合以及检查和消除不合理的悬挂点、伪节点是 GIS 的主要要求,CASS 9.0 中可以自动断开同层相交线,自动识别去除不合理的伪节点,并且提供了检查悬挂点及伪节点的功能,已基本上解决了上述问题。针对其他要求,CASS 9.0 也可以很好地予以解决。

3. CASS 9.0 与 GIS 的接口方法

(1)交换文件接口

CASS 9.0 为用户提供了文本格式的数据交换文件(扩展名是.cas),该文件包含了全部图形的几何和属性信息。通过交换文件可以将数字地图的所有信息毫无遗漏地导入 GIS,这就为用户的各种应用带来了极大的方便。dwg 文件一般方便于用户作各种规划设计和图库管理,cas 文件方便于用户将数字地图导入 GIS。用户可根据自己的 GIS 平台的文件格式开发出相应的转换程序。

CASS 9.0 的数据交换文件也为用户的其他数字化测绘成果进入 CASS 9.0 提供了方便之门。CASS 9.0 的数据交换文件与图形的转换是双向的,CASS 9.0 在它的操作菜单中提供了这种双向转换的功能,即“数据处理”菜单的“生成交换文件”和“读入交换文件”功能。也就是说,不论用户的数字化测绘成果是以何种方法、何种软件、何种工具得到的,只要能转换为

（生成）CASS 9.0 的数据交换文件，就可以将它导入 CASS 9.0，供数字化测图工作利用。

（2）DXF 文件接口

AutoCAD 是世界上最流行的图形编辑系统，其系统的灵活性、广泛的开放性受到用户的一致好评。它的图形交换格式已基本成为一种标准，受到了其他系统的广泛支持、兼容。

CASS 9.0 采用 AutoCAD 2004 为系统平台，提供标准的 ASCII 文本格式的 DXF 数据交换文件。DXF 文件的详细结构请参考其他有关 AutoCAD 的书籍。通过 DXF 文件可实现与大多数图形系统的接口。

接口时编辑 CASS 9.0 的系统（SYSTEM）目录下的 INDEX. INI 文件，将各符号对应的接口代码输入 INDEX. INI 相应位置。该文件记录每个图元的信息，不管这个图元是不是骨架线。图元是图形的最小单位，一个复杂符号可以含有多个图元，文件格式如下：

CASS 9.0 编码，主参数，附属参数，图元说明，用户编码，GIS 编码

图元只有点状和线状两种，如果是点状图元，主参数代表图块名，附属参数代表图块放大率；如果是线状图元，主参数代表线型名，附属参数代表线宽。

"用户编码"提供给定义了自己的编码的用户，可用"数据处理"下的"生成用户编码"功能将"用户编码（接口代码）"写入每个图元的"厚度"属性中（可一次全部添加）。图 7-51 所示为地形图陡坎符号属性框。

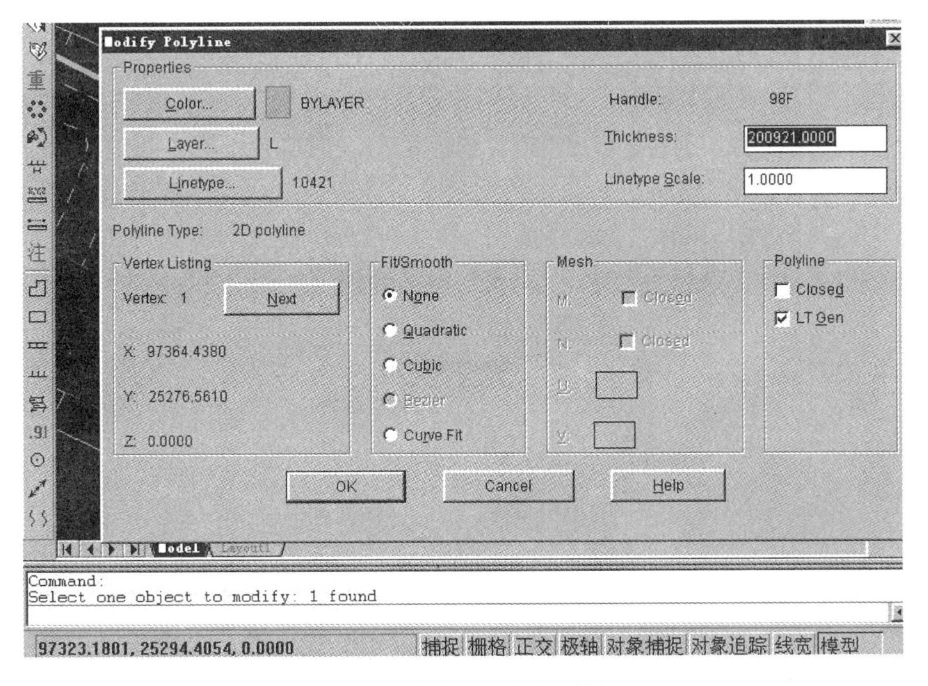

图 7-51　某地形图陡坎属性框

CASS 系统的"文件"菜单的"文件输入/输出"项的"DXF 输入""DXF 输出"功能提供双向的图形数据（DXF 文件）交换。输入 DXF 后即转换为 CASS 的 DWG 图形文件。

标准版 CASS 9.0 同时提供交换文件、DXF 文件接口功能。

（3）SHP 文件接口（用于 ArcGIS 系统）

GIS 版 CASS 也提供 E00（ArcGIS 的低版本数据格式）文件接口功能。

文本格式的 SHP 文件是 ArcGIS 系统自定义的数据格式，与其 Coverage(图层文件)完全对应，CASS 9.0 直接解读 SHP 文件，避免了转换间的地物遗失。

符号化后进行编辑，入库也直接提交 SHP 文件，提交 DXF 文件入库，节省时间、快捷简便。(DXF 转成 ArcGIS 的 Coverage 文件要 10～20 分钟，SHP 文件只要不到一分钟。)

由于 ArcGIS 系统对数据有很高的要求，如地物放错图层、代码值错误、面状地物不封闭，以及有悬挂点、伪节点等错误均不能允许，故对入库图的精确性、准确性有很高的要求，不同于一般的机助制图。CASS 6.0 版本推出“检查入库”功能，检查图形的常见错误，如图层正确性等。确保图形在入库时，达到数据库的建库要求。2009 年推出的 CASScheck 软件，是基于 AutoCAD 的专业检查工具，可自定义检查条件，是“检查入库”功能的升级强化版。

(4)MIF/MID 文件接口(用于 MAPINFO 系统)

CASS 9.0 还提供 MIF/MID 文件的接口。MAPINFO 的数据存放在两个文件内，MIF 文件中存放图形数据，MID 中存放文本数据。CASS 9.0 的成果可以生成 MIF/MID 文件，直接读入到 MAPINFO。

点击“数据处理/图形数据格式转换/MAPINFO MIF/MID 格式”，系统会弹出一个对话框，输入要保存的文件名后，按“保存”键即可完成文件的生成。

7.2.2 国家空间矢量格式

CASS 9.0 支持最新的国家空间矢量格式 vct2.0。GIS 软件种类众多，范围广泛，为了使不同的 GIS 系统可以互相交换空间数据，在世界范围内都制定了很多标准。我国也对国内的 GIS 软件制定了一个标准，也就是国家空间矢量格式，并要求所有的 GIS 系统都能支持这一标准接口。

点击“检查入库/输出国家空间矢量格式”，系统会弹出一个对话框，输入要保存的文件名后，按“保存”键即可完成文件的生成。图形数据输出格式如图 7-52 所示。

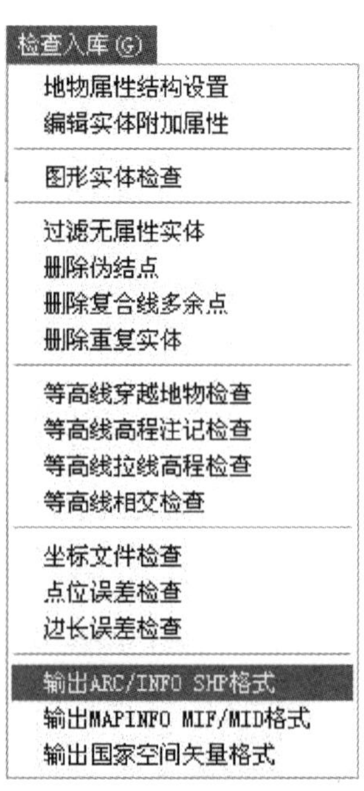

图 7-52　图形数据输出格式

【职业能力训练】

本项目主要训练数字地形图在工程上的应用，包括基本几何要素的查询、土石方量的计算、断面图的绘制、图数转换等。

【项目小结】

本项目主要介绍了大比例尺地形图在工程上的应用。大比例尺地形图是工程规划、设计、施工中的主要地形资料，特别是在规划设计阶段，不仅要为地图进行总平面的布设，而且还要根据需要，在地形图上进行一定的量算工作，以便因地制宜地进行合理的规划、设计。

熟悉 CASS 系列软件的工程技术人员可以直接利用 AutoCAD 的相应功能或者应用 CASS 软件中的功能，方便地从数字地形图上查询点、线、面等基本信息；利用生成的 DTM 绘制断面图，并进行土方量的计算等。所以本项目选取了 CASS 系列软件中的 CASS 9.0，介绍了数字地形图在工程上的应用。

练习与思考题

1. CASS 9.0 可进行哪几种基本几何要素的查询？
2. 断面图的绘制有哪几种方法？
3. 土方计算的方法有哪几种？在 CASS 9.0 软件中如何进行？
4. 在 CASS 9.0 软件中如何生成里程文件？

附　录

附录1　地形图编辑时常见问题及解决方法

(1)使用南方CASS展绘野外测点点号或点位时出现不能正常展绘的问题怎么解决?

答:首先检查数据格式是否正确,南方CASS的数据文件为DAT数据格式,如1点点名,1点编码,1点Y(东)坐标,1点X(北)坐标,1点高程,等等,注意其中的数据分隔符为英文状态下输入的逗号",",而不能为中文输入法输入的逗号","。编码为空时,逗号不可省略,高程为0时,高程也不能省略,如"1,　,497563,2573032,0"等。如果数据文件格式正确,请检查数据文件中是否有错误的飞点存在,即是否有异常坐标数值存在;如果存在异常值,则展绘碎部点后会进行屏幕居中显示,却难以找到相应的点位。

(2)南方CASS中移动、旋转、复制文字的过程中看不到字、线的移动轨迹,怎么解决?

答:在命令行输入系统变量命令dragmode,在提示输入新值时输入"A"(自动),即可解决移动、旋转、复制文字或实体过程中看不到变动轨迹的问题。

(3)打开图形文件时提示输入路径和文件名,没有打开文件的对话框提示选择打开文件,怎么解决?

答:在命令行输入FILEDIA参数命令,然后输入1后回车,即回到初始参数,重新选择打开图形文件即可。

(4)图形对象不能同时被选中,即选择一个实体对象后再点击另一个实体对象,但不能两个同时被选中,怎么解决?

答:执行工具栏"文件→CAD系统配置→选择",试着将其中选中的"用shift键添加到选择集"前的钩去掉,点击"确定"退出,再次回到CAD下运行即可。

(5)右侧屏幕菜单消失或不小心被关闭了,怎么办?

答:重新启动南方CASS即可恢复右侧屏幕菜单,或者执行"文件→CAD系统配置→显示",在显示屏幕菜单前打钩,点击"确定",退出即可。

(6)在acad.pgp文件中定义好快捷键后,怎样在命令行中立即生效使用?

答:可以重新启动南方"CASS",或者在命令行输入命令reinit,将弹出的重新初始化对话框中"PGP文件"前打钩,即可在命令行中立即执行定义好的快捷命令。

(7)CASS屏幕菜单不见了,怎么办?

答:如果关掉了,打开CAD设置,显示屏幕菜单就可以了,如果最小化了,拉下来就行了。

(8)CASS在CAD中文字消隐始终用不了,怎么办?

答:南方CASS文字消隐不能使用,这在正版中也存在。实际上是因为你的CAD没有安装EXpress增效工具,而非CASS软件破解不完善。

(9)如何从CASS的界面切换到AutoCAD的界面?

答:在CASS中,按下列步骤依次操作即可:文件→AUTOCAD系统配置→配置→未命名配置→置为当前→确定。

(10)如果拷贝了一幅用 CASS 完成的地形图,怎么能够生成 DAT 文件?

答:可以在工程应用下拉菜单中找到"指定点生成数据文件""高程点生成数据文件""控制点生成数据文件""等高线生成数据文件"四个子菜单,按 CASS 提示操作即可生成 DAT 文件。

(11)如何知道 CASS 的版本号?

答:在命令行输入 Latest 查询。

(12)为什么我的 CASS 打印出来的字是空心字?

答:这是 CAD 的问题,在命令行里输入 textfill,=0 则字体为空心。

(13)用 CASS 生成的等高线是折线,如何处理?

答:用三次 B 样条,或者将 SPLIN 的样条曲线容差设置大一些。

(14)有没有 CASS 的用户手册或者使用说明书之类的资料?

答:有。在 CASS 安装目录下的文件夹 SYSTEM 里。

(15)为什么画好的陡坎,再次打开坎毛不见了?

答:输入 regen 回车,即可解决。

(16)DTM 法计算结果在哪里?

答:你用 DTM 方法计算后,CASS 会同时产生一个记事本文件 dtmtf. log,它与你调用的数据文件在同一个文件夹下面,如你是调用默认的 CASS 中的 DAT 文件,则这个 dtmtf. log 在 C:\ProgramFiles\CASS60\SYSTEM 里面,这个文件就有你用 DTM 方法计算的每个三角形的顶点三维坐标以及填挖方结果,你可以把它导入到 Excel 中,即可打印成为正式成果。

(17)我从 MAPGIS 转出的 DXF 文件,进入 CASS 里,所有的地物都没有属性。能不能通过转换,让该文件成为 CASS 的文件,让它拥有 CASS 地物的属性和编码及相关的参数?

答:下载 CASS 的图形交换补丁就可以将 MAPGIS 的数据转入 CASS。

(18)在使用南方 CASS 绘制等高线构建三角网时发现多个高程点未参加三角网的构建,怎么处理?

答:首先确定高程点位的属性值是否正确,其次通过点击文件菜单→CASS 参数设置→高级设置→DTM 三角形限制最小角(度),将限制最小角修改小一些,可以设置为 0 度以上,再次重新构建三角网。

(19)多个数据文件(DAT 文件)能不能编辑为一个文件?

答:可以。执行"数据→数据合并→添加"。

(20)南方 CASS 在"纠正图像"时不能用,命令行显示"不能对非二值图像进行纠正"。后来我又试了 BMP、GIF、PCX 格式文件,全显示"不能对非二值图像进行纠正"。请问是什么原因?

答:出现这个问题,一般是在操作的时候没有选中图形,应该选中全图。选中要纠正的图只要用选择框点击图像的边界就可以了。出现这个问题还有一种可能是因为要纠正的图像不是二值图像,在图像处理软件中将图像改为二值(黑白)再纠正,应该就没有问题了。

(21)中纬全站仪数据是怎样传输的?

答:中纬 ZT20 全站仪传输数据以被动式传输为主,需要在电脑上安装有 GeoMax PC

Tools 软件和 Microsoft Active Sync 两个软件方可实现数据传输，在 XP 系统下安装中纬光盘提供的两个软件即可。在 Windows 7 或 Windows 8 系统下需要安装支持 32 位或 64 位系统的 tongbu_6.1_32 或 ActiveSync6_64 两个软件即可传输数据。因为全站仪上没有主动发送数据的选项和通信参数设置。

(22)在 Windows 7 或 Windows 8 系统下如何安装南方 CASS 7.1?

答:在 32 位系统下，选择安装 AutoCAD 2004 绿色精简版及其相应的 AutoCAD 2004 迷你版全面兼容 Windows 系统补丁，然后再安装南方 CASS 7.1 即可，安装后也可以手动挂接 CAD 系统配置项来辅助安装。64 位系统需要安装 AutoCAD 2006，安装时如果直接点击安装不成功，则以解决疑难问题的方式来启动程序进行安装，安装 CAD 成功后注册运行，再安装 CASS 9.0 破解即可。

(23)在 64 位系统上安装南方 CASS 9.0 时出现 ac1st16.dll 丢失无法运行的情况，怎么解决?

答:①右击我的电脑→属性→高级→环境变量→系统环境变量，找到 path→编辑→变量名→AutoCAD→变量值 C:\Program Files\Common Files\Autodesk Shared。

②如果是运行 AutoCAD 时提示缺少 ac1st16.dll 文件，是如下原因:以前装过 AutoCAD，现在是重新安装，注册表里的信息还在。进入注册表，开始→运行输入→REGEDIT 删除以下这个注册表项，即可重新注册了。

[HKEY_LOCAL_MACHINE\Software\Autodesk\AutoCAD\R16.0\ACAD-201:804\AdLM]

"Type"=dword:00000019

(24)在实习过程中出现棱镜抬高、不知道打点的人员立尺高度情况下，怎么解决高程问题?

答:对于出现这样的情况，高程点的密度足够就可以了，不需要每个点位都有高程注记，只需要有相应的地物点位存在即可，可以编写程序来修改南方 CASS 数据 DAT 文件中的相应点号下的高程值为 0，程序还可以实现对独立地物简编码的批量输入、高程加常数、交换 X 坐标和 Y 坐标等功能。

(25)绘制草图的注意事项有哪些?

答:绘制草图时，为了能在内业编辑连线时有较好的参照，需要注意绘制图纸的方向大致对北方向，绘制时注意点号和测站上全站仪观测的点号要一致，多边形地物以绘制图形为主，点状地物可以记录点号，也可以绘制符号。也可以以下列方式记录连线关系和标记:

混 4:1-4-6(J)-7 表示 1 号点连接 4 号点连接 6 号点通过隔点 J 连接 7 号点，短线(-)表示点号间连接关系。

路灯:5、8、9、10…点状地物可以将对应的点号记录在对应的地物名称后。

局部地方草图绘制不清楚的，可以放大绘制，也可以分页绘制。

附录 2　地形图图廓要素注记及整饰要求

1. 左上角

细等线体(FzXiDengXian-Z06S)1.25×0.8

县检察院	县政府	20.75-06.75
20.50-06.25		20.50-06.75
20.25-06.25	20.25-06.50	20.25-06.75

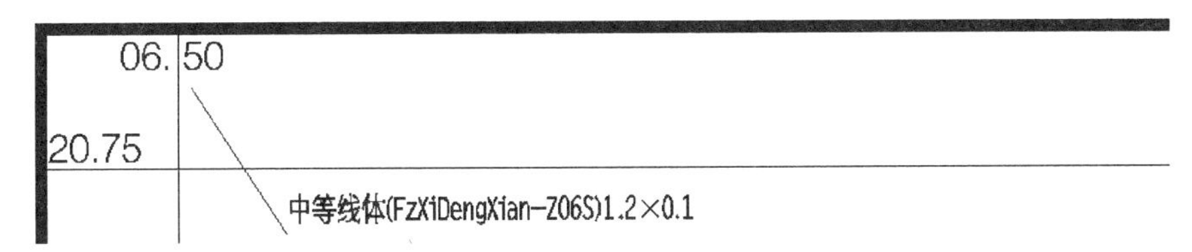

九宫格的注记根据需要可以注记图名(按要求注记的图名一般不超过 7 个汉字,或 6 个汉字加 1 个数字的形式),也可以注记图号,图号去除大数以整千米数表示,也有的图名根据城市图幅号编号规则进行编号计算。

2. 图名和图号

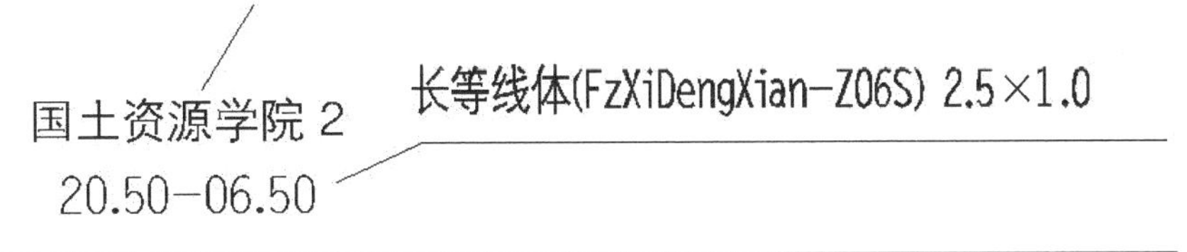

3. 右上角

扁等线体(迷你简特细等线) 1.0×1.33

秘密

06.75

20.75

4. 左下角

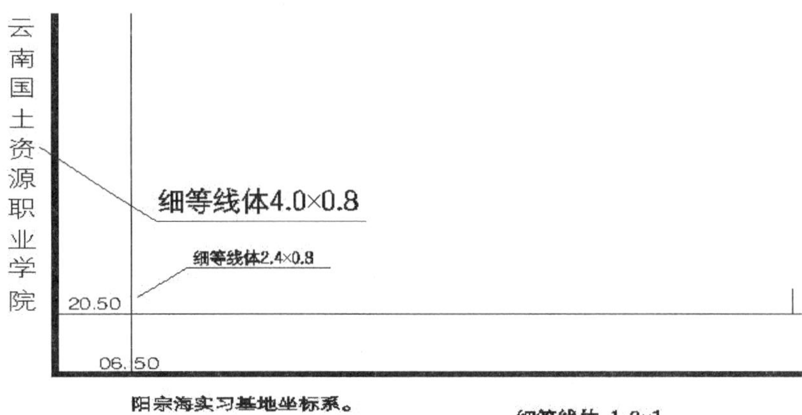

5. 比例尺注记

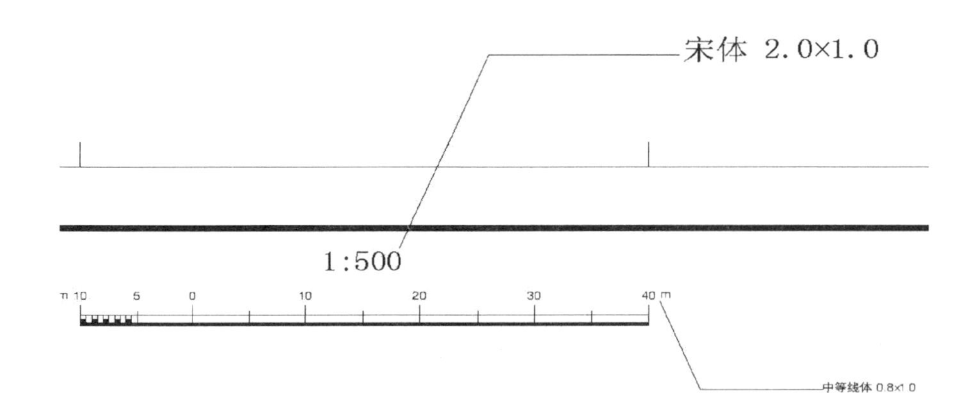

6. 右下角

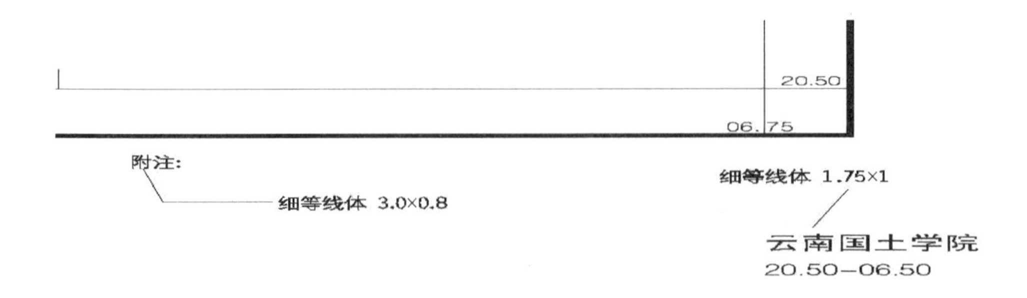

7.性质及说明性注记

沥砼——细等线体 1.2×0.8(颜色、图层与相应地物符号一致)

鸡心山——控制点点名(细等线体 1.25×0.8)(KZD 层)

$\frac{1770}{1730.231}$——控制点点号及高程(细等线体 1.25×1)(KZD 层)

地物说明注记——细等线体(1.2×0.8)(颜色、图层与相应地物符号一致)

霞拉山——地貌山名注记(正等线 1.5－1.75——0.8)(ZJ 层)

1702.25——高程点注记(hz 1.0×0.8)(DGX 层)

1702.5——等高线注记(hz 1.2×0.8)(DGX 层)

$\frac{1702.25}{2010.11}$——水面注记(细等线体 1.1×0.8)(颜色、图层与相应地物符号一致)

注记字体大小以上面要求为准,打印放大一倍。

图根点密度不少于 4 个,埋石 2 个/幅。

铁塔电杆小于 0.5 米,用不依比例尺符号表示。

图名可采用地名或企、事业单位名称。图名为两个字时其字隔为两个字,三个字的字隔为一个字,四个字以上的字隔一般为一个空隔。

附录 3　地形图道路注记及整饰规格

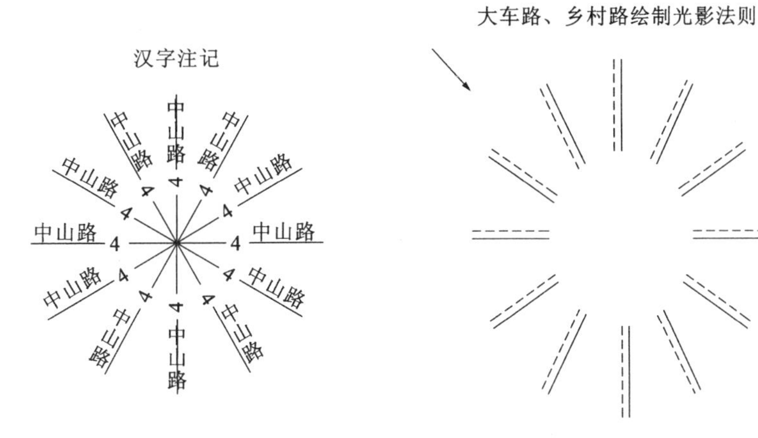

附录 4 地形图常用说明注记简注表

类别	全名	简注	类别	全名	简注
水系	咸水	咸	水系	喷泉	喷
	苦水	苦		贮水池、水窖	水
	养鱼池塘	鱼		污水池	污
	池塘	塘		净化池	净
	盐湖	盐		洗煤池	洗煤
	排碱渠、排水渠	排		废液池	废液
	瀑布	瀑		地热井、地热池、地热泉	地热
	跌水	跌		盐碱沼泽	碱
	机井	机		泥炭沼泽	泥炭
	枯井	枯		抽水站	抽
	干井	干		扬水站	扬
	自流井	流		水泥坝	水泥
	温泉井、温泉	温		砾石滩	砾石
	间流泉	间		暗礁	暗
	矿泉	矿		干出礁	干
	硫矿泉	硫		适淹礁	适
	毒泉	毒			

附录 5 CASS 三维测图快捷键

缩放窗口——滑动鼠标滚轮

平移窗口——按住鼠标滚轮并拖动鼠标

旋转视角——按住鼠标左键并拖动鼠标

全图——双击滚轮

绘制过程中，按住 Ctrl 键可锁定三维视口旋转状态，提高采集速度。

先按住 Ctrl 键，再按 Tab 键，可快速旋转三维模型，朝向正北。

附录6　地形图湖泊水域名称注记规则

图上宽度5mm以下	（1.18×0.8）
图上宽度5～10mm	（1.25×0.8）
图上宽度10～20mm	（1.5×0.8）
图上宽度20～40mm	（1.75×0.8）
图上宽度40～60mm	（2.0×0.8）
图上宽度60mm以上	（2.25×0.8）

湖泊、水库、河流等水系名称注记字体要求

字体：宋体，左斜15度；图层：SXSS。

可以看出，上图中水系名称注记的字高根据水系地物的实体宽度不同而变化。

附录7　1∶500数字化地形图测绘技术设计书示例

（涉密部分数据已作了加密处理）

××县规划区域数字化地形图测绘技术设计书

1　任务概况

受××县城乡建设局的委托，由××测绘院承担了××县规划区控制测量、数字化地形图测绘的任务，该任务具体如下：

1.1　加密××县城建控制网，布设四等GPS控制点约10个，控制面积约10km²。

1.2　在四等GPS控制网基础上布设一、二级导线控制点约84个。

1.3　在测图区与一、二级导线同步布设四等光电测距高程导线网。

1.4　施测1∶500全野外数字化地形图约7km²。

1.5　项目工期：要求在2015年10月15日之前完成。

2　测区概况

××县位于××省中部，东与玉平市、通头县相连，南与石定县、新街县为邻，西临××县，北与××接壤。境内居住有汉族、彝族、哈尼族、回族、傣族、蒙古族、苗族、白族等民族。全县人口约15.8万，彝族人口占53.7％。××县属于高原地貌，丘陵、平坝、河谷相间。地势西北高、东南低，河流分属珠江、红河水系。气候属亚热带半湿润凉冬高原气候，年平均气温15.9℃。

测区位于××县城，地理位置北纬24°11，东经112°33′，县城海拔约1550m。主要为坝区内县城建城区。

3 已有资料分析与利用

3.1 总参测绘局1973年出版的1∶50000地形图，作为四等GPS控制网设计、一二级导线网设计、一级GPS控制点设计以及选埋工作的用图。但由于该图成图时间较早，地名、道路等要素与实际有较大的出入，使用时应加以注意。

3.2 由××省测绘局于2007年布设的四等GPS控制网，点数21点，控制面积70km²。成果为"2007年××城建坐标系"，可作为本次作业的平面起算。

3.3 高程控制：测区内有原国家一等水准路线Ⅰ清墨线，现改为二等双峨线经过，有2个水准点在测区内，点名分别为"Ⅰ清墨22-1乙""Ⅰ清墨23"，二等水准双峨线有3个点——"Ⅱ双峨59""Ⅱ双峨60""Ⅱ双峨61基"，可作为本次作业的高程起算点，成果为1985国家高程基准。

4 作业依据

4.1 《卫星定位城市测量技术规范》(CJJ/T 73-2010)；

4.2 《城市测量规范》(CJJ/T 8-2011)；

4.3 《国家基本比例尺地图图式 第1部分：1∶500 1∶1000 1∶2000地形图图式》(GB/T 20257.1—2017)；

4.4 《1∶500 1∶1000 1∶2000地形图数字化规范》(GB/T 17160—2008)；

4.5 《测绘产品检查验收规定》(CH 1002—1995)；

4.6 甲、乙双方签订的测绘合同；

4.7 本设计书。

5 作业的主要仪器设备

5.1 Trimble 4600LS GPS接收机4台及数据处理软件1套；

5.2 Leica TC905、TC702全站仪各1套及配套设备；

5.3 平面控制数据处理软件1套；

5.4 Leica TC305、TC307、TC407全站仪10台及配套设备；

5.5 南方CASS多用途数字地形地籍测绘系统软件15套；

5.6 作业汽车2台。

6 作业仪器的检验

GPS接收机状态应良好，全站仪应按规定进行加常数、乘常数的检验，全站仪和棱镜的红外对中器、光学对中器应进行检验。温度计、气压计应送当地气象部门进行比较检验。

7 控制测量

7.1 主要技术要求

7.1.1 坐标系统

测区内有××省测绘局2006年布设的四等GPS控制网，为了原有成果的使用，遵循一个地方只布设一个城市控制网的原则，本次测绘采用此坐标系。

坐标系统参数："2006年××城建坐标系"。

具体参数如下：

中央子午线经度：东经 112°34.2′；

测区平均纬度：北纬 24°10.5′；

边长投影面高程：1530m；

测区高程异常值：－3.0m；

测区平均地球曲率半径：R_m＝6363900＋1530－3.0＝6365427m。

7.1.2　高程系统

高程系统采用“1985 国家高程基准”。

7.1.3　四等 GPS 点最弱相邻点点位中误差≤5cm，最弱边相对中误差≤1/45000。一级 GPS 点最弱点位中误差≤5cm，最弱边相对中误差≤1/20000。

7.1.4　一、二级导线最弱点点位中误差相对于起算点不得大于±5.0cm。

7.1.5　四等光电测距高程网中，最弱点高程中误差相对于起算点不得大于±2.0cm。

7.2　控制网布设原则

7.2.1　××省测绘局于 2006 年布设的四等 GPS 控制网，采用Ⅱ等三角点“大黑山”、Ⅱ等三角点“峨平”作起算点，计算有“2006 年××城建坐标系”及“1980 西安坐标系”成果。控制面积大于本次测图范围，可作为一、二级导线的平面起算点使用，但由于年代较久，部分点已被破坏，如不能满足测区内一、二级导线的布设，应对原网进行加密改造。

7.2.2　新做四等 GPS 控制点，应按边连式构网，应有良好的网形强度，除联测已知三角点外，边长不应过长。观测时应联测部分旧点做检核。

7.2.3　在四等 GPS 控制点的基础上，一级导线布设成多节点网。一级导线网的布设见附后的一级导线网设计图。

7.2.4　1∶500 测图区在一级导线的基础上，布设二级导线，可布设成附合导线或节点网，具体布设根据一级导线网最终布设结果进行。

7.2.5　四等光电测距高程导线由一、二级导线网，联测各水准点和联测四等点的高程路线构成。

7.3　四等 GPS 控制网的选点与埋石

7.3.1　新做四等 GPS 控制点时应充分考虑旧点，旧点保存完好的，应利用旧点，在点位被破坏和原点位密度不够时，重新布设新点，四等点间至少应有一个方向以上通视。点位应选择在埋设稳固、易于长期保存、通行方便、有利于观测和使用的地方。

7.3.2　四等 GPS 控制点应离开大功率无线电发射设备（广播电台、电视发射台、移动通信基站、微波站等）200m 以上，应离开高压线、变电站等 50m 以上。点位周围障碍物的高度角应在 15°以下，应避开大面积水域和大型建筑物以及有强烈干扰卫星信号的物体。

7.3.3　四等 GPS 控制点须实地绘制点之记，点之记应绘制合理、详细准确、说明清楚，并办理委托保管书，在点之记中注明相关位置尺寸，点名以山名、地名、单位名称等命名。

7.3.4　此次作业，四等 GPS 控制点埋设规格按《卫星定位城市测量技术规范》（CJJ/T 73—2010）附录 B 要求，制作标石规格为 12cm×20cm×60cm，标石质料为混凝土，标志中心为 ϕ12mm，长度为 20cm，顶面刻有“十”字形的钢筋，也可埋设房顶标志和岩石标志，埋设应符合有关的要求。

7.4　四等 GPS 控制网的观测及计算

7.4.1　四等 GPS 控制网采用四台 GPS 接收机观测，GPSurvey 2.35 软件解算基线，最终平差计算使用 PowerADJ 3.0 软件完成。

7.4.2　观测基本要求：卫星高度角≥15°，有效观测卫星数≥5，平均重复设站率≥1.6，观测时段长度要求静态≥45min，数据采样间隔为 15s，图形强度因子 GDOP 值<6，当 GDOP 值偏大时应适当延长观测时间。

7.4.3　作业前应做卫星星历预报，根据测区实际情况，编制经济可靠的观测计划和应急计划，以保证有效的同步观测。

7.4.4　天线高度大于 1m，测前测后量 1 次，当较差小于 3mm 时取中数作为天线高，取位至 1mm。

7.4.5　观测过程中不应在距接收机 15m 范围内使用对讲机，作业车辆不应停放在距接收机 50m 范围内，观测区内有雷电时应及时关机，卸下天线以防雷击。

7.4.6　应在现场观测手簿上认真记录各项观测要素，星组变化时应作记录。失锁时应在备注栏中说明，记录字体字迹要清晰、工整、美观，不得涂改、转抄。

7.4.7　观测数据的剔除率不得超过 10%，观测后应及时解算基线，并作同步环、独立环及复测基线边长的检核，基线向量的弦长中误差按下列公式计算：

$$\delta = \sqrt{10^2 + (10 \times d)^2} \quad (\mathrm{mm})$$

7.4.8　同步时段中任一三边同步环的坐标分量相对闭合差不得大于 6.0ppm，环线全长相对闭合差不得大于 10.0ppm。

7.4.9　无论采用单基线模式还是多基线模式解算基线，都应在整个网中选取一组完全独立的不超过 10 条的基线构成独立环进行检验，独立环坐标分量闭合差小于 $2\sqrt{n}\delta$(mm)，环线全长闭合差小于 $2\sqrt{3n}\delta$(mm)，n 为边数。

7.4.10　复测基线的边长较差不得大于 $2\sqrt{2}\delta$(mm)。

7.4.11　上述各项检核符合要求后，首先进行 WGS-84 系的三维无约平差，平差后基线向量的改正数的绝对值应满足：

$$W_{\Delta X} \leqslant 3\delta, \quad W_{\Delta Y} \leqslant 3\delta, \quad W_{\Delta Z} \leqslant 3\delta$$

当达不到上述要求时，应采用软件或人工方法来剔除粗差基线，直至符合要求。

7.4.12　在三维无约束平差的基础上，在本次测区作业选定的坐标系统下进行二维约束平差，在二维约束平差后，基线向量的改正数与无约束平差结果的同名基线较差应符合以下要求：

$$WV_{\Delta X} \leqslant 2\delta, \quad WV_{\Delta Y} \leqslant 2\delta$$

如达不到要求，则应根据具体情况分析原因，是否存在超算数据与 GPS 网不兼容，分析原因并采取相应的措施，直至符合要求。坐标成果取位至 1mm，拟合高程取位至 1cm，联测四等光电测距高程导线的点高程取位至 1mm。

7.4.13　四等 GPS 点应尽量联测四等光电测距高程导线；没有联测四等光电测距高程导线的 GPS 点进行 GPS 曲面拟合高程计算，起算点为不低于四等的水准点或水准连测点，并应分布均匀。

7.5　一、二级导线点的选点与埋石

7.5.1　一、二级导线点应选在土质坚实的地面或坚固稳定的建筑物顶面上，在城区或村庄的点位应选在人行道、交叉路口、街道村庄的巷道口，而且通视条件应做到最好。在郊外，点位应选取在路边、田埂、地埂、堤坝、山坡等有利于地形测量使用的位置上。

7.5.2　相邻导线点间应通视良好，视线应高出和旁离障碍物 1.0m 以上，避免旁近光对观测的影响，相邻边长之比不超过 1∶3。

7.5.3　导线点应避免强电磁干扰源，离开高压线应大于 5m，应避免测距时视线背景部分有反光物体。

7.5.4　导线不宜过长，一级附合导线长度不宜超过 3.6km，平均边长为 300m；二级附合导线长度不宜超过 2.4km，平均边长为 200m。附合导线边数不宜超过 12 条，导线网中起算点至节点、节点至节点间长度不宜超过相应等级附合导线允许长度的 0.7 倍。

7.5.5　一、二级导线点标石的埋设应符合《城市测量规范》附录 C 的要求，标石规格为 12cm×20cm×60cm，标石质料为混凝土，标志中心为 ϕ12mm、长度为 20cm、顶面刻有“十”字形的钢筋，钢筋顶面应高出标石顶面 5mm。

7.5.6　在水泥和城镇道路上可用电钻打孔埋设钢筋(ϕ20mm，长 20cm)或特制圆帽铁钉，标志顶面应刻有“十”字形或打 ϕ1mm 的小孔，点位不得选取在路面收缩缝及不能长期保存的位置。

7.5.7　沥青路面钉为大铁钉(ϕ20mm，长 25mm)，周围浇灌混凝土(20cm×20cm)。

7.5.8　埋设一、二级导线点时应将标石底部及周围的松土夯实，以防标石下沉或松动，影响观测精度。

7.5.9　为方便成果使用，避免点号和 1996 年测绘成果重号，一级导线点编号从Ⅰ200 顺序编起，二级导线点编号从Ⅱ300 顺序编起。

7.6　一、二级导线网和四等光电测距高程导线网的观测及计算

7.6.1　一、二级导线主要技术指标

导线等级	附合导线长度/km	平均边长/m	测距中误差/mm	测角中误差/″	导线全长相对中误差	最弱点点位中误差/cm
一	3.6	300	±15	±5	1/14000	±5.0
二	2.4	200	±15	±8	1/10000	±5.0

注：起算点至节点、节点至节点间的导线长度不得超过 0.7×附合导线长度(一级不超过2.52km，二级不超过 1.68km)。

7.6.2　四等光电测距高程导线主要技术指标

每千米高差全中误差/mm	测段往返测不符值/mm	附合(闭合环)路线闭合差/mm	检测已测测段高差之差/mm	最弱点高程中误差/mm
≤±10	$\leqslant\pm 40\sqrt{D}$	$\leqslant\pm 20\sqrt{\sum D}$	$\leqslant\pm 30\sqrt{R}$	≤±20

注：D——测段长度(km)；

R——检测测段长度(km)，当 $R<1.0$km 时，R 按 1.0km 计算。

7.6.3　使用全站仪观测，观测使用的全站仪、温度计、气压计应按规定进行检验。

7.6.4　观测记录采用电子手簿记录，距离观测时每站应记录一次气温(读至 0.5℃)、气压(读至 1mm Hg)，距离读数取至 1mm，仪器高、觇标高应在测前测后各量测 1 次，读至 1mm，当两次量测值不大于 2mm 时取中数，方向值中数取位到 1″，垂直角中数取位至 0.1″，各项限差均须检核并符合以下要求：

水平角观测

导线等级	测回数	方位角闭合差/″	归零差/″	2C 较差/″	测回间较差/″	观测方法
一	2	$\pm 10\sqrt{n}$	8	13	9	方向观测法
二	1	$\pm 16\sqrt{n}$	8	13	—	

注：n 为测站数，当方向数不多于 3 个时，可不归零；当观测方向数不多于 6 个时，水平角应在一组内观测。

垂直角观测

导线等级	测回数 DJ2(中丝法)	指标差较差/″	垂直角较差/″	观测方法
一	3	7	7	往返测
二	3	7	7	

距离测量

仪器等级	测回数	一测回读数较差/mm	观测方法	往返测较差/mm
Ⅰ精度	1	5	往返测	$2(a+b\cdot D)$
Ⅱ精度	1	10		

注：a——测距仪标称精度的固定误差(mm)；

b——测距仪标称精度的比例误差(mm/km)；

D——水平距离(km)。

7.6.5　一、二级导线观测后，应进行方位角闭合差、环闭合差的验算，并按下式计算测角中误差：

$$m_\beta = \pm\sqrt{\frac{1}{N}\cdot\frac{f_\beta f_\beta}{n}} \quad (″)$$

7.6.6　光电测距边应进行气象改正、仪器加乘常数改正、倾斜改正、高程归化改正。高斯投影改正可忽略不计算。

7.6.7　四等光电测距高程导线网观测的概算高差中应加入正常水准面不平行改正，并计算高程路线闭合差和环闭合差，水准面不平行改正按下式计算：

$$\varepsilon = -1.5371\times 10^{-6}\cdot H\cdot \Delta\phi\cdot \sin 2\phi \quad (\mathrm{m})$$

式中　ϕ——测段起止点平均纬度；

$\Delta\phi$——测段止点纬度减去起点纬度的差值(′)；

H——测段起止点概略高程平均值(m)。

7.6.8　四等光电测距导线网计算每千米全中误差应按下式进行计算：

$$M_W = \sqrt{\frac{1}{N}\cdot\frac{WW}{L}}$$

7.6.9　一、二级导线观测数据各项验算合格后，先在已知的 GNSS 控制点下进行一级导线网的平差，然后再进行二级导线网的平差，最后在国家高等级水准路线下进行一、二级导线网高程的整体平差。平差后各项精度指标需符合规定要求，最终的成果表中坐标及高程成果取至 1mm。

8　1∶500 地形测量

8.1　主要技术要求

8.1.1　1∶500 地形图基本等高距采用 0.5m 等高距。

8.1.2　图幅采用 50cm×50cm 正方形标准分幅，图幅编号采用西南角坐标以“X-Y”形式去掉大数用千米为单位表示，如 X＝2585750、Y＝501250，则表示为“85.75－01.25”，数字化图幅的文件名则取名为“85750125.DWG”。若图幅内有村庄名、地名、单位或其他著名的名称时，以最著名的名称命名图名。

8.1.3　图根点相对于图根起算点的点位中误差≤±5.0cm，高程中误差≤±5.0cm。

8.1.4　测站点相对于邻近图根点的点位中误差≤±15.0cm，平地、建筑区的高程中误差≤±5cm(1/10 等高距)，丘陵地区的高程中误差≤±6.2cm(1/8 等高距)，山地的高程中误差≤±8.3cm(1/6 等高距)。地形分类详见《城市测量规范》第 43 页。

8.1.5　厂矿建筑区、散列式居民区、平地、丘陵地的地物点与邻近图根点的点位中误差≤±25.0cm，与邻近地物点的间距中误差≤±20.0cm，山地、高山地及设站困难的密集居民地内部的地物点与邻近图根点点位中误差≤±37.5cm，与邻近地物点间距中误差≤±30.0cm。

8.1.6　城市建筑区和平地高程注记点相对于邻近图根点的高程中误差≤±15.0cm，其他高程插值点的高程中误差：建筑区和平地≤±16.7cm(1/3 等高距)，丘陵地≤±25.0cm(1/2等高距)，山地≤±33.3cm(2/3 等高距)，高山地≤±50.0cm(1 倍等高距)。

8.1.7　森林隐蔽等特殊困难地区，可按 8.1.6 规定值放宽 50%。

8.2　图根控制测量

图根点是测图的平面和高程依据，数字化测图图根点密度不得少于 64 点/km^2，每幅图不应少于 4 个图根点，每幅图中埋石点数不少于 2 个(各等级控制点可计算在内)，图根点一般使用木桩、油漆等临时标志，图根编号以大写英文字母加自然序号编定，如 A1，A2，…，*Zn*。图根点(包括埋石图根点)坐标及高程取位至 1cm。

加密图根点在四等 GPS 控制点和一、二级导线的基础上进行，主要方法为布设图根导线加密，另外，可适当使用全站仪进行极坐标法加密。

8.2.1　图根导线加密

当用测角精度不小于 6″的全站仪布设图根导线时，平面与高程同时观测，图根导线一般不超过二次附合，个别困难地区可附合三次，特殊地区由于图根导线无法附合时，可布设为支导线，但边数不超过 4 条，支导线长度不超过 450m，最大边长不超过 160m。图根导线的主要技术要求如下：

水平角观测	垂直角观测		距离观测
测回数	测回数	指标差/″	测回数
1	对向 1 测回	≤25	1

导线长度/m	平均边长/m	导线全长相对闭合差	方位角闭合差/″	对向观测较差/m	附合路线或环线闭合差/mm
900	80	≤1/4000	≤±40$\sqrt{n}$	≤±0.4×*S*	≤±40 $\sqrt{[D]}$

注：*S*、*D* 为边长，单位为 km。

8.2.2　全站仪极坐标法加密

当进行极坐标法加密图根时，边长一般不超过200m，且边长不宜超过定向边长的3倍。

8.3　地形图测绘

地形图测绘采用全站仪进行观测记录，施测碎部点一般采用极坐标法，测距边最大长度不应超过300m，也可使用支距法、方向交会法。在居民地等设站困难地区，也进行几何解析方法测图。观测数据存储于全站仪内，通过数据线与计算机进行通信传输，使用软件对观测数据进行计算，以获取碎部点的点号、坐标等信息，然后使用南方CASS多用途数字地形地籍测绘系统软件进行数字化地形图的编辑与处理，直至符合质量要求。

碎部测绘、内业编辑、图幅整饰依据图式规范进行测绘和表示，数字化图的图形属性和信息应正确，不得含有错误的、虚假的图形属性和信息，数字化图上的各级控制点坐标须与已知成果完全一致(包括取位)，图面所反映的信息应与数字化图上的信息一致，数字化图的基点坐标使用X0＝0，Y0＝0，高程比例尺使用1/1000，另外就一些内容作补充说明。

8.3.1　碎部点高程注记采用全注记方式，小数注记至厘米，密度要求图上每个方格(10cm×10cm)中，平坦地区、简单地形地区不少于6个点，地形地貌变化较大的丘陵及地物较多的地区不少于8个点，山地、高山地、地形复杂地区不少于15个点，高程注记用HZ/RS.TXT/CHIN2.TXT字体2.0×0.8注记。

8.3.2　地形变化特征点(山顶、山脊、山谷、变坡点等)需测注高程点，斜坡顶部、底部需测注高程点，加固坎和土坎顶部、底部需测注高程点(底部不测注高程点则需量注坎高)，冲沟顶部和底部需测注高程点。

8.3.3　绘制大面积等高线宜采用高程点通过建立DTM(不规则三角格网)模型绘制等高线的方法，建模前应消除错误的高程点，建模后应对DTM三角形进行适当的处理，以保证所绘制的等高线的正确性和合理性。等高线应在图幅分幅完成之后拟合，不应出现折线。对于小范围的、复杂的局部地区一般宜采用手工绘制方法进行，但需注意绘制的等高线与周围的高程点的内插精度，不应出现点线矛盾的现象。等高线进出坎、斜坡等要合理，且有理有据，不应出现等高线穿越房屋、坎、水沟、河流、依比例尺道路等不合理的现象，计曲线的线宽用0.3mm表示，首曲线线宽用0.15mm表示，不应出现等高线高程赋值不正确和线宽混乱的现象。等高线注记用HZ/RS.TXT/CHIN2.TXT字体2.0×0.8，注记字头朝向坡顶。不应采用断开等高线的注记方式。坡顶、山谷、山脊应加绘示坡线。

8.3.4　各等级道路、水沟、湖泊、水库、池塘、河流的弯曲变化处需测注高程点。

8.3.5　国家等级公路应实测弯曲变化处，实测路肩线、有效路面边线及相应的附属设施，图上每隔5～10cm应测注路中高程点，交叉路口应测注高程点。图上每隔15～20cm应注记路名、国道编号、路面材料，按图式中规定的注记方向注记，路肩线以0.2mm宽的线表示，有效路面边线以0.4mm宽的线表示。

8.3.6　城镇道路要实测弯曲变化处，实测路面边线及相应的附属设施，图上每隔5～10cm应测注路中高程点，交叉路口应测注高程点。图上每隔15～20cm应注记路名、路面材料，按图式中规定的注记方向注记，路面边线以0.4mm宽的线表示。

8.3.7　大车路(能通行大车和拖拉机，也可通行汽车)、依比例的乡村路(不能通行大车和拖拉机，供行人来往的主要道路)需要实测弯曲变化处，并按图式中光影法则同时表示虚、实路边线，线宽以0.2mm表示，不依比例的乡村路、小路等需实测弯曲变化处，线宽以0.3mm表示，大车路和乡村路一般不注记路面材料。

8.3.8　桥梁、道路下穿通道、涵洞需实测，桥梁需用 HZ/RS. TXT/CHIN2. TXT 字体 2.0×0.8 注记建筑材料，桥梁、道路下穿通道顶部和底部测注高程点或量注比高。涵洞底部应测注高程点或量注比高。

8.3.9　湖泊、水库、河流应实测水涯线并注记高程点，湖泊、水库、河流需用左斜 15°的 Windows 黑体注记表示，大小比例应适当，但同一湖泊、水库、河流应用同样规格的注记表示，并用 HZ/RS. TXT/CHIN2. TXT 字体 2.0×0.8 注记观测日期及水面高程，例如"$\frac{1532.23}{2007.05.12}$"。池塘无明显坎边时需实测水涯线并适当注记高程点，有明显坎边时，实测坎边可不表示水涯线，池塘需测注水底高程点。水沟应测注沟顶和沟底高程，有坎时要表示（图上宽度小于 2.0mm 时可不表示坎，以水沟边线表示），水井需实测井口高程和井口至水面的高度，并用 HZ/RS. TXT/CHIN2. TXT 字体 2.0×0.8 注记，例如"$\frac{1533.12}{4.3}$"。

8.3.10　房屋测绘应按实地的结构、分层、材料等的不同分别测绘表示，一般不允许综合表示，并按 HZ/RS. TXT/CHIN2. TXT 字体 2.5×0.8，采用房屋信息注记方法注记结构及层数。房屋的附属设施应实测表示，房屋附近的地形应详细测绘。厂矿、工业设施等地区中用于生产的其他构筑物，应实测外形尺寸并注记主体结构材料、用途等，有图式符号的以符号表示。

8.3.11　土墙实测拐点和宽度，一般砖墙实测拐点，宽度按 0.40m 表示。门墩、门顶应测绘表示。

8.3.12　电力线、通信线应实测电杆，并按实地情况连接，连接交代清楚，不应有乱连现象。

8.3.13　植被按分类实测地类界，对不能分类的混合植被，可依图式进行混合测绘并注记表示，植被注记按图式中规定的符号大小和间距注记。

8.3.14　地物绘制过程中的所有骨架线（Value 层）、框架线（Bound 层）必须保留。

8.3.15　图廓整饰按本院统一标准实行。文字、高程注记压盖线条要进行合理的移动处理，不宜采用剪断线条，出图前要进行图幅接边。

8.3.16　数字化图各要素代码基本按《1∶500、1∶1000、1∶5000 地形图要素分类与代码》执行，并作适当的补充完善，图层与各要素分类见下表。

层名	图层代码	分层内容
图幅整饰层	TK	图名、图号、接合表、作业单位、测图方法、测图日期、坐标系统、高程系统、等高距、图式版本号、比例尺、作业员、检查员、内外图框、图廓注记、方里网
控制层	KZD	各等级控制点、水准点的点位、点名及高程注记
居民地层	JMD	各种房屋及附属设施、廊、台阶、天井、门、门顶、支柱、门墩、地下通道等
垣栅层	YZH	围墙、栅栏、铁丝网、篱笆、活树篱笆
工矿设施层	DLDW	采掘场、水塔、储水池、取土场、传送带、漏斗、滑槽、贮罐、栈、坟、寺、庙、钟楼、碑、碉堡、塑像、烟囱及烟道、仓库、露天设备、场地、池、体育场地、台、窑、站、塔形建筑物、天桥等
交通及附属设施层	DLSS	公路、其他道路、道路及附属设施、架空索道、桥梁、涵洞

续表

层名	图层代码	分层内容
管线及附属设施层	GXYZ	电力线、通信线、各类管道、地下检修井、管道附属设施
水系及附属设施层	SXSS	河流、溪流、湖泊、水库、池塘、沟渠、其他水利设施、泉、井、沼泽等其他陆地水系要素
地貌土质层	DMTZ	天然陡坎、陡岩、坡地、独立石、石堆、山洞、石坡地、沙地
等高线层	DGX	首曲线、计曲线、间曲线、示坡线、等高线注记
植被层	ZBTZ	耕地、园林、林地、竹林地、草地、其他植被、地类界
高程注记层	GCD	高程点位及注记
汉字注记层	ZJ	居民地名称、地名、山名、水系名、单位名、道路名、行政区划名、权属名、村名、各种说明注记

9　产品质量控制及检查验收

各作业单位和作业小组要认真贯彻本院的质量方针和质量目录，严格按 ISO 9001:2000 质量管理体系文件的要求，控制各工序的产品质量，精心工作，标准化作业，确保产品优良品级率达到 70%以上。

测绘产品严格按《测绘产品检查验收规定》和《测绘产品质量评定标准》，实行三级产品质量控制体系：在作业中，各作业小组自查互查，分院由责任工程师和检查人员负责过程检查，检查须有过程检查意见及记录，作业员对分院所提出的意见及问题须有处理结果和记录，并将记录向上传递以便复核，院质量检验处负责最终质量检查并作出质量评定，检查须有检查意见及记录，分院及作业员对院质量检验处所提出的意见及问题须有处理结果和记录，并将记录向上传递以便复核，对无过程检查意见及记录的行为，以及所提出的问题及意见未修改或修改不完全的图幅应采取相应的纠正措施。在检查中发现未完成测量或内业工作的图幅，将返还作业小组并作出相应处理。

作业人员对所完成的测绘产品质量终生负责，各级检查人员对所检查的产品质量负责，各作业单位的领导对本部门所生产的产品质量负责，工程负责人对整个工程的产品质量负责。作业员、检查员应对产品签名负责。

作业单位必须对四等 GPS 控制测量，一、二级导线控制测量进行全面检查，对地形图进行 100%实地巡视检查和内业检查，对 10%的地形图设站检查并有记录。院质量检验处在作业单位过程检查的基础上对四等 GPS 控制测量和一、二级导线测量进行全面的分析检查，对地形图按 10%的比例抽样检查，并编写测绘产品检查报告。

技术设计书，技术总结，检查报告，GPS 控制测量计算书，一、二级导线测量计算书，GPS 控制点成果，一、二级导线点成果表及埋石点成果表均按 A4 规格装订。

最后测绘成果资料由甲方组织验收。

10　提交资料

10.1　技术设计书、技术总结、检查报告各 3 份；

10.2　四等 GPS 控制测量计算资料 1 份；

10.3　四等 GPS 点之记、委托保管书各 1 份；

10.4　一、二级导线测量计算资料 1 份；

10.5　四等 GPS 控制点成果，一、二级导线点成果表及埋石点成果表各 3 份；

10.6　1∶500 数字化地形图光盘 3 盘；

10.7　1∶500 数字化回放图 1 份；

10.8　控制点分布及图幅分幅图各 3 份。

11　附图

原四等 GPS 点、水准点及 1∶500 测图范围。

××县城规划区地形测量控制点分布图

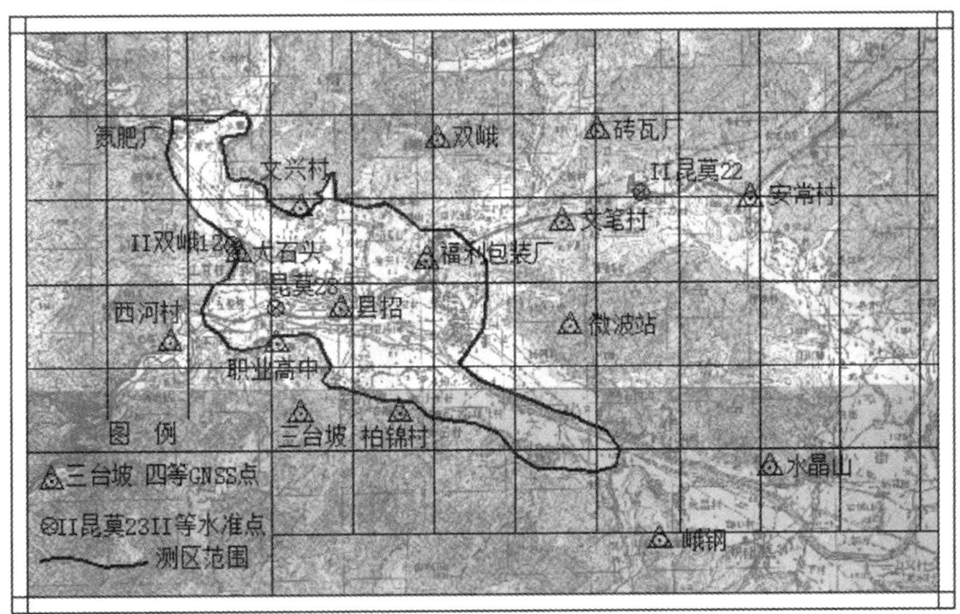

2000国家大地坐标系　　1∶10000　　2022年5月制图

1985国家高程基准

附录 8　1：500 数字化地形图图幅整饰标准示例

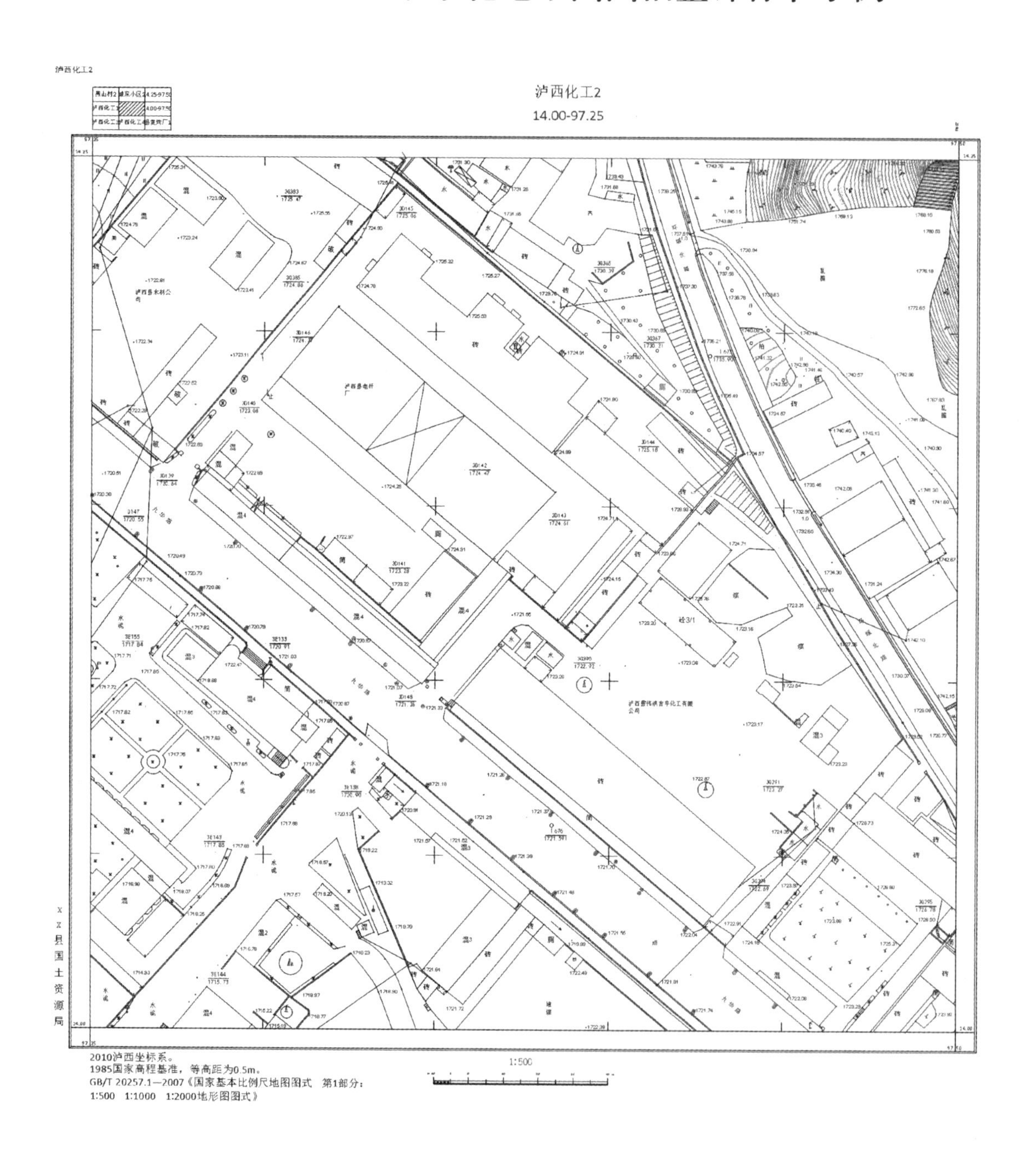

参考文献

[1] 潘正风，杨正尧，程效军，等. 数字测图原理与方法[M]. 武汉：武汉大学出版社，2004.

[2] 高井祥，肖本林，付培义，等. 数字测图原理与方法[M]. 徐州：中国矿业大学出版社，2001.

[3] 杨德麟. 大比例尺数字测图的原理、方法与应用[M]. 北京：清华大学出版社，1998.

[4] 杨晓云，王军德. 数字测图[M]. 北京：科学出版社，2001.

[5] 谢爱萍，王福增. 数字测图技术[M]. 武汉：武汉理工大学出版社，2012.

[6] 郭坤林. 数字测图[M]. 北京：测绘出版社，2011.

[7] 北京市测绘设计研究院. 城市测量规范：CJJ/T 8—2011[S]. 北京：中国建筑工业出版社，2011.